练习3-2 创建透明渐变　　　　　　　　　P57

视频文件：第3章\练习3-2　创建透明渐变.avi

训练5-2 利用"修补工具"修补残缺的商品照片 P111

视频文件：第5章\训练5-2　利用"修补工具"修补残缺的商品照片.avi

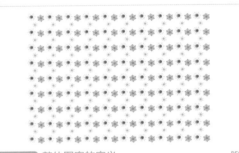

练习3-4 整体图案的定义　　　　　　　　P59

视频文件：第3章\练习3-4　整体图案的定义.avi

训练5-3 利用"红眼工具"去除人物红眼　　P111

视频文件：第5章\训练5-3　利用"红眼工具"去除人物红眼.avi

练习3-5 局部图案的定义　　　　　　　　P60

视频文件：第3章\练习3-5　局部图案的定义.avi

练习6-2 为选择工具定义羽化　　　　　　P122

视频文件：第6章\练习6-2　为选择工具定义羽化.avi

训练5-1 利用"污点修复画笔工具"修复商品上的瑕疵　　　　　　　　　P111

视频文件：第5章\训练5-1　利用"污点修复画笔工具"修复商品上的瑕疵.avi

练习6-3 为现有选区定义羽化边缘　　　　P123

视频文件：第6章\练习6-3　为现有选区定义羽化边缘.avi

训练6-1 使用"矩形选框工具"对画框抠图　　P124

视频文件：第6章\训练6-1　使用"矩形选框工具"对画框抠图.avi

训练6-2 使用"椭圆选框工具"对钟表抠图　　P124

视频文件：第6章\训练6-2　使用"椭圆选框工具"对钟表抠图.avi

训练6-3 使用"多边形套索工具"对包装盒抠图　P125

视频文件：第6章\训练6-3　使用"多边形套索工具"对包装盒抠图.avi

训练6-4 使用"磁性套索工具"对枕头抠图　　P125

视频文件：第6章\训练6-4　使用"磁性套索工具"对枕头抠图.avi

训练7-1 鳞状背景设计　　P144

视频文件：第7章\训练7-1　鳞状背景设计.avi

训练7-2 花瓣背景设计　　P144

视频文件：第7章\训练7-2　花瓣背景设计.avi

练习8-5 移动及调整文字路径　　P158

视频文件：第8章\练习8-5　移动及调整文字路径.avi

训练8-1 旋转字母表现花形文字艺术　　P161

视频文件：第8章\训练8-1　旋转字母表现花形文字艺术.avi

训练8-2 镂空铁锈字　　P161

视频文件：第8章\训练8-2　镂空铁锈字.avi

训练8-3 玻璃质感字　　　　　　　　　P161

视频文件：第8章\训练8-3　玻璃质感字.avi

练习9-3 利用"匹配颜色"匹配喜欢的场景颜色 P174

视频文件：第9章\练习9-3　利用"匹配颜色"匹配喜欢的场景颜色.avi

练习9-1 利用"色调均化"重新分布图像色调　　P173

视频文件：第9章\练习9-1　利用"色调均化"重新分布图像色调.avi

练习9-2 利用"曲线"深度调整图像明暗度　　P173

视频文件：第9章\练习9-2　利用"曲线"深度调整图像明暗度.avi

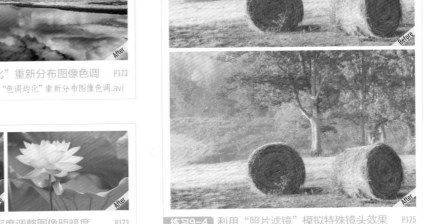

练习9-4 利用"照片滤镜"模拟特殊镜头效果 P175

视频文件：第9章\练习9-4　利用"照片滤镜"模拟特殊镜头效果.avi

训练9-1 利用"渐变映射"转换单色艺术图像　　P176
视频文件：第9章\训练9-1　利用"渐变映射"转换单色艺术图像.avi

训练9-3 利用"黑白"处理单色图像　　P177
视频文件：第9章\训练9-3　利用"黑白"处理单色图像.avi

训练9-2 使用"阈值"打造纯黑白艺术照片　　P176
视频文件：第9章\训练9-2　使用"阈值"打造纯黑白艺术照片.avi

训练9-4 利用"色彩平衡"快速修正图像偏色　　P177
视频文件：第9章\训练9-4　利用"色彩平衡"快速修正图像偏色.avi

练习10-1 利用"消失点"处理透视图像　　P187
视频文件：第10章\练习10-1　利用"消失点"处理透视图像.avi

练习10-2 使用"液化"命令制作围巾宣传海报 P189
视频文件：第10章\练习10-2 使用"液化"命令制作围巾宣传海报.avi

练习10-4 利用"特殊模糊"制作粉笔画 P191
视频文件：第10章\练习10-4 利用"特殊模糊"制作粉笔画.avi

练习10-3 利用"高斯模糊"打造朦胧中的美 P190
视频文件：第10章\练习10-3 利用"高斯模糊"打造朦胧中的美

练习10-5 利用"喷色描边"制作艺术边框效果 P192
视频文件：第10章\练习10-5 利用"喷色描边"制作艺术边框效果.avi

训练10-1 利用"马赛克"打造个性方块效果 P193
视频文件：第10章\训练10-1 利用"马赛克"打造个性方块效果.avi

训练10-2 利用"径向模糊"制作烟状纹理 P193

视频文件：第10章\训练10-2 利用"径向模糊"制作烟状纹理.avi

训练10-3 利用"晶格化"制作熔岩插画艺术特效 P193

视频文件：第10章\训练10-3 利用"晶格化"制作熔岩插画艺术特效.avi

11.1 安全防护图标 P195

视频文件：第11章\11.1 安全防护图标.avi

11.2 超质感麦克风图标 P197

视频文件：第11章\11.2 超质感麦克风图标.avi

11.3 音乐播放界面设计 P199

视频文件：第11章\11.3 音乐播放界面设计.avi

训练11-1 简约可爱大眼图标 P204

视频文件：第11章\训练11-1 简约可爱大眼图标.avi

训练11-2 电量管理图标 P205

视频文件：第11章\训练11-2 电量管理图标.avi

训练11-3 闯关大冒险界面设计 P205

视频文件：第11章\训练11-3 闯关大冒险界面设计.avi

12.1 波点背景制作　　P207

视频文件：第12章\12.1　波点背景制作.avi

训练12-1 圆形镂空标签制作　　P217

视频文件：第12章\训练12-1　圆形镂空标签制作.avi

12.2 挂牌标签制作　　P208

视频文件：第12章\12.2　挂牌标签制作.avi

训练12-2 音乐主题T恤促销设计　　P218

视频文件：第12章\训练12-2　音乐主题T恤促销设计.avi

12.3 锯齿优惠券制作　　P209

视频文件：第12章\12.3　锯齿优惠券制作.avi

12.4 金秋钜惠促销banner设计　　P211

视频文件：第12章\12.4　金秋钜惠促销banner设计.avi

训练12-3 水果类店铺装修设计　　P218

视频文件：第12章\训练12-3　水果类店铺装修设计.avi

13.1 大促变形字设计 P220

视频文件：第13章\13.1 大促变形字设计.avi

13.4 蓝莓果酱包装设计 P231

视频文件：第13章\13.4 蓝莓果酱包装设计.avi

13.2 女性主题艺术插画设计 P222

视频文件：第13章\13.2 女性主题艺术插画设计.avi

训练13-1 瓷器宣传海报设计

视频文件：第13章\训练13-1 瓷器宣传海报设计.avi

P238

13.3 节日购物海报设计 P226

视频文件：第13章\13.3 节日购物海报设计.avi

训练13-3 蔬菜汁包装设计 P238

视频文件：第13章\训练13-3 蔬菜汁包装设计.avi

零基础学

Photoshop CC 2018

全视频教学版

水木居士 ◎ 编著

人民邮电出版社

北京

图书在版编目（ＣＩＰ）数据

零基础学Photoshop CC 2018：全视频教学版 / 水
木居士编著. —— 北京：人民邮电出版社，2019.1（2019.7 重印）
ISBN 978-7-115-49483-2

Ⅰ．①零… Ⅱ．①水… Ⅲ．①图象处理软件 Ⅳ.
①TP391.413

中国版本图书馆CIP数据核字(2018)第223305号

内 容 提 要

本书根据作者多年的教学经验和实战经验编写而成，以基础知识与练习实训相结合的形式，详细讲解了图像处理软件 Photoshop CC 2018 的应用技巧。

全书总计 13 章内容，分为 4 篇：入门篇、提高篇、精通篇和实战篇。以循序渐进的方法讲解 Photoshop 的基本操作、颜色及图案填充、图层及图层样式、绘画及照片修饰功能、选区的选择艺术、路径及形状工具、文字功能、色彩调整与滤镜特效，并安排了 3 章实战案例，深入剖析了利用 Photoshop CC 2018 软件进行 UI 图标及界面设计、淘宝店铺装修设计、商业平面广告设计的方法和技巧，使读者尽可能多地掌握设计中的关键技术与设计理念。

配书提供资源文件，包含本书所有实例的素材文件、案例文件和多媒体教学视频文件，读者在学习的过程中，可以随时进行调用。随书还附赠学习资料，包括 3 本学习手册、164 个珍藏素材和各种素材库。

本书适合 Photoshop 的初级用户，从事平面广告设计、工业设计、CIS 企业形象策划、产品包装造型设计、印刷制版等工作的人员，以及计算机美术爱好者阅读，也可作为社会培训学校、大中专院校相关专业的教学参考书或上机实践指导用书

◆ 编　　著　　水木居士

责任编辑　　张丹阳

责任印制　　陈　犇

◆ 人民邮电出版社出版发行　　北京市丰台区成寿寺路 11 号

邮编　100164　电子邮件　315@ptpress.com.cn

网址　http://www.ptpress.com.cn

天津画中画印刷有限公司印刷

◆ 开本：700×1000　1/16

印张：16　　　　　　　　　　彩插：4

字数：466 千字　　　　　　　2019 年 1 月第 1 版

印数：5 001-6 200 册　　　　2019 年 7 月天津第 2 次印刷

定价：59.00 元

读者服务热线：(010)81055410　印装质量热线：(010)81055316

反盗版热线：(010)81055315

广告经营许可证：京东工商广登字 20170147 号

本书是作者根据多年的教学实践经验编写而成的，主要针对 Photoshop 的初学者、平面广告设计者，以及爱好者的实际需要，本书以讲解软件应用为主，全面、系统地讲解了图像处理过程中涉及的工具、命令的功能和使用方法。

本书内容

在内容上，本书由浅入深地将每个实例与知识点的应用相结合进行讲解，让读者在学习基础知识的同时，掌握这些知识在实战中的应用技巧。全书总计 13 章内容，分为 4 个篇章：入门篇、提高篇、精通篇和实战篇。入门篇包括第 1、2、3 章，主要讲解 Photoshop 的基础内容，包括基本操作、新建、打开与保存文件，单色、渐变及图案填充功能；提高篇包括第 4、5、6、7 章，主要讲解 Photoshop 的进阶提高内容，包括图层及图层样式管理、绘画及照片修饰功能、选择的艺术、路径和形状工具的使用；精通篇包括第 8、9、10 章，主要讲解 Photoshop 的深层次功能应用，包括文字的应用、色彩原理与色彩校正、滤镜特效的应用技法；实战篇包括第 11、12、13 章，这3 章从 UI 图标及界面设计讲起，然后讲解了淘宝店铺装修和商业广告艺术设计，全部是综合性的实例操作，其中包括大量商业性质的实例，每一个实例都渗透了设计理念、创意思想和 Photoshop 的操作技巧，不仅详细地介绍了实例的制作技巧和不同效果的实现，还为读者提供了一个较好的"临摹"蓝本，只要读者能够耐心地按照书中的步骤去完成每一个实例，就会提高 Photoshop 的实践技能和艺术审美能力，同时也能从中获取一些深层次的设计理论知识，足不出户就能从一个初学者蜕变为一个设计高手。

本书 5 大特色

1. 全新写作模式。 "命令讲解 + 详细文字讲解 + 练习"，使读者能够以全新的感受掌握软件应用方法和技巧。

2. 全程多媒体视频语音录像教学。 全书为读者安排了课堂练习和课后拓展训练，不仅详细演示了 Photoshop 的基本使用方法，还一步步教读者完成书中所有实例的制作，使读者身在家中就可以享受专业老师面对面的讲解。

3. 丰富的特色段落。作者根据多年的教学经验，将 Photoshop 中常见的问题及解决方法以提示和技巧的形式展现出来，并以技术看板的形式将全书重点知识罗列出来，让读者轻轻掌握核心技法。

4. 实用性强，易于获得成就感。本书对于每个重点知识都安排了一个案例，每个案例都附有提示或技巧。书中的案例典型，任务明确，便于活学活用，帮助读者在短时间内掌握操作技巧，并应用在实践工作中解决问题，从而产生成就感。

5. 针对想快速上手的读者。从入门到入行，在全面掌握软件使用方法和技巧的同时，掌握专业设计知识与创意设计手法，从零到专，迅速提高，初学者快速入门，进而创作出好的作品。

练习：通过实际动手操作学习软件功能，快速掌握软件使用方法。

拓展训练：每章学习后安排训练题，帮助读者巩固所学重点知识。

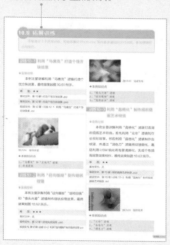

提示和技巧：针对软件中的难点及操作中的技巧进行重点讲解。

扫码看教学视频：本书所有案例均附带高清教学视频，扫描章前的二维码即可观看。

本书附赠资源

（扫描"资源下载"二维码获得下载方法）

资 源 下 载

1. 素材、效果文件

随书提供了所有案例的素材文件和效果文件，读者在学习的同时可以随时进行操作练习，提高学习效率。

2. 操作演示视频

本书所有案例都提供了操作演示视频，并以扫描二维码移动端在线观看和下载后本地观看两种形式提供，方便不同需求的读者进行学习。

3. 海量资料

（1）3本附赠手册：《中文版 Photoshop CC 常用外挂滤镜手册》《中文版 Photoshop CC 技巧即问即答手册》《中文版 Photoshop CC 数码照片常见问题处理手册》。

（2）164 个珍藏素材：内容包括光效、火与烟雾、墨迹、水、羽毛 5 个方面。

（3）动作库、画笔库、渐变库、形状库、样式库。

4. 在线课程

随书附赠 Photoshop 精讲视频课和案例直播课，读者可以通过扫描随书附赠学习卡上的二维码进入交流群，获得相关内容。

鸣谢

本书由水木居士编著，在此感谢所有创作人员对本书付出的辛苦。在创作的过程中，由于时间仓促，错误在所难免，希望广大读者批评指正。如果在学习过程中发现问题，或有更好的建议，欢迎发邮件到 bookshelp@163.com 与我们联系。

作 者

2018 年 3 月

目录
CONTENTS

第2篇
提高篇

第4章 图层及图层样式

第 6 章 选区的选择艺术

第3篇
精通篇

第8章 应用文字功能

第9章 色彩原理与色彩校正

第 **4** 篇
实战篇

第 11 章 UI图标及界面设计

第 12 章 淘宝店铺装修设计

第 13 章 商业平面广告设计

附录 Photoshop CC 2018默认键盘快捷键

第1篇

入门篇

第**1**章

初识Photoshop CC 2018

本章从 Photoshop 的基础知识入手，首先讲解了 Photoshop 的应用范围，然后讲解了图像基础知识，并详细介绍了 Photoshop CC 2018 的新增功能和工作区，让读者在掌握 Photoshop 软件前，先对其有个基本的了解，为以后更加深入地学习打下坚实的基础。

教学目标

了解 Photoshop 的应用范围

认识图像基础知识

了解 Photoshop 的新增功能

认识 Photoshop 的工作区

扫码观看本章
案例教学视频

1.1 Photoshop的应用范围

Photoshop 是一款在平面设计中应用广泛、功能强大的设计软件。在设计服务业中，Photoshop 是所有设计的基础。平面设计已经成为现代销售推广不可缺少的一个平面媒体广告设计方式，所以 Photoshop 软件在设计中的地位也越来越高，越来越广，Photoshop 的应用主要体现在以下几个方面。

1.1.1 在平面设计中的应用

平面设计是平面软件应用最为广泛的领域之一，无论是大街上看到的招贴、海报、POP，还是拿在手中的书籍、报纸、杂志等，基本上都应用了平面设计软件进行处理。图 1.1 所示为 Photoshop 软件在平面设计中的应用效果。

图1.1 平面设计效果（续）

1.1.2 在数码照片与图像修复中的应用

Photoshop 具有强大的图像修饰功能。利用这些功能，可以快速修复一张破损的老照片，也可以修复人脸上的斑点等缺陷，还可以完成照片的校色、修正、美化肌肤等。图 1.2 所示为数码照片处理效果。

图1.1 平面设计效果

图1.2 数码照片处理效果

图1.2　数码照片处理效果（续）

1.1.3　在影像创意合成中的应用

　　Photoshop 软件可以将多个影像进行创意合成，将原本风马牛不相及的对象组合在一起，也可以使用"狸猫换太子"的手段使图像面目全非。图 1.3 所示为 Photoshop 在影像创意合成中的应用。

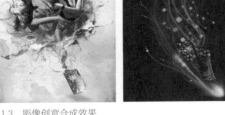

图1.3　影像创意合成效果

图1.3　影像创意合成效果（续）

1.1.4　在插画设计中的应用

　　插画，英文统称为 illustration，源自于拉丁文中的 illustraio，有照亮之意，插画又被人们俗称为插图。今天通行于市场的商业插画包括出版物插图、卡通吉祥物、影视与游戏美术设计和广告插画 4 种形式。实际上，插画已经遍布平面和电子媒体、商业场馆、公众机构、商品包装、影视演艺海报、企业广告，甚至使用在 T 恤、日记本、贺年片上。图 1.4 所示为插画设计效果。

图1.4　插画设计效果

图1.4　插画设计效果（续）

1.1.5　在网页设计中的应用

网页是企业向用户和访客提供信息的一种方式，是企业开展电子商务的基础设施和信息发布的平台，离开网页去谈电子商务是不可能的。使用 Photoshop 软件不但可以处理网页所需的图片，还可以制作整个网页的版面，并可以为网页制作动画效果。图1.5 所示为网页设计效果。

图1.5　网页设计效果

图1.5　网页设计效果（续）

1.1.6　在特效艺术字中的应用

艺术字被广泛应用于宣传、广告、商标、标语、黑板报、企业名称、会场布置、展览会及商品的包装和装潢，各类广告、报刊、杂志和书籍的装帖上等，越来越受大众喜欢。艺术字是汉字经过专业的字体设计师艺术加工的变形字体。字体特点符合文字含义，具有美观、易认易识、醒目等特点，是一种有图案意味或装饰意味的变形字体。利用平面设计软件可以制作出许多特效艺术字。图1.6 所示为特效艺术字效果。

图1.6　特效艺术字效果

1.1.7　在效果图后期制作中的应用

现在的装修效果图已经不是原来那种只把房子建起来、东西摆放好就可以的时代了，随着三维技术软件的成熟，从业人员的水平越来越高，现在的装修效果图基本可以与装修实景图相媲美。效果图通常可以理解为是对设计者的设计意图和构思进行形象化再现的形式，如手绘效果图和计算机效果图。在制作建筑效果图时，许多的三维场景是利用三维软件制作出来的，但其中的人物及配景，还有场景的颜色通常是通过平面设计软件后期添加的，这样不但节省了大量的渲染输出时间，也可以使画面更加美化、真实。图1.7所示为室内、外效果图的后期处理效果。

图1.7　室内外效果图的后期处理效果

1.1.8　在动画与CG设计中的应用

现在几乎所有的三维软件贴图，都离不开平面软件，特别是 Photoshop。像在 3ds

Max、Maya 等三维软件中使用的人物或场景的贴图，通常都是在 Photoshop 中进行绘制或处理后应用在三维软件中的，如人物的面部、皮肤贴图、游戏场景的贴图和各种有质感的材质效果都是使用平面软件绘制或处理的。图1.8 所示为游戏人物和场景贴图效果。

图1.8　游戏人物或场景贴图效果

图1.8　游戏人物或场景贴图效果（续）

1.2　图像基础知识

Photoshop 的基本概念主要包括位图、矢量图和分辨率等知识，在使用软件前了解这些基本知识，有利于后期的设计制作。

1.2.1　位图和矢量图

平面设计软件制作的图像类型大致分为两种：位图与矢量图。Photoshop 虽然可以置入多种文件类型（包括矢量图），但是不能处理矢量图。不过 Photoshop 在处理位图方面的能力是其他软件所不能及的，这也正是它的优势。下面对这两种图像进行逐一介绍。

1. 位图图像

位图图像在技术上称作栅格图像，它使用像素来表现图像。每个像素都分配有特定的位置和颜色值。在处理位图时，所编辑的其实是像素，而不是对象或形状。位图图像与分辨率有关，也可以说位图包含固定数量的像素。因此，如果在屏幕上放大比例或以低于创建时的分辨率来打印它们，则将丢失其中的细节使图像产生锯齿现象。

- 位图图像的优点：位图能够制作出色彩和色调变化丰富的图像，可以逼真地表现自然界的景象，同时也可以很容易地在不同软件之间交换文件。
- 位图图像的缺点：它无法制作真正的3D图像，并且图像缩放和旋转时会产生失真的现象，同时，文件较大，对内存和硬盘空间容量的需求也较高，用数码相机和扫描仪获取的图像都属于位图。

图 1.9 和图 1.10 所示为位图及其放大前后的效果对比图。

图1.9　位图放大前　　　　图1.10　位图放大后

2. 矢量图像

矢量图像有时也称作矢量形状或矢量对象，它是由数学定义的矢量对象，即直线和曲线构成的，这些矢量根据图像的几何特征对图像进行描述。基于这种特点，矢量图可以进行任意移动或修改，而不会丢失细节或影响清晰度，因为矢量图像与分辨率无关，即当矢量图放大时会保持清晰的边缘。因此，对于将在各种输出媒体中按照不同大小使用的图稿（如徽标）来说，矢量图像是最佳选择。

- **矢量图像的优点：** 矢量图像也可以说是向量式图像，用数学的矢量方式来记录图像内容，以线条和色块为主。例如，一条线段的数据只需要记录两个端点的坐标、线段的粗细和色彩等，因此它的文件所占的容量较小，也可以很容易地进行放大、缩小或旋转等操作，并且不会失真，精确度较高，还可以制作3D图像。
- **矢量图像的缺点：** 不易制作色调丰富或色彩变化太多的图像，而且绘制出来的图形不是很逼真，无法像照片一样精确地描写自然界的景象，同时也不易在不同的软件间交换文件。

图1.11和图1.12所示为一个矢量图放大前、后的效果图。

图1.11　矢量图放大前　　　　图1.12　矢量图放大后

提示

因为计算机的显示器是通过网格上的"点"来显示成像的，因此矢量图形和位图在屏幕上都是以像素显示的。

1.2.2　位深度

位深度也叫色彩深度，用于指定图像中的

每个像素可以使用的颜色信息数量。计算机之所以能够表示图形，是采用了一种称作"位"的记数单位来记录该图形的数据。这些数据按照一定的编排方式被记录在计算机中，就构成了一个数字图形的计算机文件。"位"是计算机存储器里的最小单元，它用来记录每一个像素颜色的值。图形的色彩越丰富，"位"的值就会越大。每一个像素在计算机中所使用的这种位数就是"位深度"。例如，位深度为1的图像有两个可能的值：黑色和白色。位深度为8的图像有 2^8（用2的8次幂即256）个可能的值。位深度为8的灰度模式图像有256个可能的灰色值。24位颜色可称之为真彩色，位深度是24，它能组合成2的24次幂种颜色，即：16777216 种颜色（或称千万种颜色），超过了人眼能够分辨的颜色数量。Photoshop 不但可以处理 8 位 / 通道的图像，还可以处理包含16 位 / 通道或 32 位 / 通道的图像。

在 Photoshop 中可以轻松在 8 位 / 通道、16 位 / 通道和 32 位 / 通道中进行切换，执行菜单栏中的"图像"|"模式"命令，然后在子菜单中选择 8 位 / 通道、16 位 / 通道或 32 位 / 通道即可完成切换。

1.2.3　像素尺寸和打印图像分辨率

像素尺寸和分辨率关系到图像的质量和大小，像素和分辨率是成正比的，像素越大，分辨率也越高。

1. 像素尺寸

要想理解像素尺寸，首先要认识像素，像素是图形单元的简称，是位图图像中最小的完整单位。这种最小的图形单元能在屏幕上显示通常是单个的染色点，像素不能再被划分为更小的单位，像素尺寸其实就是整个图像总的像素数量。像素越大，图像的分辨率也越大，打印尺寸在不降低打印质量的同时也越大。

2. 打印的分辨率

分辨率就是指在单位长度内含有的点（即像素）的多少。打印的分辨率就是每英寸图像含有多少个点或者像素，分辨率的单位为 dpi，例如，72dpi 就表示该图像中每英寸含有 72 个点或者像素。因此，当知道图像的尺寸和图像分辨率的情况下，就可以精确地计算得到该图像中全部像素的数目。每英寸的像素越多，分辨率越高。

在数字化图像中，分辨率的大小直接影响图像的质量，分辨率越高，图像就越清晰，所产生的文件就越大，在工作中所需要的内存和 CPU 处理时间就越长。所以在创作图像时，不同品质、不同用途的图像就应该设置不同的图像分辨率，这样才能最合理地制作生成图像作

品。例如，要打印输出的图像分辨率就需要高一些，若仅在屏幕上显示使用就可以低一些。

另外，图像文件的大小与图像的尺寸和分辨率息息相关。当图像的分辨率相同时，图像的尺寸越大，图像文件的大小也就越大；反之，当图像的尺寸相同时，图像的分辨率越大，图像文件的大小也就越大。图1.13 所示为两幅相同的图像，分辨率分别为 72 像素 / 英寸和 300 像素 / 英寸，缩放比例为 200 时的不同显示效果。

图1.13　分辨率不同显示效果

1.3 Photoshop CC 2018新增功能

Adobe 公司出品的 Photoshop 软件是图形、图像处理领域中使用非常广泛的一个软件，以其强大的功能，操作的灵活性及层出不穷的艺术效果，被广泛地应用于各个设计工作领域中，包括广告、摄影、网页动画和印刷等，成为平面设计师们的得力助手。最新发布的 Photoshop 增加了一系列新的功能，方便用户的编辑、管理、设计数字图片。

Photoshop CC 2018 较之前的版本有较大地提升，增加了很多更加人性化的功能，不但界面进行了较大的改变，而且还添加了许多新的功能，下面来介绍几项新增功能。

练习1-1 更好地整理画笔

难　　度：	★
素材文件：	无
案例文件：	无
视频文件：	第1章 \ 练习1-1 更好地整理画笔 .avi

新版本对画笔进行了不少的改进，全新的画笔在较大的文档中使用较大笔触时，拖动速度明显提升。

可以在高度简化的"画笔"面板（从之前版本中的"画笔预设"重新命名而来）中选择使用画笔工具预设和相关设置，而在 Photoshop 的早期版本中，这些预设和设置只能从选项栏中访问。现在将画笔用作工具预设，

则可以将它们转换为画笔预设，并在"画笔"面板中更轻松地管理它们。"画笔"面板在此版本中进行了许多改进，其中包括一个简单的缩放滑块，允许在同一个屏幕或更小的空间内查看更多的画笔。

新的画笔可以随意整理，如通过拖放重新排序、创建文件夹和子文件夹、扩展笔触预览、切换新视图模式，还可以保存包含不透明度、流动、混合模式和颜色的画笔预设。图1.14所示为拖动画笔及新建画笔组操作。

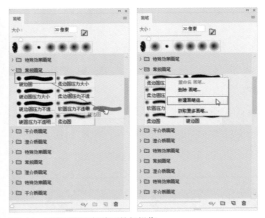

图1.14　拖动画笔及新建画笔组操作

图1.15　平滑值为0和100时的绘制效果

◆技术看板　画笔带的颜色设置

在使用描边平滑时，可以选择查看画笔带，即绘图时显示的像辅助线一样的东西，并可以修改它的颜色。执行菜单栏中的"编辑"|"首选项"|"光标"命令，打开"首选项"对话框，在"绘图光标"选项组中，选择"进行平滑处理时显示画笔带"复选框，即可在绘图时显示画笔带，并可以通过"画笔带颜色"来指定画笔带的显示颜色，如图1.16所示。

图1.16　画笔带设置

练习1-2 画笔智能平滑 （重点）

难　度：	★
素材文件：无	
案例文件：无	
视频文件：第1章\练习1-2 画笔智能平滑.avi	

Photoshop CC 2018可以对描边执行智能平滑。在使用画笔、铅笔、混合器画笔或橡皮擦时，只需在选项栏中输入0~100的平滑值。值为0时等同于Photoshop早期版本中的旧版平滑。应用的值越高，描边的智能平滑量就越大。图1.15所示为平滑值为0和100时的绘制效果。

练习1-3 拉绳模式 （重点）

难　度：	★
素材文件：无	
案例文件：无	
视频文件：第1章\练习1-3 拉绳模式.avi	

在平滑值不为0时，单击右侧的齿轮图标，将弹出"平滑选项"选项栏，选择一种或多种模式可以开启不同的绘图功能。这里先讲解"拉绳模式"，后面会详细讲解其他3种，如图1.17所示。

图1.17 平滑选项

图1.19 描边补齐的操作效果

提示

"平滑选项"和"平滑"是配合使用的,当平滑值不为0时才可以启用,而且平滑值越大,这些功能在使用时越明显。

在选项栏中开启"拉绳模式"后,在绘图时,将出现一个辅助的拉绳效果,根据拉绳可以更加准确地绘制图像。图1.18所示为拉绳模式开启后的绘图效果。

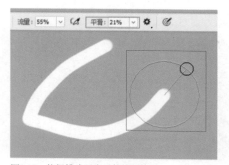

图1.18 拉绳模式开启后的绘图效果

练习1-4 描边补齐

难　度：★
素材文件：无
案例文件：无
视频文件：第1章\练习1-4 描边补齐.avi

在以前的版本中,使用绘图工具绘图时,只要停止拖动鼠标,笔触也就即刻停止绘图了。而现在不同了,"描边补齐"可以在暂停画笔指针移动时,补齐绘画描边,即拖动绘图时,在结尾部分按住鼠标不放,系统会自动将描边补齐。图1.19所示为描边补齐的操作效果。

练习1-5 补齐描边末端

难　度：★
素材文件：无
案例文件：无
视频文件：第1章\练习1-5 补齐描边末端.avi

"补齐描边末端"与"描边补齐"有些相似,都是为了补齐描边末端,但"补齐描边末端"更加简单。当拖动绘制完成释放鼠标时,上一绘画位置到释放鼠标所在点的描边末端会自动瞬间补齐,不像"描边补齐"需要慢慢地补齐。图1.20所示为补齐描边末端操作效果。

图1.20 补齐描边末端操作效果

1.3.1 调整缩放

"调整缩放",可以防止抖动描边。使用该项可以自动调整平滑量以避免出现低缩放百分比。在放大文档时减小平滑;在缩小文档时增加平滑。

练习1-6 弯度钢笔工具

难　度：★
素材文件：无
案例文件：无
视频文件：第1章\练习1-6 弯度钢笔工具.avi

"弯度钢笔工具"可以更加轻松地绘制平滑曲线和直线段。使用这个工具，可以在设计中创建自定义形状，或定义精确的路径，以便毫不费力地优化图像。在执行该操作的时候，无须切换工具就能创建、切换、编辑、添加或删除平滑点或角点，可从钢笔工具组中访问此新工具，如图1.21所示。

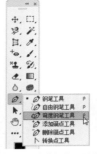

图1.21 弯度钢笔工具及应用效果

练习1-7 路径选项 重点

难　度：	★
素材文件：	无
案例文件：	无
视频文件：	第1章\练习1-7 路径选项 .avi

路径线和曲线不再只有黑白两色，现在可定义路径线的颜色和粗细，使其更符合自己的审美且更加清晰可见。在创建路径时，单击选项栏中的齿轮图标✿，指定路径线的颜色和粗细。图1.22所示为不同粗细与颜色的路径效果。

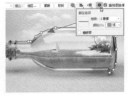

图1.22 不同粗细与颜色的路径效果

练习1-8 多媒体工具提示 重点

难　度：	★
素材文件：	无
案例文件：	无
视频文件：	第1章\练习1-8 多媒体工具提示 .avi

Photoshop CC 2018 提供了一个对初学者非常实用的多媒体工具提示功能，让初学者更加容易地了解工具的用途，将鼠标指针放置在"工具箱"中某些工具的上方，Photoshop会显示相关工具的描述和简短的多媒体演示，以动画的形式显示该工具的基本应用方法，非常方便。图1.23所示为"吸管工具"的多媒体演示效果。

图1.23 "吸管工具"的多媒体演示效果

◆技术看板 媒体工具提示开关设置

媒体工具提示对初学者来说非常实用，但对了解的人来说，这个提示就会显得有些多余，此时还可以将其关闭。执行菜单栏中的"编辑"|"首选项"|"工具"命令，在打开的对话框中，取消"使用富媒体工具提示"复选框即可将其关闭，如图1.24所示。

图1.24 取消"使用富媒体工具提示"复选框

1.3.2 可变字体

Photoshop 现在支持可变字体，这是一种新的 OpenType 字体格式，支持直线宽度、宽度、倾、视觉大小等自定义属性。此版 Photoshop 附带几种可变字体，可以使用"属性"面板中的便捷滑块控件来调整其直线宽、宽度和倾斜。在调整这些滑块时，Photoshop 会自动选择与当前设置最接近的文字样式。例如，在增加常规文字样式的倾斜度时，Photoshop 会自动将其更改为一种斜体的变体。

在"字符"面板或选项栏的在字体列表中，字体名称旁边带 图标的，即为可变字体。图 1.25 所示为可变字体的使用及设置前后对比效果。

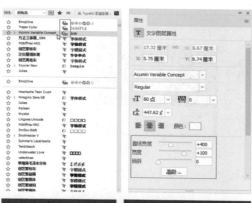

图1.25　可变字体的使用及设置对比效果

1.3.3 在 Photoshop 中访问 LR照片

可以直接从 Photoshop 内的开始工作区中访问所有同步的 Lightroom 照片。在"开始"工作区中，如图 1.26 所示，单击"LR 照片"选项卡，可选择要打开的图像并单击导入

选定项。如果在 Photoshop 运行的同时从任何 Lightroom 照片应用程序中对照片或相册进行了更改，可单击刷新按钮以查看所作的更改。单击查看更多，可查看按日期组织并以网格形式呈现的所有照片。除了"开始"工作区之外，还可以使用应用程序内搜索体验在 Photoshop 中查找、过滤、排序和导入 Lightroom 照片。

图1.26　"开始"工作区

1.3.4 "学习"面板

Photoshop CC 2018 为初学者提供了基础视频教程，可以直接在 Photoshop 内访问有关基本概念和任务的分步教程。这些教程涵盖基本的摄影概念、修饰与组合图像及图形设计的基础知识。

执行菜单栏中的"窗口"|"学习"命令，打开"学习"面板，如图 1.27 所示。

图1.27　"学习"面板

例如，选择"修饰"主题，单击展开其学习项，可以看到几个课程列表，如图1.28所示。

图1.28 课程列表

在列表中单击某个课程，如"复制小对象和纹理"，即可进入课堂与操作界面，系统会出现详细的提示及操作方法，如图1.29所示，根据提示操作即可学习到该内容。

图1.29 提示步骤

1.3.5 快速共享

Photoshop CC 2018为适应时代的发展，提供了快速共享功能，当处理或设计好自己的作品后，可以直接从Photoshop内将作品通过电子邮件、文本、社交网络等方式共享。在通过电子邮件共享文档时，Photoshop 将发出一个原始文档（.psd 文件）。对于某些特定服务

和社交媒体渠道，在共享之前，Photoshop 会将文档自动转换为 JPEG 格式。此功能会使用原生操作系统共享机制，包括已经过身份验证的服务。图 1.30 所示为苹果电脑 OS 系统的共享菜单。

图1.30 共享菜单

1.3.6 复制和粘贴图层

Photoshop CC 2018可以使用"拷贝""粘贴"和"原位粘贴"命令，在一个文档内和多个文档之间拷贝并粘贴图层。

在不同分辨率的文档之间粘贴图层时，粘贴的图层将保持其像素大小。根据颜色管理设置和关联的颜色配置文件，系统可能提示用户指定如何处理导入数据中的颜色信息。

1.3.7 绘画对称

Photoshop CC 2018 提供了一个非常强大的对称绘画的功能，不过该功能在默认状态下是关闭的。使用画笔、铅笔或橡皮擦工具绘制对称图形时，单击选项栏中的蝴蝶图标，选择对称类型。绘制的描边在对称线另一侧实时显示，从而可以更加轻松地描绘人脸、汽车、动物等。图 1.31 所示为使用垂直对称的绘图效果。

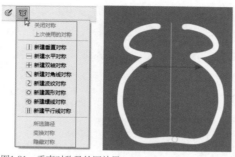

图1.31 垂直对称及绘图效果

◆技术看板 媒体工具提示开关设置

前面已经说过，对称绘画功能默认状态下是关闭的，要想使用该功能，需要将其打开。

执行菜单栏中的"编辑"|"首选项"|"技术预览"命令，在打开的对话框中，选择"启用绘画对称"复选框即可，如图1.32所示。

图1.32 选择"启用绘画对称"复选框

1.3.8 球面全景图的编辑

可以在Photoshop中编辑使用不同相机拍摄的等距长方投影球面全景图。在导入全景图资源并选择其图层后，执行菜单栏中的"3D"|"球面全景"|"通过选中的图层新建全景图图层"命令，调用全景图查看器。或者执行菜单栏中的"3D"|"球面全景"|"导入全景图"命令，将球面全景图直接载入查看器。

1.3.9 "选择并遮住"的改进

在前景与背景颜色看起来相似的情况下，减去前景，可提供更准确更真实的结果。同时改进了原始选区和修边结果的混合。

"透明度"视图模式设置现在与"快速蒙版"视图模式分离开。"透明度"设置不再在"选择并遮住"和"快速蒙版"之间进行共享。

"叠加"视图模式透明度设置现在与白底和黑底透明度设置分离开。

1.3.10 "属性"面板的改进

现在可以在属性面板中调整文字图层的行距和字距。使用"属性"面板调整多个文字图层的设置，如颜色、字体和大小。

在"属性"面板中处理Adobe Stock资源，通过单击资源ID，查看Adobe官方网站上的资源。在Adobe官方网站上查找与图像类似的Stock资源。

直接从"属性"面板中对预览图像进行授权。

1.3.11 支持Microsoft Dial

利用对Microsoft Dial的原生支持，无须使用鼠标，即可快速地访问重要控件。控制画笔参数，包括大小、硬度、不透明度、流动和平滑。

1.3.12 粘贴为纯文本

现在，可以粘贴不带格式的文本，粘贴后，无须花时间重新设置文本格式。

1.3.13 常规性能改进

现在，Photoshop提升了运行速度并且反应更加敏捷，因而可以用更少的时间完成日常的工作流程。借助更短的加载时间，更快地开始操作。

1.4 认识Photoshop的工作区

可以使用各种元素，如面板、栏、窗口等来创建和处理文档或文件，这些元素的任意排列方式都可称为工作区。可以通过从多个预设工作区中进行选择或创建自己的工作区来调整各个应用程序。

Photoshop 的工作区主要由应用程序栏、菜单栏、选项栏、选项卡式文档窗口、工具箱、面板组和状态栏等组成，如图 1.33 所示。

图1.33　Photoshop的工作区

1.4.1 管理文档窗口

Photoshop 可以对文档窗口进行调整，以满足不同用户的需要，如浮动或合并文档窗口、缩放或移动文档窗口等。

1. 浮动或合并文档窗口

默认状态下，打开的文档窗口处于合并状态，可以通过拖动的方法将其变成浮动状态。当然，如果当前窗口处于浮动状态，也可以通过拖动将其变成合并状态。将指针移动到窗口选项卡位置，即文档窗口的标题栏位置。按住鼠标左键向外拖动，以窗口边缘不出现蓝色边框为限，释放鼠标即可将其由合并状态变成浮动状态。合并变浮动窗口操作过程如图 1.34 所示。

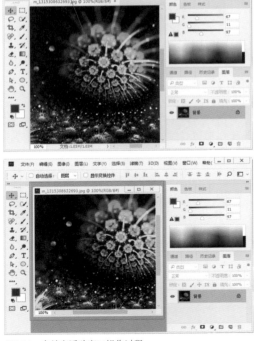

图1.34　合并变浮动窗口操作过程

当窗口处于浮动状态时，将指针放在标题栏位置，按住鼠标将其向工作区边缘靠近，当工作区边缘出现蓝色边框时，释放鼠标，即可将窗口由浮动变成合并状态。操作过程如图1.35所示。

图1.35　浮动变合并窗口操作过程

◆技术看板　快速浮动或合并文档窗口

除了利用拖动方法来浮动或合并窗口外，还可以使用菜单命令来快速合并或浮动文档窗口，执行菜单栏中的"窗口"|"排列"命令，在其子菜单中选择"在窗口中浮动""使所有内容在窗口中浮动"或"将所有内容合并到选项卡中"命令，可以快速将单个窗口浮动、所有文档窗口浮动或所有文档窗口合并，如图1.36所示。

图1.36　"排列"子菜单

2. 移动文档窗口的位置

为了方便操作，可以将文档窗口随意地移动，但需要注意的是，处于选项卡式或最大化的文档窗口是不能移动的。将指针移动到标题栏位置，按住鼠标拖动文档窗口，到达合适的位置后释放鼠标，即可完成文档窗口的移动。移动文档窗口位置的操作过程如图1.37所示。

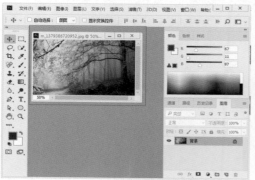

图1.37　移动文档窗口的位置操作过程

3. 调整文档窗口大小

为了方便操作，还可以调整文档窗口的大小，将指针移动窗口的右下角位置，指针将变成一个双箭头。如果想放大文档窗口，按住鼠标向右下角拖动，即可将文档窗口放大；如果想缩小文档窗口，按住鼠标向左上方拖动，即可将文档窗口缩小。放大文档窗口操作过程如图 1.38 所示。

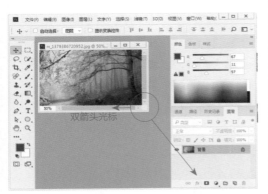

图1.38　放大文档窗口操作过程

1.4.2　操作面板组

默认情况下，面板是以面板组的形式出现，位于 Photoshop 界面的右侧，主要用于对当前图像的颜色、图层、信息导航、样式及相关的操作进行设置。Photoshop 的面板可以任意进行分离、移动和组合。首先以"色板"面板为例讲解面板的基本组成，如图 1.39 所示。

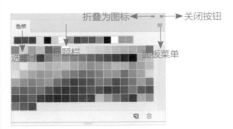

图1.39　面板的基本组成

面板有多种操作，各种操作方法如下。

1. 打开或关闭面板

在"窗口"菜单中选择不同的面板名称，可以打开或关闭不同的面板，也可以单击面板右上方的"关闭"按钮来关闭该面板。

2. 显示面板内容

在多个面板组中，如果想查看某个面板内容，可以直接单击该面板的选项卡名称。如单击"样式"选项卡，即可显示该面板内容。其操作过程如图 1.40 所示。

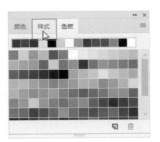

图1.40　显示"样式"面板内容的操作过程

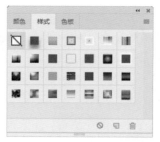

图1.40 显示"样式"面板内容的操作过程（续）

3. 移动面板

在移动面板时，可以看到蓝色突出显示的放置区域，可以在该区域中移动面板。例如，将一个面板拖动到另一个面板上面或下面的窄蓝色放置区域中，可以向上或向下移动该面板。如果拖动到的区域不是放置区域，该面板将在工作区中自由浮动。

- 要移动单独某个面板，可以拖动该面板顶部的标题栏或选项卡位置。
- 要移动面板组或堆叠的浮动面板，需要拖动该面板组或堆叠面板的标题栏。

4. 分离面板

在面板组中的某个选项卡名称处按住鼠标左键向该面板组以外的位置拖动，即可将该面板分离出来。操作过程如图 1.41 所示。

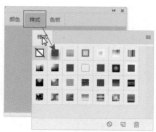

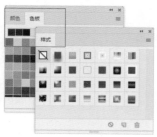

图1.41 分离面板效果

5. 组合面板

在一个独立面板的选项卡名称位置按住鼠标，然后将其拖动到另一个浮动面板上，当另一个面板周围出现蓝色的方框时，释放鼠标即可将面板组合在一起，操作过程及效果如图1.42所示。

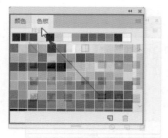

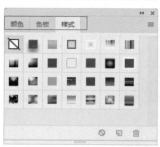

图1.42 组合面板操作过程及效果

6. 停靠面板组

为了节省空间，还可以将组合的面板停靠在软件右侧的边缘位置，或与其他面板组停靠在一起。

拖动面板组上方的标题栏或选项卡，将其移动到另一组或一个面板边缘位置，当看到一条垂直的蓝色线条时，释放鼠标即可将该面板组停靠在其他面板或面板组的边缘位置，操作过程及效果如图 1.43 所示。

图1.43 停靠面板操作过程及效果

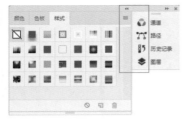

图1.43　停靠面板操作过程及效果（续）

技巧

可以将面板或面板组从停靠的面板或面板组中分离出来，只需要拖动其选项卡或标题栏，即可将其拖动到另一个位置停靠或使其变为自由浮动面板。

7. 堆叠面板

当将面板拖出停放但并不将其拖入放置区域时，面板会自由浮动。可以将浮动的面板放在工作区的任何位置，也可以将浮动的面板或面板组堆叠在一起，以便在拖动最上面的标题栏时将它们作为一个整体进行移动。堆叠不同于停靠，停靠是将面板或面板组停靠在另一面板或面板组的左侧或右侧，而堆叠则是将面板或面板组堆叠起来，形成上下的面板组效果。

要堆叠浮动的面板，可以拖动面板的选项卡或标题栏到另一个面板底部的放置区域，当面板的底部产生一条蓝色的直线时，释放鼠标即可完成堆叠。要更改堆叠顺序，可以向上或向下拖移面板选项卡。堆叠面板操作过程及效果如图1.44所示。

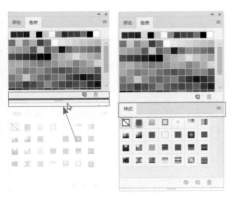

图1.44　堆叠面板操作过程及效果

技巧

如果想从堆叠中分离出面板或面板组使其自由浮动，可以拖动其选项卡或标题栏到面板以外位置即可。

8. 折叠面板组

为了节省空间，Photoshop 提供了面板组的折叠操作，可以将面板组折叠起来，以图标的形式来显示。

单击折叠为图标按钮，可以将面板组折叠起来，以节省更大的空间，如果想展开折叠面板组，可以单击展开面板按钮，将面板组展开，如图1.45所示。

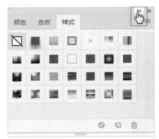

图1.45　面板组折叠效果

1.4.3　认识选项栏 重点

选项栏也叫工具选项栏，默认位于菜单栏的下方，用于对相应的工具进行各种属性设置。选项栏内容不是固定的，它会随所选工具的不同而改变，在工具箱中选择一个工具，选项栏中就会显示该工具对应的属性设置，例如，在工具箱中选择了"矩形选框工具"，选项栏的显示效果如图1.46所示。

提示

在选项栏处于浮动状态时，在选项栏的最左侧有一个黑色区域，这个灰色区域叫手柄区，可以通过拖动手柄区移动选项栏的位置。

手柄区

图1.46　选项栏

在选项栏中设置完参数后，如果想将该工具选项栏中的参数恢复为默认值，可以在工具选项栏左侧的工具图标处单击鼠标右键，从弹出的菜单中选择"复位工具"命令，即可将当前工具选项栏中的参数恢复为默认值。如果想将所有工具选项栏的参数恢复为默认，请选择"复位所有工具"命令，如图1.47所示。

图1.47　右键菜单

1.4.4　认识工具箱 （重点）

工具箱在初始状态下一般位于窗口的左侧，当然也可以根据自己的习惯拖动到其他位置。利用工具箱中所提供的工具，可以进行选择、绘画、取样、编辑、移动、注释和查看图像等操作。还可以更改前景色和背景色，以及进行图像的快速蒙版等操作。

若想知道各个工具的快捷键，可以将指针指向工具箱中某个工具图标，如"快速选择工具"，稍等片刻后，即会出现一个工具名称的提示，提示括号中的字母即为该工具的快捷键，如图1.48所示。

图1.48　工具提示效果

图1.49　多媒体演示效果

1.4.5　隐藏工具的操作技巧

在工具箱中没有显示出全部工具，有些工具被隐藏起来了。只要细心观察，会发现有些工具图标中有一个小三角的符号，这表明在该工具中还有与之相关的其他工具。要打开这些工具，有两种方法。

- **方法1**：将鼠标指针移至含有多个工具的图标上，按住鼠标不放，此时出现一个工具选择菜单，然后拖动鼠标至想要选择的工具处释放鼠标即可。选择"标尺工具"的操作效果如图1.50所示。

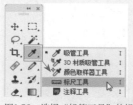

图1.50　选择"铅笔工具"的操作效果

- **方法2**：在含有多个工具的图标上单击鼠标右键，就会弹出工具选项菜单，单击选择相应的工具即可。

1.5 知识拓展

本章主要对 Photoshop 的基础知识进行了详细的讲解，重点放在了对新增功能及工作界面的认识，同时，也对工作环境的创建进行了细致的分析，读者朋友首先要对工作界面有个详细的了解，并对工作环境的设置熟练掌握。

1.6 拓展训练

本章通过 2 个拓展训练，对 Photoshop 的基础知识加以巩固，以便快速入门，为以后的学习打下坚实的基础。

训练1-1 可变字体

◆实例分析

本例主要讲解新增功能"可变字体"的使用及设置方法。

难　　度：★★	
素材文件：无	
案例文件：无	
视频文件：第 1 章 \ 训练 1-1 可变字体 .avi	

◆本例知识点

可变字体

训练1-2 "学习"面板

◆实例分析

本例主要讲解新增功能"学习"面板的使用方法。

难　　度：★★	
素材文件：无	
案例文件：无	
视频文件：第 1 章 \ 训练 1-2 "学习"面板 .avi	

◆本例知识点

"学习"面板

第 **2** 章

Photoshop CC 2018
基本操作

本章首先从文件的基本操作讲起，介绍了创建新文档、打开文档和保存文档，然后详细讲解了图像的调整及画布大小的设置方法，并详细讲解了裁剪工具及命令的使用，让读者能很好地掌握画布、图像的控制技巧。

教学目标

学习文档的新建、打开与保存

学习图像及画布大小的设置

学习裁剪工具及命令的裁剪技巧

扫码观看本章
案例教学视频

2.1 文件的基本操作

在这一小节中，将详细介绍有关Photoshop的一些基本操作，包括图像文件的新建、打开、存储和置入等，为以后的深入学习打下一个良好的基础。

练习2-1 创建新文档 重点

难　度：	★
素材文件：	无
案例文件：	无

视频文件：第2章\练习2-1 创建新文档.avi

Photoshop CC 2018的"新建文档"对话框有很大的变化，增加了更多的默认文档预设，例如，为了适应现代智能系统的"移动设置"、适应视频的"胶片和视频"，还有"照片""打印""图稿和插图""Web"等。选择不同的选项组可以直接选择需要的默认文档预设，当然，如果这些都不能满足需要，则可以自定义创建新文档。

创建新文档的方法非常简单，具体的操作方法如下。

01 执行菜单栏中的"文件"|"新建"命令，打开"新建文档"对话框。

> **技巧**
>
> 按键盘中的 Ctrl + N 组合键，可以快速打开"新建文档"对话框。

02 在"预设详细信息"下方文本框中输入新建的文件的名称，其默认的名称为"未标题-1"。

03 直接在"宽度"和"高度"文本框中输入大小，不过需要注意的是，要先改变单位再输入大小，不然可能会出现错误。例如，设置"宽度"的值为30厘米，"高度"的值为20厘米，如图2.1所示。

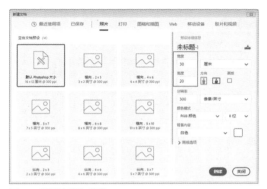

图2.1 设置宽度和高度

04 在"分辨率"文本框中设置适当的分辨率。一般用于彩色印刷的图像分辨率应达到300；用于报纸、杂志等一般印刷的图像分辨率应达到150；用于网页、屏幕浏览的图像分辨率可设置为72。单位通常采用"像素/英寸"。

05 在"颜色模式"下拉菜单中选择图像所要应用的颜色模式。可选的模式有"位图""灰度""RGB颜色""CMYK颜色""Lab颜色"，以及"8位""16位""32位"3个通道模式选项。根据文件输出的需要可以自行设置，一般情况下选择"RGB颜色"和"CMYK颜色"模式或"8位"通道模式。另外，如果用于网页制作；要选择"RGB颜色"模式，如果要印刷，一般选择"CMYK颜色"模式。

06 在"背景内容"下拉菜单中，选择新建文件的背景颜色，如选择白色。

◆**技术看板 设置背景内容**

在"新建"对话框的"背景内容"下拉菜单中包括3个选项。选择"白色"选项，则新建的文件背景色为白色；选择"背景色"选项，则新建的图像文件以当前的工具箱中设置的颜色作为新文件的背景色；选择"透明"选项，则新创建的图像文件背景为透明，背景将显示灰白相间的透明方格效果。选择不同背景内容创建的画布效果不同。

07 设置好文件参数后，单击"创建"按钮，即可创建一个新文档，如图2.2所示。

技巧

在新建文件时，如果用户希望新建的图像文件与工作区中已经打开的一个图像文件的参数设置相同。在执行菜单栏中的"文件"|"新建"命令后，执行菜单栏中的"窗口"命令，然后在弹出的菜单底部选择需要与之匹配的图像文件名称即可。

图2.2 创建的新文档效果

提示

如果将图像复制到剪贴板中，然后执行菜单栏中的"文件"|"新建"命令，则弹出的"新建文档"对话框，默认系统会选择"剪贴板"选项，文档中的尺寸、分辨率和色彩模式等参数与复制到剪贴板中的图像文件的参数相同。

练习2-2 打开文件

难　　度：	★
素材文件：	第2章\精品广告.jpg
案例文件：	无
视频文件：	第2章\练习2-2 打开文件.avi

要编辑或修改已存在的 Photoshop 文件或其他软件生成的图像文件时，可以使用"打开"命令将其打开，具体操作如下。

01 执行菜单栏中的"文件"|"打开"命令，或在工作区空白处双击，弹出"打开"对话框。

技巧

按 Ctrl + O 组合键，可以快速弹出"打开"对话框。

02 在"查找范围"中可以指定素材的位置，如果打开时看不到图像预览，可以单击对话框右上角的"更多选项"按钮，从弹出的菜单中选择"大图标"命令，如图2.3所示。以显示图片的预览图，方便查找相应的图像文件。

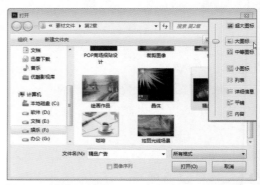

图2.3 "更多选项"菜单

03 单击选择"精品广告.jpg"文件，如图2.4所示。

图2.4 选择图像

04 单击"打开"按钮，即可将该图像文件打开，打开的效果如图2.5所示。

图2.5 打开的图像

在"文件"|"最近打开文件"子菜单中显示了最近打开过的 20 个图像文件，如图 2.6 所示。如果要打开的图像文件名称显示在该子菜单中，选中该文件名即可打开该文件，省去了查找该图像文件的烦琐操作。

提示
> 如果要修改最近使用文件的数量，可以执行菜单栏中的"编辑"|"首选项"|"文件处理"，命令在"近期文件列表包含……个文件"中来设置。

图2.6 最近打开文件

技巧
> 如果要清除"最近打开文件"子菜单中的选项命令，执行菜单栏中的"文件"|"最近打开文件"|"清除最近的文件列表"命令即可。

技巧
> 如果要同时打开相同存储位置下的多个图像文件，按住 Ctrl 键单击所需要打开的多个不连续图像文件，然后单击"打开"按钮即可。在选取图像文件时，按住 Shift 键可以连续选择多个图像文件。

提示
> 除了使用"打开"命令，还可以使用"打开为"命令打开文件。"打开为"命令与"打开"命令不同之处在于，该命令可以打开一些使用"打开"命令无法辨认的文件，例如，某些图像从网络下载后，在保存时如果以错误的格式保存，使用"打开"命令则有可能无法打开，此时可以尝试使用"打开为"命令。

◆技术看板 修改文档窗口的打开模式

打开的文档窗口分为两种模式：以选项卡方式和以浮动形式。执行菜单栏中的"编辑"|"首选项"|"工作区"命令，将打开"首选项"|"工作区"对话框，如图 2.7 所示。

图2.7 "首选项"|"工作区"对话框

在"选项"的选项组中，如果勾选"以选项卡方式打开文档"，则新打开的文档窗口将以选项卡的形式显示，如图 2.8 所示；如果不勾选"以选项卡方式打开文档"，则新打开的文档窗口将以浮动形式显示，如图 2.9 所示。

图2.8 以选项卡方式

图2.9 以浮动形式

练习2-3 打开EPS文件

难 度: ★
素材文件: 第 2 章\EPS 素材 .eps
案例文件: 无
视频文件: 第 2 章\ 练习 2-3 打开 EPS 文件 .avi

EPS 格式文件是 PostScript 文件的简称，可以表示矢量数据和位图数据，在设计中应用相当广泛，几乎所有的图形、插画和排版软件都支持这种格式。EPS 格式文件主要是 Adobe Illustrator 软件生成的。当打开包含矢量图片的 EPS 文件时，将对它进行栅格化，矢量图片中经过数学定义的直线和曲线会转换为位图图像的像素或位。要打开 EPS 文件可执行如下操作。

01 执行菜单栏中的"文件"|"打开"命令，在"打开"对话框中选择一个EPS文件，例如，选择"EPS素材.eps"文件，如图2.10所示。单击"打开"按钮，此时将弹出"栅格化EPS格式"对话框，如图2.11所示。

图2.10 "打开"对话框

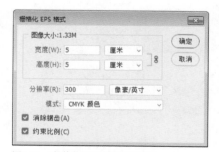

图2.11 "栅格化EPS格式"对话框

02 指定所需要的尺寸、分辨率和模式。如果要保持高宽比例，可以勾选"约束比例"复选框；如果想最大限度减少图片边缘的锯齿现象，可以勾选"消除锯齿"复选框。设置完成后单击"确定"按钮，即可将其打开。

练习2-4 置入嵌入AI矢量素材

难 度: ★★
素材文件: 第 2 章\AI 矢量素材 .ai
案例文件: 无
视频文件: 第 2 章\ 练习 2-4 置入嵌入 AI 矢量素材 .avi

Photoshop 中可以置入其他程序设计的矢量图形文件和 PDF 文件，如 Adobe Illustrator 图形处理软件设计的 AI 格式文件，还有其他符合需要格式的位图图像及 PDF 文件。置入的矢量素材将以智能对象的形式存在，对智能对象进行缩放、变形等操作不会对图像造成质量上的影响。置入素材操作方法如下。

01 要使用"置入嵌入对象"命令置入文件，首先要有一个文档，所以首先随意创建一个新文档，这样才可以使用"置入嵌入对象"命令。按Ctrl + N 组合键，创建一个新文档。执行菜单栏中的"文件"|"置入嵌入对象"命令，打开"置入嵌入的对象"对话框，选择"AI矢量素材.ai"文件，如图2.12所示。

图2.12 选择素材

02 单击"置入"按钮，将打开的"打开为智能对象"对话框,如图2.13所示。在"选择"下,根据要导入的文档中的元素,选择"页面"或"图像"。如果 PDF 文件包含多个页面或图像,可以单击选择要置入的页面或图像的缩览图,并使用"缩览图大小"下拉菜单来调整在预览窗口中的缩览图视图效果,可以选择"小"、"大"或"适合页面"的形式来显示。

图2.13 "置入PDF"对话框

03 可以从"裁剪到"下拉菜单中选择一个命令,指定裁剪的方式。选择"边框"表示裁剪到包含页面所有文本和图形的最小矩形区域,多用于去除多余的空白;选择"媒体框"表示裁剪到页面的原始大小;选择"裁剪框"表示裁剪到PDF文件的剪切区域,即裁剪边距;选择"出血框"表示裁剪到PDF文件中指定的区域,如折叠、出血等固有限制;选择"裁切框"表示裁剪到为得到预期的最终页面尺寸而指定的区域;选择"作品框"表示裁剪到PDF文件中指定的区域,用于将PDF数据嵌入其他应用程序中。

04 设置完成后,单击"确定"按钮,即可将文件置入,同时可以看到,在图像的周围显示了一个变换框。

05 如果此时拖动变换框8个控制点的任意一个,可以对置入的图像进行放大或缩小操作,放大操作如图2.14所示。

图2.14 拖动放大

06 按键盘上的Enter键,或在变换框内进行双击,即可将文件置入。置入的文件自动变成智能对象,在"图层"面板中将产生一个新的图层,并在该层缩览图的右下角显示一个智能对象缩览图,如图2.15所示。

图2.15 置入后的图像及图层显示

提示

置入嵌入对象与打开非常相似,都是将外部文件添加到当前操作中,但打开命令所打开的文件单独位于一个独立的窗口中;而置入的文件将自动添加到当前图像编辑窗口中,不会单独出现窗口。

练习2-5 将分层素材存储为JPG格式

难 度:	★★
素材文件:	第 2 章 \POP 商场招贴设计 .psd
案例文件:	无
视频文件:	第 2 章 \ 练习 2-5 将分层素材存储为 JPG 格式 .avi

当需要将完成的图像进行存储时，就可以应用存储命令，存储文件时格式非常关键，下面以实例来讲解文件的保存。

01 首先打开一个分层素材。执行菜单栏中的"文件"|"打开"命令，打开"POP商场招贴设计.psd"文件。打开该图像后，可以在图层面板中看到当前图像的分层效果，如图2.16所示。

图2.16 打开的分层图像

02 执行菜单栏中的"文件"|"存储为"命令，打开"另存为"对话框，指定保存的位置和文件名后，在"格式"下拉菜单中，选择JPEG格式，如图2.17所示。

图2.17 选择JPEG格式

03 单击"保存"按钮，将弹出"JPEG选项"对话框。对图像品质、基线等进行设置，然后单击"确定"按钮，如图2.18所示，即可将图像保存为JPG格式。

图2.18 JPEG选项

04 保存完成后，使用"打开"命令，打开刚保存的JPG格式的图像文件，可以在"图层"面板中看到当前图像只有一个图层，如图2.19所示。

图2.19 JPG图像效果

◆**技术看板 "存储"与"存储为"命令的区别**

在"文件"菜单下面有两个命令可以将文件进行存储，分别为"文件"|"存储"命令和"文件"|"存储为"命令。

当应用新建命令，创建一个新的文档并进行编辑后，要将该文档进行保存。这时，应用"存储"和"存储为"命令性质是一样的，都将打开"另存为"对话框，如图2.20所示，将当前文件进行存储。

当对一个新建的文档应用过"存储"命令后，或打开一个图像进行编辑后，再次应用"存储"命令时，不会打开"另存为"对话框，而是直接将原文档覆盖。

如果不想将原有的文档覆盖，就需要使用"存储为"命令。利用"存储为"命令进行存储，无论是新创建的文件还是打开的图片都可以弹出"另存为"对话框，将编辑后的图像重新命名进行存储。

图2.20 "另存为"对话框

"另存为"对话框中各选项的含义介绍分别如下。

- "保存在"：可以在其右侧的下拉菜单中选择要存储图像文件的路径位置。
- "文件名"：可以在其右侧的文本框中，输入要保存文件的名称。
- "保存类型"：可以从右侧的下拉菜单中选择要保存的文件格式。一般默认的保存格式为PSD格式。
- "存储选项"：如果当前文件具有通道、图层、路径、专色或注解，而且在"保存类型"下拉列表框中选择了支持保存这些信息的文件格式时，对话框中的"Alpha通道""图层""注释""专色"等复选框被激活。"作为副本"可以将编辑的文件作为副本进行存储，并保留原文件。"注释"用来设置是否将注释保存，勾选该复选框表示保存批注，否则不保存。勾选"Alpha通道"选项将Alpha通道存储。如果编辑的文件中设置有专色通道，勾选"专色"选项，将保存该专色通道。如果编辑的文件中，包含有多个图层，勾选"图层"复选框，将分层文件进行分层保存。
- "颜色"：为存储的文件配置颜色信息。
- "缩览图"：为存储的文件创建缩览图。默认情况下，Photoshop软件自动为其创建。

> **提示**
>
> 如果图像中包含的图层不止一个，或对背景层重命名，必须使用 Photoshop 的 PSD 格式才能保证不会丢失图层信息。如果要在不能识别 Photoshop 文件的应用程序中打开该文件，那么必须将其保存为该应用程序所支持的文件格式。

2.2 图像和画布大小的调整

图像大小是指图像尺寸，当改变图像大小时，当前图像文档窗口中的所有图像会随之发生改变，这也会影响图像的分辨率。除非对图像进行重新取样，否则当更改像素尺寸或分辨率时，图像的数据量将保持不变。例如，如果更改文件的分辨率，则会相应地更改文件的宽度和高度以便使图像的数据量保持不变。

2.2.1 修改图像大小和分辨率 重点

在制作不同需求的设计时，有时要重新修改图像的尺寸，图像的尺寸和分辨率息息相关，同样尺寸的图像，分辨率越高，图像就会越清晰。在 Photoshop 中，可以在"图像大小"对话框中查看图像大小和分辨率之间的关系。执行菜单栏中的"图像"|"图像大小"命令，会打开"图像大小"对话框，如图 2.21 所示。可在其中改变图像的尺寸、分辨率和图像的像素数目。当取消"重定图像像素"复选框，修改宽度、高度或分辨率时，一旦更改某一个值，其他两个值会发生相应的变化。

> **提示**
>
> 按 Ctrl +Alt + I 组合键，可以快速打开"图像大小"对话框。

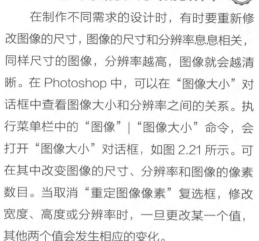

图2.21 "图像大小"对话框

1. 尺寸

显示当前文档的尺寸大小，可以选择不同的单位，并可以通过"调整为"右侧的下拉菜单，修改当前文档的尺寸，如图 2.22 所示。

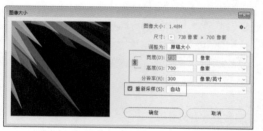

图2.22 尺寸

2. 宽度、高度和分辨率

可设定文档的宽度、高度和分辨率，可以直接在文本框中输入数字，并可从右侧的下拉列表框中选择合适的单位，以修改文档的大小。

3. 缩放样式

为了保证图像缩放的同时，图像所添加的各种样式，如图层样式也按比例缩放，可以在"图像大小"右侧的菜单 ✿.中，选择"缩放样式"命令。

4. 限制长度比

单击"限制长宽比"按钮 ⑧，将约束图像高宽比，改变图像的高度，则宽度也随之等比例改变。

5. 重新采样

"重新采样"可以指定重新取样的方法，不勾选此复选框，在调整图像宽度和高度时，为了保持图像像素的数目固定不变，分辨率将自动改变；当改变分辨率时，图像的宽度和高度也会发生改变。不勾选"重新采样"修改图像大小前后效果对比如图 2.23 所示。

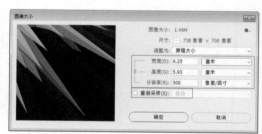

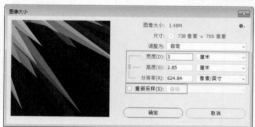

图2.23 不勾选"重新采样"修改图像大小前后效果对比

勾选此复选框，在调整图像宽度、高度或分辨率时，因为此时需要重新取样，则图像的尺寸将发生变化，但分辨率不会发生变化。勾选"重新采样"修改图像大小前后效果对比如图2.24所示。

图2.24 勾选"重新采样"修改图像大小

提示

> 如果想在不改变图像像素数量的情况下，重新设置图像的尺寸或分辨率，注意取消勾选"重新采样"复选框。

2.2.2 修改画布大小

画布大小指的是整个文档的大小，包括图像以外的文档区域。需要注意的是，当放大画布大小时，对图像的大小是没有任何影响的；只有当缩小画布并将多余部分进行修剪时，才会影响图像的大小。

执行菜单栏中的"图像"|"画布大小"命令，打开"画布大小"对话框，通过修改宽度和高度值来修改画布的尺寸，如图2.25所示。

图2.25 "画布大小"对话框

1. 当前大小

显示当前文档的宽度和高度。

2. 新建大小

在没有改变参数的情况下，该值与当前大小是相同的。可以通过修改"宽度"和"高度"的值来设置画布的大小。如果设定的宽度和高度大于图像的尺寸，Photoshop就会在原图的基础上增加画布尺寸，如图2.26所示；反之，将缩小画布尺寸。

图2.26 扩大画布后的效果

3. 相对

勾选该复选框，将在原来尺寸的基础上修改当前画布大小。即只显示新画布在原画布基础上放大或缩小的尺寸值。正值表示增加画布尺寸，负值表示缩小画布尺寸。

4. 定位

在该显示区中，通过选择不同的指示位置，可以确定图像在修改后的画布中的相对位置，共有9个指示位置可以选择，默认为水平、垂直居中。不同定位效果如图2.27所示。

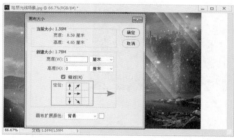

图2.27　不同定位效果

5. 画面扩展颜色

　　"画面扩展颜色"用来设置画布扩展后显示的背景颜色。可以从右侧的下拉菜单中选择一种颜色，也可以自定义一种颜色；或者单击

右侧的颜色块，打开"选择画布扩展颜色"对话框来设置颜色。不同画布扩展颜色显示效果如图2.28所示。

图2.28　不同画布扩展颜色显示效果

2.3 查看图像

为了方便用户查看图像内容，Photoshop 可以通过切换屏幕显示模式，更改 Photoshop 工作区域的外观。同时，还提供了"缩放工具" Q、"缩放命令"、"抓手工具" 🖐 和"导航器"面板等多种查看工具，方便用户以不同的放大倍数查看图像，并可以利用"抓手工具"查看图像的不同区域。

2.3.1 切换屏幕显示模式

Photoshop 中有 3 种不同的屏幕显示模式，执行菜单栏中的"视图"|"屏幕模式"下的子菜单中的命令来完成，这些命令分别是"标准屏幕模式""带有菜单栏的全屏模式""全屏模式"。

1. 标准屏幕模式

在这种模式下，Photoshop 的所有组件，如菜单栏、工具栏、标题栏和状态栏都将被显示在屏幕上，这也是 Photoshop 的默认效果，如图 2.29 所示。

图2.29 标准屏幕模式

2. 带有菜单栏的全屏模式

选择"带有菜单栏的全屏模式"命令，屏幕显示模式切换为带有菜单栏的全屏显示模式。该模式下，只显示菜单栏和 50% 背景，但没有文档窗口标题栏和滚动条，全屏窗口如图 2.30 所示。

图2.30 带有菜单栏的全屏模式

3. 全屏模式

选择"全屏模式"命令，可以把屏幕显示模式切换到全屏显示模式。显示没有标题栏、菜单栏和滚动条只有黑色背景的全屏窗口，以获得图像的最大显示空间，如图 2.31 所示。

图2.31 全屏模式

2.3.2 使用"缩放工具"查看图像

处理图像时，可能需要进行精细的调整，此时常常需要将文件的局部放大或缩小。当文件太大而不便于处理时，需要缩小图像的显示比例；当文件太小而不容易操作时，又需要在显示器上扩大图像的显示范围。

技巧

如果想放大所有窗口，可以在使用“缩放工具”的同时，按住Shift键单击进行放大；如果想缩小所有窗口，可以在按住Shift + Alt组合键的同时，单击进行缩小。

1. 放大图像

放大图像有多种操作方法，具体方法如下。

- **方法1**：单击放大。单击工具箱中的“缩放工具”按钮，或按键盘中的Z键，将指针移动到想要放大的图像窗口中，此时指针变为状，在要放大的位置单击，即可将图像放大。每单击一次，图像就会放大一个预定的百分比。

提示

最大可以放大到3200%，此时指针将变成状，表示不能再进行放大。

- **方法2**：快捷键放大。直接按Ctrl + +组合键，可以对选择的图像窗口进行放大。多次按该组合键，图像将按预定的百分比进行逐次放大。

2. 缩小图像

缩小图像有多种操作方法，具体方法如下。

- **方法1**：单击缩小。单击工具箱中的“缩放工具”按钮，或按键盘中的Z键，将指针移动到想要放大的图像窗口中，按下键盘上的Alt键，此时指针变为状，在要缩小的位置单击，即可将图像缩小。每单击一次，图像就会缩小一个预定的百分比。
- **方法2**：快捷键缩小。直接按Ctrl + −组合键，可以对选择的图像窗口进行缩小。多次按该组合键，图像将按预定的百分比进行逐次缩小。

3. 缩放工具选项栏

选择“缩放工具”时，其选项栏也将变化，显示出缩放工具属性设置，如图2.32所示。

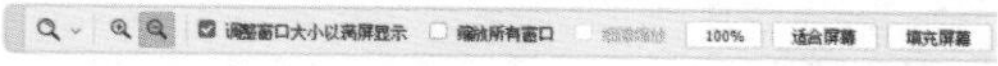

图2.32　缩放工具选项栏

缩放工具选项栏中各选项的含义如下。

- **放大**：单击该按钮，然后单击图像窗口，可以将图像放大。
- **缩小**：单击该按钮，然后单击图像窗口，可以将图像缩小。
- **“调整窗口大小以满屏显示”**：勾选该复选框，在执行放大或缩小命令时，图像的窗口将随着图像进行放大或缩小的变化。
- **“缩放所有窗口”**：勾选该复选框，在执行放大或缩小命令时，将缩放所有图像窗口大小。
- **“细微缩放”**：勾选该复选框，在图像中向左拖动可以缩小图像，向右拖动可以放大图像。
- **“100%”**：单击该按钮，图像将以100%的比例显示。
- **“适合屏幕”**：单击该按钮，图像窗口将适合当前屏幕的大小进行显示。
- **“填充屏幕”**：单击该按钮，图像窗口将根据当前屏幕空间的大小，进行全空白填充。

2.3.3 使用“抓手工具”查看图像 重点

如果打开的图像很大，或者操作中将图像放大，以至于窗口中无法显示完整的图像时，要查看图像的各个部分，可以使用“抓手工具”来移动图像的显示区域。

技巧

在图像内拖动指针的同时按住空格键，可以在选定其他工具时临时切换到“抓手工具”。

当整个图像放大到出现滑块时，在工具箱中单击“抓手工具”按钮，然后将鼠标指针移至图像窗口中，按住鼠标左键，将其拖动到合适的位置释放鼠标即可。图2.33所示为拖动前的效果，如图2.34所示为拖动后的效果。

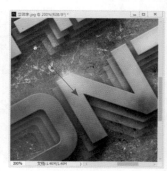

图2.33　拖动前的效果

图2.34　拖动后的效果

技巧

在选择"抓手工具"时，选项栏中有一个"滚动所有窗口"复选框，如果勾选该复选框，使用抓手工具移动图像时，将同时移动其他所有打开的窗口图像。

练习2-6　使用"旋转视图工具"查看图像

难　　度：★ ★

素材文件：第 2 章 \ 绘画作品 .jpg

案例文件：无

视频文件：第 2 章 \ 练习 2-6　使用"旋转视图工具"查看图像 .avi

"旋转视图工具" 🖐 可以在不破坏图像的情况下旋转画布，而且不会使图像变形，就像写生时，为了方便不同角度的绘制，转动画板以方便不同角度的修改。旋转画布在很多情况下很有用，能使绘画或绘制更加省事。

01 执行菜单栏中的"文件"|"打开"命令，打开"绘画作品.jpg"文件，选择工具箱中的"旋转视图工具" 🖐，将指针移动到画布中，此时指针将变成🖐状。

02 此时，按下鼠标，可以看到一个罗盘效果，并且无论怎样旋转，红色的指针都指向正北方，如图2.35所示。

提示

如果勾选选项栏中的"旋转所有窗口"复选框，则在旋转当前图像时，也将同时旋转所有其他文档窗口中的图像。

03 按住鼠标拖动，即可旋转当前的画面，并在工具选项栏中，可以看到"旋转角度"的值随着拖动旋转进行变化，当然，直接在"旋转角度"文本框中输入数值，也可以旋转画面。旋转效果如图2.36所示。

图2.35　罗盘效果

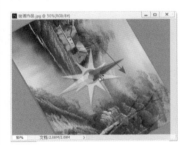

图2.36　旋转效果

技巧

要将画布恢复到原始角度，可以单击选项栏中的"复位视图"按钮。

2.3.4　使用"导航器"面板查看图像 重点

执行菜单栏中的"窗口"|"导航器"命令，打开"导航器"面板，如图 2.37 所示。利用该面板可以对图像进行快速的定位和缩放。

图2.37 "导航器"面板

"导航器"面板中的各项含义如下。

● **面板菜单** ≡：单击该按钮将打开面板菜单。通过菜单中的"面板选项"命令，可以打开"面板选项"对话框，如图2.38所示。可以修改图片缩览图中代理预览区显示框的显示颜色，也可以关闭面板或选项卡组。

图2.38 "面板选项"对话框

● **图片缩览图**：显示整个图像的缩览图，并可以通过拖动预览区域中的显示框，快速浏览图像的不同区域。

● **代理预览区**：该区域与文档窗口中的图像相对应，显示框中的图像会在文档窗口的中心位置显示。将指针移动到代理预览区中，指针将变成手形🖐️，按住鼠标可以移动显示框，显示框中的图像将在文档窗口中同步显示出来。移动预览画面效果如图2.39所示。

图2.39 移动预览画面效果

● **缩放文本框**：显示当前图像的缩放比例。在该文本框中输入数值，然后按键盘上的Enter键，图像将以输入的数值比例显示。

● **缩小按钮** ▲：单击该按钮，可以将图像按一定的比例缩小。

● **缩放滑块** ▬▬▬△▬▬▬：拖动上面的缩放滑块，可以快速地放大或缩小当前图像。

● **放大按钮** ▲：单击该按钮，可以将图像按一定的比例放大。

2.4 裁剪图像

除了利用"图像大小"和"画布大小"修改命令来修改图像，还可以使用裁剪的方法来修改图像。裁剪可以剪切掉部分图像以突出构图效果。可以使用"裁剪工具"🔲和"裁剪"命令来裁剪图像。也可以使用"裁切"命令来裁切像素。

练习2-7 使用"裁剪工具"裁剪图像 (难点)

难　　度：★★
素材文件：第 2 章 \ 裁剪图像 .jpg
案例文件：无
视频文件：第 2 章 \ 练习 2-7 使用"裁剪工具"裁剪图像 .avi

使用"裁剪工具"裁剪图像比使用"图像大小"和"画布大小"来修改图像更加灵活，不仅可以自由地控制裁切范围的大小和位置，还可以在裁切的同时对图像进行旋转、透视等操作，使用方法如下。

01 执行菜单栏中的"文件"|"打开"命令，打开

"裁剪图像.jpg"，选择工具箱中"裁剪工具"。

02 移动鼠标指针到图像窗口中，在合适的位置按住鼠标并拖动绘制一个剪切区域。

03 释放鼠标后，会出现一个四周有8个控制点的裁剪框，并重点显示剪切区域，剪切外的区域以不同的不透明度显示，默认显示比裁剪区域颜色更浅，如图2.40所示。

04 移动裁剪框位置。将鼠标指针移动到裁剪框内，指针将变成 ▶ 状，按住鼠标左键拖动，可以移动图像位置，以匹配裁剪区域，移动过程如图2.41所示。

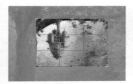 

图2.40　裁剪框效果　　　　图2.41　移动裁剪框

05 旋转图像。将指针放在裁剪框的外面，当指针变成 ↻ 状时，按住鼠标左键拖动，就可以旋转图像，旋转效果如图2.42所示。

06 缩放裁剪框，将指针放在8个控制点的任意一个上，当指针变为双箭头时，按住鼠标左键拖动，就可以把裁切范围放大或缩小，图2.43所示为缩小效果。

图2.42　旋转裁剪框　　　　图2.43　缩小裁剪框

07 调整完成后，按Enter键即可完成裁剪。

◆技术看板　使用"裁剪"命令裁剪图像

　　"裁剪"命令主要是基于当前选区对图像进行裁剪，使用方法相当简单，只需要使用选区工具选择要保留的图像区域，然后执行菜单栏中的"图像"|"裁剪"命令即可。使用"裁剪"命令裁剪图像操作效果如图2.44所示。

图2.44　使用"裁剪"命令裁剪图像操作效果

练习2-8　使用"裁切"命令裁剪图像 (重点)

难　度：★★
素材文件：第2章\裁切图像.jpg
案例文件：无
视频文件：第2章\练习2-8 使用"裁切"命令裁剪图像.avi

　　"裁切"命令与"裁剪"命令有所不同，"裁剪"命令主要通过选区的方式来修剪图像，而"裁切"命令主要通过图像周围的透明像素或指定的像素颜色来裁剪图像。

　　执行菜单栏中的"图像"|"裁切"命令，打开"裁切"对话框，如图2.45所示。

图2.45　"裁切"对话框

　　"裁切"对话框中各选项参数含义如下。

- "基于"：设置裁切的依据。选择"透明像素"，将裁剪掉图像边缘的透明区域，保留包含非透明像素图像；选择"左上角像素颜色"，将裁剪掉与左上角颜色相同的颜色区域；选择"右下角像素颜色"，将裁剪掉与右下角颜色相同的颜色区域。不过，后两项多适用于单色区域图像，对于复杂的图像颜色就显得有些无力了。图2.46所示为选择"左上角像素颜色"后裁剪的前后效果对比。

图2.46　裁剪的前后效果对比

- "裁切"：指定裁剪的区域。可以指定一个也可以同时指定多个，包括"顶""底""左"或"右"4个选项。

2.5 知识拓展

　　本章主要对 Photoshop 的基本操作进行了详细的讲解，重点在于文档的新建设置，不同图像文件格式的打开方法，图像的存储方法，掌握图像的不同裁剪技巧，将基础知识全盘掌握。

2.6 拓展训练

　　本章通过 2 个拓展训练，对 Photoshop 的图像缩放与查看技巧进行巩固，为以后的学习打下基础。

训练2-1 使用"缩放工具"查看图像

◆实例分析

　　本例主要讲解了使用"缩放工具"查看图像的方法和技巧。

难　　度： ★★
素材文件: 无
案例文件: 无
视频文件: 第2章\训练2-1 使用"缩放工具"查看图像.avi

◆本例知识点

"缩放工具" Q

训练2-2 使用"抓手工具"查看图像

◆实例分析

　　本例主要讲解了使用"抓手工具"查看图像的方法和技巧。

难　　度： ★★
素材文件: 无
案例文件: 无
视频文件: 第2章\训练2-2 使用"抓手工具"查看图像.avi

◆本例知识点

"抓手工具" 🖐

第 **3** 章

单色、渐变与图案填充

本章主要讲解了颜色设置与图案填充技巧。首先介绍了前景色和背景色和前景色与背景色的不同设置方法，同时详细介绍了"色板""颜色"面板的使用，以及"吸管工具"吸取颜色的方法，然后讲解了填充工具及渐变工具的使用方法，透明渐变和杂色渐变的编辑技巧，最后以实例的形式详细讲解了图案的创建技巧。通过本章的学习，读者应该可以掌握颜色设置与图案填充的应用技巧。

教学目标

学习前景色和背景色的不同设置方法

掌握色板、颜色面板的使用

掌握吸管工具的使用技巧

掌握渐变的编辑及使用方法

掌握图案的创建与使用方法

扫码观看本章
案例教学视频

3.1 设置单色

在进行绘图前，首先学习绘画颜色的设置方法，在 Photoshop 中，设置颜色通常指设置前景色和背景色。设置前景色和背景色的方法很多，比较常用的方法为利用"工具箱"、"颜色"面板、"色板"和"吸管工具"来设置前景色或背景色。下面分别介绍这些设置前景和背景色的方法。

3.1.1 初识前景色和背景色

前景色一般应用在绘画、填充和描边选区上，例如，使用"画笔工具" ✔绘图时，在画布中拖动绘制的颜色即为前景色，如图3.1所示。

背景色一般可以在擦除、删除和涂抹图像时显示，例如，使用"橡皮擦工具" ✔在画布中拖动擦除图像，显示出来的颜色就是背景色，如图 3.2 所示。在某些滤镜特效中，也会用到前景色和背景色。

图3.1　前景色效果

图3.2　背景色效果

3.1.2 在"工具箱"中设置前景色和背景色

在"工具箱"的底部，有一个前景色和背景色的设置区域，利用该区域，可以进行前景色和背景色的设置，默认情况下前景色显示为黑色，背景色显示为白色，如图3.3所示。

图3.3　颜色设置区域

技巧

单击工具箱中的"切换前景色和背景色"按钮 ↰，或按键盘上的 X 键，可以交换前景色和背景色。单击工具箱中的"默认前景色和背景色"按钮 ▣，或按键盘上的 D 键，可以将前景色和背景色恢复成默认效果。

更改前景色或背景色的方法很简单，在"工具箱"中只需要在代表前景色或背景色的颜色区域内单击鼠标，即可打开"拾色器"对话框。在"拾色器"对话框内设置所需的颜色。设置前景色效果如图 3.4 所示。

图3.4　设置前景色效果

3.1.3 使用"色板"设置颜色

Photoshop 提供了一个"色板"面板，如图 3.5 所示，"色板"由很多颜色块组成，单击某个颜色块，可快速选择该颜色。该面板中的颜色都是预设好的，不需要进行配置即可使用。当然，为了用户的需要，还可以在"色板"面板中添加自己常用的颜色，例如，使用"创建前景色的新色板" ▣创建新颜色，或使用"删除色板"按钮 ▥，删除一些不需要的颜色。

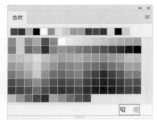

图3.5 "色板"面板

要使用色板,首先执行菜单栏中的"窗口"|"色板"命令,将"色板"面板设置为当前状态,然后移动鼠标指针至"色板"面板的色块中,此时指针将变成吸管形状,单击鼠标即可将该颜色设置为前景色。如果按住 Ctrl 键单击,即可将该颜色设置为背景色。

3.1.4 使用"颜色"面板

使用"颜色"面板选择颜色,如同在"拾色器"对话框中选色一样轻松。在"颜色"面板中不仅能显示当前的前景色和背景色的颜色值,而且使用"颜色"面板中的颜色滑块,可以根据几种不同的颜色模式编辑前景色和背景色。也可以从显示在面板底部的色谱条中选取前景色或背景色。

执行菜单栏中的"窗口"|"颜色"命令,将"颜色"面板设置为当前状态。单击其右上角的菜单按钮≡,在弹出的面板菜单中还可以选择不同的色彩模式和色谱条显示,如图3.6所示。

图3.6 "颜色"面板与面板菜单

单击选择前景色或背景色区域,选中后该区域将有个边缘加深的显示动作,将鼠标指针移动到任一颜色的滑块上按住鼠标左右拖动,或在最右侧的文本框中输入相应的数值,即可改变前景色或背景色的颜色值;也可以在选择要修改的前景色或背景色区域后,直接单击底部的色谱条,选择前景色或背景色。如果想设置白色或黑色,可以直接单击色谱条右侧的白色或黑色区域,选择白色或黑色,如图 3.7 所示。

图3.7 滑块与数值

3.1.5 使用"吸管工具"吸取颜色 重点

使用工具箱中的"吸管工具" ✐,在图像内任意位置单击,可以吸取前景色;或者将指针放置在图像上,按住鼠标左键在图像上任何位置拖动,前景色范围框内的颜色会随着鼠标的移动而发生变化,释放鼠标左键,即可采集新的颜色,如图 3.8 所示。

> **技巧**
>
> 在图像上采集颜色时,直接在需要的颜色位置单击鼠标,可以改变前景色;按住键盘上的 Alt 键,在需要的颜色位置单击鼠标,可以改变背景色。

图3.8 使用"吸管工具"选择颜色

"渐变工具" ■可以创建多种颜色的逐渐混合效果。选择"渐变工具" ■后，在选项栏中设置需要的渐变样式和颜色，然后在画布中按住鼠标拖动，就可以填充渐变颜色。"渐变工具" ■选项栏如图3.9所示。

图3.9 "渐变工具"选项栏

3.2.1 "渐变"拾色器的设置 重点

在工具箱中选择"渐变工具" ■后单击工具选项栏中 ■■■■■ 右侧的"点按可打开'渐变'拾色器"三角形按钮 ，将弹出"'渐变'拾色器"。从中可以看到现有的一些渐变，如果想使用某个渐变，直接单击该渐变即可。

单击"'渐变'拾色器"的右上角的菜单按钮 ，将打开"'渐变'拾色器"菜单，如图3.10所示。

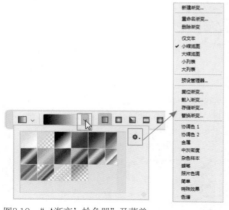

图3.10 "'渐变'拾色器"及菜单

"'渐变'拾色器"菜单各命令的含义说明如下。

- "新建渐变"：选择该命令，将打开"渐变名称"对话框，可以将当前渐变保存到"'渐

变'拾色器"中，以创建新的渐变。

- "重命名渐变"：为渐变重新命名。在"'渐变'拾色器"中，单击选择一个渐变，然后选择该命令，在打开的"渐变名称"对话框中，输入新的渐变名称即可。如果没有选择渐变，该命令将处于灰色的不可用状态。
- "删除渐变"：用来删除不需要的渐变。在"'渐变'拾色器"中，单击选择一个渐变，然后选择该命令，可以将选择的渐变删除。
"纯文本""小缩览图""大缩览图""小列表"和"大列表"：用来改变"'渐变'拾色器"中渐变的显示方式。
- 预设管理器：选取该命令，将打开"预设管理器"对话框，对渐变预设进行管理。
- "复位渐变"：将"'渐变'拾色器"中的渐变恢复到默认状态。
- "载入渐变"：可以将其他的渐变添加到当前的"'渐变'拾色器"中。
- "存储渐变"：将设置好的渐变保存起来，供以后调用。
- "替换渐变"：与"载入渐变"相似，将其他的渐变添加到当前"'渐变'拾色器"中，不同的是，"替换渐变"将替换掉原有的渐变。
- "协调色1""协调色2""杂色样本"……：选取不同的命令，在"'渐变'拾色器"中，将显示与其对应的渐变。

3.2.2 渐变样式的设置 重点

Photoshop中包括5种渐变样式，分别为"线性渐变" ■、"径向渐变" ■、"角度渐变" ■、"对称渐变" ■和"菱形渐变" ■。5种渐变样式具体的效果和应用方法介绍如下。

- "线性渐变" ■：单击该按钮，在图像或选区中拖动指针，将从起点到终点产生直线形渐变效果，拖动线及渐变效果，如图3.11所示。

- "径向渐变" ：单击该按钮，在图像或选区中拖动指针，将以圆形方式从起点到终点产生环形渐变效果，拖动线及渐变效果如图3.12所示。

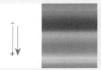 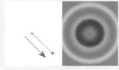

图3.11　线性渐变　　　　图3.12　径向渐变

- "角度渐变" ：单击该按钮，在图像或选区中拖动指针，将以逆时针扫过的方式围绕起点产生渐变效果，拖动线及渐变效果如图3.13所示。

- "对称渐变" ：单击该按钮，在图像或选区中拖动指针，将从起点的两侧产生镜向渐变效果，拖动线及渐变效果，如图3.14所示。

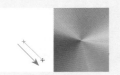 

图3.13　角度渐变　　　　图3.14　对称渐变

如果"对称渐变"的对称点设置在画布外，将产生与"线性渐变"一样的渐变效果。所以在某些时候，"对称渐变"可以代替"线性渐变"来使用。

- "菱形渐变" ：单击该按钮，在图像或选区中拖动指针，将从起点向外形成菱形的渐变效果，拖动线及渐变效果如图3.15所示。

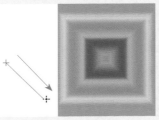

图3.15　菱形渐变

在进行渐变填充时，按住Shift键并拖动填充，可以将线条的角度限定为45°的倍数。

3.2.3　渐变工具选项栏

"渐变工具"选项栏除了"'渐变'拾色器"和渐变样式选项外，还包括"模式""不透明度""反向""仿色"和"透明区域"5个选项，如图3.16所示。

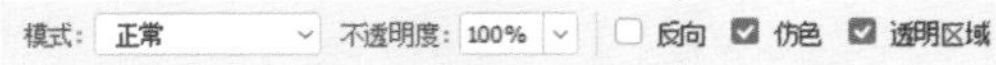

模式：正常　　　　不透明度：100%　　　□反向　☑仿色　☑透明区域

图3.16　其他选项

其他选项具体的应用方法介绍如下。

- "模式"：设置渐变填充与图像的混合模式。
- "不透明度"：设置渐变填充颜色的不透明程度，值越小越透明。原图、不透明度为30%和不透明度为60%的不同填充效果如图3.17所示。

原图　　　　不透明度为30%　　　不透明度为60%

图3.17　不同不透明度填充效果

- "反向"：勾选该复选框，可以将编辑的渐变颜色的顺序反转过来。例如，黑白渐变可以变成白黑渐变。
- "仿色"：勾选该复选框，可以使渐变颜色之间产生较为平滑的过渡效果。
- "透明区域"：该项主要用于对透明渐变进行设置。勾选该复选框，当编辑透明渐变时，填充的渐变将产生透明效果。如果不勾选该复选框，填充的透明渐变将不会出现透明效果。

练习3-1　渐变编辑器

难　度：	★★
素材文件：	无
案例文件：	无
视频文件：	第3章\练习3-1渐变编辑器.avi

在工具箱中选择"渐变工具"后，单击选项栏中的"点按可编辑渐变"区域，将打开"渐变编辑器"对话框，如图 3.18 所示。通过"渐变编辑器"可以选择预设中的渐变，也可以创建自己需要的新渐变。

图3.18 "渐变编辑器"对话框

"渐变编辑器"对话框各选项的含义说明如下。

- "预设"：显示当前默认或载入的渐变，如果需要使用某个渐变，直接单击即可选择。要基于现有渐变编辑新渐变，可以在该区域选择一种渐变后编辑即可。
- "渐变菜单" ✿▾：单击该按钮，将打开面板菜单，可以对渐变进行预览、复位和替换等操作。
- "名称"：显示当前选择的渐变名称。也可以直接输入一个新的名称，然后单击右侧的"新建"按钮，创建一个新的渐变，新渐变将显示在"预设"栏中。
- "渐变类型"：从弹出的菜单中，选择渐变的类型，包括"实底"和"杂色"两个选项。
  "平滑度"：设置渐变颜色的过渡平滑度，值越大，过渡越平滑。
- 渐变条：显示当前渐变效果，并可以通过下方的"色标"和上方的"不透明度色标"来编辑渐变。

提示

在渐变条的上方和下方都有编辑色彩的标志，上面的叫不透明度色标，用来设置渐变的透明度，与不透明度控制区对应；下面的叫色标，用来设置渐变的颜色，与颜色控制区对应。只有选定相应色标时，对应选项才可以编辑。

1. 添加/删除色标

将鼠标指针移动到渐变条的上方边缘位置，当指针变成手形👆标志时单击鼠标，可以创建一个"不透明度色标"；将鼠标指针移动到渐变条的下方边缘位置，当指针变成手形👆标志时单击鼠标，可以创建一个"色标"。多次单击可以添加多个色标，添加色标前后的效果如图 3.19 所示。

图3.19 色标添加前后效果

如果想删除不需要的"色标"或"不透明度色标"，选择该"色标"或"不透明度色标"后，单击"色标"选项组对应的"删除"按钮即可。也可以直接将"色标"或"不透明度色标"拖动到"渐变编辑器"对话框以外，释放鼠标即可将选择的"色标"或"不透明度色标"删除。

2. 编辑色标颜色

单击渐变条下方的色标🏠，该色标上方的三角形变黑🏠，表示选中了该"色标"，可以使用如下方法来修改色标的颜色。

- **方法1：**双击法。在需要修改颜色的色标上双击鼠标，打开"拾色器（色标颜色）"对话框，选择需要的颜色后，单击"确定"按钮即可。
- **方法2：**利用"颜色"选项。选择色标后，在"色标"选项组中，激活颜色控制区，单击"颜色"右侧的"更改所选色标的颜色"颜色:█区域，打开"拾色器（色标颜色）"对话框，选择需要的颜色后，单击"确定"按钮即可。
- **方法3：**直接吸取。选择色标后，将指针移动到"颜色"或"色板"面板的颜色区域或打开的图像中需要的颜色上，单击鼠标即可采集吸取该位置的颜色。

3. 移动或复制色标

直接左右拖动"色标"，即可移动色标的位置。如果在拖动时按住 Alt 键，可以复制出一个新的色标。移动色标的操作效果如图 3.20 所示。

图3.20　移动色标操作效果

如果要精确地移动色标，可以在选择"色标"或"不透明度色标"后，到"色标"选项组中，修改对应的"位置"参数，精确调整"色标"或"不透明度色标"的位置，如图 3.21 所示。

图3.21　精确移动色标位置

4. 编辑色标和不透明度色标中点

当选择一个色标时，在当前色标与邻近的色标之间将出现一个菱形标记，这个标记称为颜色中点，拖动该点，可以修改颜色中点两侧的颜色比例，操作效果如图 3.22 所示。

图3.22　编辑色标中点效果

同样，当选择一个"不透明度色标"时，在当前不透明色标与邻近的不透明度色标之间将出现一个菱形标记，这个标记称为不透明度中点，拖动该点，可以修改不透明度中点两侧的透明度所占比例，操作效果如图 3.23 所示。

图3.23　编辑不透明度色标中点效果

练习3-2 创建透明渐变 （难点）

难　度：	★★★
素材文件：第 3 章 \ 河畔 .jpg
案例文件：第 3 章 \ 创建透明渐变 .psd
视频文件：第 3 章 \ 练习 3-2 创建透明渐变 .avi

利用"渐变编辑器"不但可以制作出实色的渐变效果，还可以制作出透明的渐变填充，这里要编辑一个白色到透明的渐变，具体的设置方法如下。

01 在工具箱中选择"渐变工具" ▇ 后，单击选项栏中的"点按可编辑渐变"区域 ▇，打开"渐变编辑器"对话框。在"预设"栏中单击选取一个渐变作为基础渐变，并基于它编辑新的渐变，如选择"红、绿渐变"，如图3.24所示。

02 改变渐变的颜色。双击渐变条下方左侧的色标，打开"拾色器（色标颜色）"对话框，并设置颜色为白色，如图3.25所示。

图3.24　选择渐变　　　　图3.25　设置色标颜色

03 编辑完成后，可以看到现在的渐变变成了白到绿的渐变效果，如图3.26所示。

04 选择右侧的绿色色标，将其拖出渐变对话框，删除这个色标，这就变成了单一白色的渐变了，如图3.27所示。

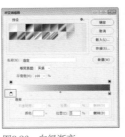

图3.26　白绿渐变　　　　图3.27　删除色标

提示

Photoshop 从最近的几个版本中将渐变编辑进行了优化，可以将色标删除到只剩下一个，方便了透明渐变的编辑。如果使用的是比较老的版本，最少要保留两个色标，可以将两个色标的颜色设置一致后，再进行下面的操作来编辑透明渐变。

05 单击选择渐变条上方左侧的"不透明度色标"，然后在"色标"选项组中，修改"不透明度"的值为0，使其完全透明，并修改"位置"的值为50%，此时从"渐变条"中可以看到颜色出现了透明效果，位置也发生了变化，如图3.28所示。

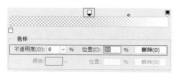

图3.28 修改不透明度和位置

06 设置完成后，单击"确定"按钮，完成透明渐变的编辑。为了更好地说明效果，这里执行菜单栏中的"文件"|"打开"命令，打开"河畔.jpg"图片，将其打开，在图片上处理一个月牙效果。

07 选择工具箱中的"椭圆选框工具" ○，按住Shift键，绘制一个圆形选区，如图3.29所示。

图3.29 绘制圆形选区

08 在"图层"面板中，单击底部的"创建新图层"按钮 ，创建一个新的图层。

09 选择工具箱中的"渐变工具" ，在选项栏中单击"径向渐变"按钮 。从圆形选区的内部合适位置开始，向外部拖动，如图3.30所示。

图3.30 拖动填充

10 释放鼠标，即可为其填充透明渐变，按Ctrl+D组合键取消选区，完成月牙效果的制作，如图3.31所示。

图3.31 填充透明渐变

练习3-3 创建杂色渐变

难　度：	★
素材文件：	无
案例文件：	无
视频文件：	第3章\练习3-3 创建杂色渐变 .avi

除了创建实色渐变和透明渐变之外，利用"渐变编辑器"对话框还可以创建杂色渐变，具体的创建方法如下。

`01` 在工具箱中选择"渐变工具"  后，单击选项栏中的"点按可编辑渐变" 区域 ，打开"渐变编辑器"对话框。在"渐变类型"下拉列表中，选择"杂色"选项，此时渐变条将显示杂色效果，如图3.32所示。

图3.32 选择"杂色"选项

- "**粗糙度**"：设置整个渐变颜色之间的粗糙程度。可以在文本框中输入数值，也可以拖动弹出式滑块来修改数值。值越大，颜色之间的粗

糙度就越大，颜色之间的对比度就越大。不同的值将显示不同的粗糙程度。

- "**颜色模型**"：设置不同的颜色模式。包括RGB、HSB和LAB 3种颜色模式。选择不同的颜色模式，其下方将显示不同的颜色设置条，拖动不同的颜色滑块，可以修改颜色的显示，以创建不同的杂色效果。

- "**限制颜色**"：勾选该复选框，可以防止颜色过度饱和。

- "**增加透明度**"：勾选该复选框，可以向渐变中添加透明杂色，以制作带有透明度的杂色效果。

- "**随机化**"：单击该按钮，可以在不改变其他参数的情况下，创建随机的杂色渐变。

`02` 读者可以根据上面的相关参数，自行设置一个杂色渐变。利用"渐变工具"  进行填充，几种不同渐变样式的杂色渐变填充效果，如图3.33所示。

图3.33 不同渐变样式的杂色渐变填充效果

3.3 图案的创建

在应用填充工具进行填充时，除了单色填充和渐变填充，还可以填充图案。图案是在绘图过程中被重复使用或拼接粘贴的图像，Photoshop 为用户提供了各种默认图案。在Photoshop 中，也可以自定义创建新图案，然后将它们存储起来，供不同的工具和命令使用。

练习3-4 整体图案的定义

难　　度：	★
素材文件：	第 3 章 \ 定义图案 .jpg
案例文件：	无
视频文件：	第 3 章 \ 练习 3-4 整体图案的定义 .avi

整体定义图案，就是将打开的图片素材整个定义为图案，以填充其他画布制作背景或其他用途，具体的操作方法如下。

`01` 执行菜单栏中的"文件"|"打开"命令，打开"定义图案.jpg"文件。

`02` 执行菜单栏中的"编辑"|"定义图案"命令，打开"图案名称"对话框， 如图3.34所示， 为图案进行命名，如"整体图案"，然后单击"确定"按钮，完成图案的定义。

图3.34 "图案名称"对话框

03 按Ctrl + N组合键，创建一个画布。例如，“宽度”为4000像素，“高度”为4000像素，然后执行菜单栏中的“编辑”|“填充”命令，打开“填充”对话框，设置“内容”为图案，并单击“自定图案”右侧的“点按可打开‘图案’拾色器”区域，打开“‘图案’拾色器”，选择刚才定义的“整体图案”的图案，如图3.35所示。

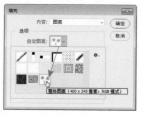

技巧

按Shift + F5组合键，可以快速打开“填充”对话框。

图3.35 “填充”对话框

提示

“填充”对话框中的“点按可打开‘图案’拾色器”与使用“油漆桶工具”时，工具选项栏中的图案相同。

04 设置完成后，单击“确定”按钮确认图案填充，即可将选择的图案填充到当前的画布中，填充后的效果如图3.36所示。

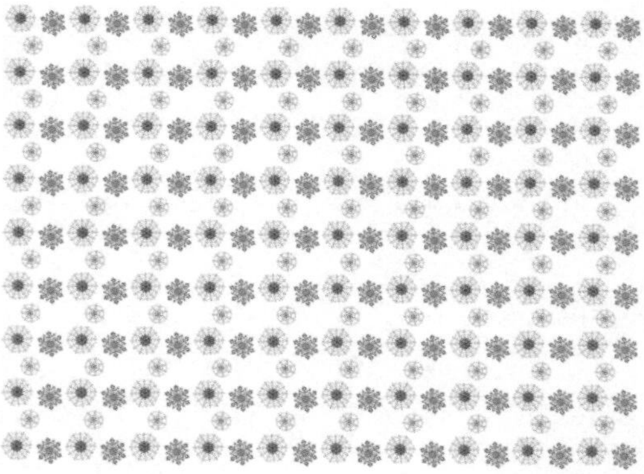

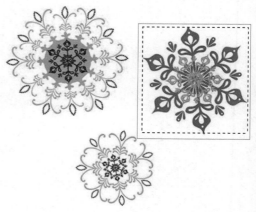

图3.36 图案填充效果

练习3-5 局部图案的定义 重点

难　　度：	★★
素材文件：	第 3 章\定义图案 .jpg
案例文件：	无
视频文件：	第 3 章\练习 3-5 局部图案的定义 .avi

整体定义图案是将打开的整个图片定义为一个图案，这就局限了图案的定义。而Photoshop为了更好地定义图案，提供了局部图案的定义方法，即可以将图片中的任意局部图像定义为图案，具体的操作方法如下。

01 执行菜单栏中的“文件”|“打开”命令，打开“定义图案.jpg”文件。

02 单击工具箱中的“矩形选框工具”按钮，在图像中合适位置，按住鼠标拖动，绘制一个矩形的选区，将右侧的一个花纹选中，效果如图3.37所示。

图3.37 选区选择图案

03 选择图案后，执行菜单栏中的“编辑”|“定义图案”命令，打开“图案名称”对话框，为图案命名，如图3.38所示，然后单击“确定”按钮，完成图案的自定义。

图3.38 自定义图案

04 按Ctrl + N组合键，创建一个画布。例如，"宽度"为1200像素，"高度"为900像素。

05 执行菜单栏中的"编辑"|"填充"命令，打开"填充"对话框，选择刚刚定义的"局部图案"图案，填充即可，如图3.39所示。

图3.39 填充效果

3.4 知识拓展

颜色是制图的关键，本章主要对单色、渐变及图案填充进行了详细的讲解，其中重点讲解了单一颜色与渐变颜色的编辑及填充技巧，最后以实例的形式对整体图案的定义与局部图案的自定义方法进行了讲解，让读者学习颜色设置的同时，感受一个多彩的 Photoshop 世界。

3.5 拓展训练

本章通过 2 个拓展训练，对 Photoshop 的颜色及渐变样式设置进行详细的讲解，学习不同渐变样式的使用技巧，本章内容是学习 Photoshop 的关键，一定要熟练掌握。

训练3-1 前景色和背景色

◆实例分析

本例主要讲解前景色和背景色的区别及不同的设置技巧。

难　度：★
素材文件：无
案例文件：无
视频文件：第 3 章 \ 训练 3-1 前景色和背景色 .avi

◆本例知识点

前景色和背景色

训练3-2 渐变样式

◆实例分析

本例主要讲解各种渐变样式的填充区别与使用方法。

难　度：★★
素材文件：无
案例文件：无
视频文件：第 3 章 \ 训练 3-2 渐变样式 .avi

◆本例知识点

渐变样式

第2篇

提高篇

第 **4** 章

图层及图层样式

图层是 Photoshop 中非常重要的概念，本章从图层的基本概念入手，由浅入深地介绍了相应的"图层"面板、图层的基本操作和图层的对齐与分布的使用方法等内容，还讲解了图层样式的应用。读者在学习完本章后，能够掌握图层的相关知识及操作技巧，图层样式的含义及使用方法，能够熟练掌握图层及图层样式的使用，在图像处理工作中更加得心应手。

教学目标

学习图层混合模式的应用

掌握图层的基本操作技巧

掌握图层的分布与对齐

学习图层样式的使用

掌握图层样式的添加与删除

扫码观看本章
案例教学视频

4.1 "图层"面板

Photoshop 的图层就如同堆叠在一起的透明纸张，通过图层的透明区域可以看到下面图层的内容，并可以通过图层移动来调整图层内容，也可以通过更改图层的不透明度使图层内容变透明。

4.1.1 认识"图层"面板

"图层"面板显示了图像中的所有图层、图层组和图层效果。可以使用"图层"面板来创建新图层和处理图层组，还可以利用"图层"面板菜单对图层进行更详细的操作。

执行菜单栏中的"窗口"|"图层"命令，即可打开"图层"面板。在"图层"面板中，图层的属性主要包括"混合模式""不透明度""锁定""填充"4 种，如图 4.1 所示。

图4.1 "图层"面板

1. 图层过滤器

在"图层"面板的顶部，显示了图层过滤器选项及按钮，在左侧的下拉菜单中，可以选择不同的显示类别，并可以通过右侧的按钮或选项，指定不同类别中更加详细的过滤类型。单击"打开或关闭图层过滤"按钮，可以快速打开或关闭图层过滤，如图 4.2 所示。

图4.2 图层过滤选项

2. 图层混合模式

在图层过滤器下方默认显示正常 正常 选项的下拉菜单中，可以调整图层的混合模式。图层混合模式决定了这一图层的图像像素如何与图像中的下层图像像素进行混合。

> **提示**
>
> 关于混合模式的详细讲解，请参考本章 4.1.2 节图层混合模式中相关的内容。

3. 图层不透明度

通过直接输入数值或拖动不透明度滑块，可以改变图层的总体不透明度。不透明度的值越小，当前选择层就越透明；值越大，当前选择层就越不透明；当值为 100% 时，图层完全不透明。图 4.3 所示为不透明度分别为 50% 和 100% 时的不同效果。

图4.3 不透明度分别为50%和100%时的不同效果

4. 锁定设置

Photoshop 提供了锁定图层的功能，可以全部或部分地锁定某一个图层和图层组，以保护图层相关的内容，使它的部分或全部内容在编辑图像时不受影响，给编辑图像带来了方便，如图 4.4 所示。

锁定：☒ ✓ ✦ ᴛᴣ 🔒

图4.4　锁定图层

当使用锁定属性时，除背景层外，当显示为黑色的锁标记🔒时，表示图层的属性完全被锁定；当显示为灰色空心的锁标记🔓时，表示图层的属性部分被锁定。下面具体讲解锁定图层的功能。

- "锁定透明像素" ☒：单击该按钮，锁定当前层的透明区域，可以将透明区域保护起来。在编辑图像时，只对不透明部分起作用，而对透明部分不起作用。
- "锁定图像像素" ✓：单击该按钮，将当前图层保护起来，除了可以移动图层内容外，不受任何填充、描边及其他绘图操作的影响。在该图层上无法使用绘图工具，绘图工具在图像窗口中将会显示为禁止图标🚫。
- "锁定位置" ✦：单击该按钮，不能对锁定的图层进行旋转、翻转、移动和自由变换等编辑操作，但能够对当前图层进行填充、描边和其他绘图操作。
- "防止在画板内外自动嵌套" ᴛᴣ：单击该按钮，可以防止图层或图层组在移动画板边缘时发生嵌套，该功能主要是针对画板来设置的。
- "锁定全部" 🔒：单击该按钮，将完全锁定当前图层。任何绘图操作和编辑操作均不能够在这一图层上使用。而只能够在"图层"面板中调整该图层的叠放次序。

5. 填充不透明度

"填充不透明度"与"不透明度"类似，但"填充不透明度"只影响图层中绘制的像素或图层上绘制的形状，不影响已经应用在图层中的图层样式效果，如外发光、投影、描边等。

图 4.5 所示为应用描边样式后的原图效果与"填充"值为 20% 的效果对比。

图4.5　原图与"填充"值为20%的效果对比

4.1.2　图层混合模式 重点

在 Photoshop 中，混合模式应用于很多地方，如画笔、图章和图层等，具有相当重要的作用，模式的不同得到的效果也不同，利用混合模式，可以制作出许多意想不到的艺术效果。下面来详细讲解图层混合模式相关命令的使用技巧。首先了解一下当前层（即使用混合模式的图层）和下面图层（即被作用的图层）之间的关系，如图 4.6 所示。

图4.6　图层的分布效果

1. 正常

这是 Photoshop 的默认模式，选择此模式，当前层上的图像将覆盖下层图像，只有修改不透明度的值，才可以显示出下层图像。正常模式效果如图 4.7 所示。

2. 溶解

当前层上的图像呈点状粒子效果，在不透明度小于 100% 时，效果更加明显。溶解模式效果如图 4.8 所示。

图4.7　正常模式　　　　　图4.8　溶解模式

3. 变暗

当前层中的图像颜色值与下面层图像的颜色值进行混合比较，比混合颜色值亮的像素将被替换，比混合颜色值暗的像素将保持不变，最终得到暗色调的图像效果。变暗模式效果如图 4.9 所示。

4. 正片叠底

当前层图像颜色值与下层图像颜色值相乘，再除以数值 255，得到最终像素的颜色值。任何颜色与黑色混合将产生黑色。当前层中的白色将消失，显示下层图像。正片叠底模式效果如图 4.10 所示。

图4.9　变暗模式　　　　　图4.10　正片叠底模式

5. 颜色加深

该模式可以使图像变暗，功能类似于加深工具。在该模式下，利用黑色绘图将抹黑图像，而利用白色绘图将不起任何作用。颜色加深模式效果如图 4.11 所示。

6. 线性加深

该模式可以使图像变暗，与颜色加深有些类似，不同的是，该模式是通过降低各通道颜色的亮度来加深图像的，而颜色加深是通过增加各通道颜色的对比度来加深图像的。在该模式下，使用白色描绘图不会产生任何作用。线性加深模式效果如图 4.12 所示。

图4.11　颜色加深模式　　　　图4.12　线性加深模式

7. 深色

比较混合色与当前图像的所有通道值的总和，并显示值较小的颜色。深色不会生成第 3 种颜色，因为它将从当前图像和混合色中选择最小的通道值为创建结果颜色。深色模式效果如图 4.13 所示。

8. 变亮

该模式可以将当前图像或混合色中较亮的颜色作为结果色。比混合色暗的像素将被取代，比混合色亮的像素保持不变。在这种模式下，当前图像中的黑色将消失，而白色将保持不变。变亮模式效果如图 4.14 所示。

图4.13　深色模式　　　　　图4.14　变亮模式

9. 滤色

该模式与正片叠底效果相反。通常会显示一种图像被漂白的效果。在滤色模式下使用白色绘画会使图像变为白色，使用黑色则不会发生任何变化。滤色模式效果如图 4.15 所示。

10. 颜色减淡

该模式可以使图像变亮，其功能类似于减淡工具。它通过减小对比度使当前图像变亮以反映混合色，在图像上使用黑色绘图将不会产生任何作用，使用白色绘图可以创建光源中心点极亮的效果。颜色减淡模式效果如图 4.16 所示。

图4.15　滤色模式　　　　　图4.16　颜色减淡模式

11. 线性减淡（添加）

该模式是通过增加各通道颜色的亮度来加亮当前图像的。与黑色混合将不会发生任何变化，与白色混合将显示白色。线性减淡模式效果如图 4.17 所示。

12. 浅色

该模式下会比较混合色和当前图像所有通道值的总和，并显示值较大的颜色。浅色不会生成第 3 种交叠，因为它将从当前图像颜色和

混合色中选择最大的通道值来创建结果颜色。浅色模式效果如图 4.18 所示。

图4.17　线性减淡模式　　　　图4.18　浅色模式

13. 叠加

该模式可以复合或过滤颜色，具体取决于当前图像的颜色。当前图像在下层图像上叠加，保留当前颜色的明暗对比，不替换基色；当前颜色与混合色相混以反映原色的亮度或暗度，叠加后当前图像的亮度区域和阴影区将被保留。叠加模式效果如图 4.19 所示。

14. 柔光

该模式可以使图像变亮或变暗，具体取决于混合色。此效果与发散的聚光灯照射在图像上相似。如果混合色比 50% 灰色亮，则图像变亮，就像被减淡了一样；如果混合色比 50% 灰色暗，则图像变暗，就像被加深了一样。用黑色或白色绘图时，会产生明显较暗或较亮的区域，但不会产生纯黑色或纯白色。柔光模式效果如图 4.20 所示。

图4.19　叠加模式　　　　　图4.20　柔光模式

15. 强光

该模式可以产生一种强烈的聚光灯照射在图像上的效果。如果当前层图像的颜色比下层图像的颜色更淡，则图像发亮；如果当前层图

像的颜色比下层图像的颜色更暗，则图像发暗。在强光模式下使用黑色绘图将得到黑色效果，使用白色绘图则得到白色效果。强光模式效果如图 4.21 所示。

16. 亮光

该模式通过调整对比度来加深或减淡颜色。如果混合色比 50% 灰度亮，就会降低对比度使图像颜色变浅；反之会增加对比度，使图像颜色变深。亮光模式效果如图 4.22 所示。

图4.21　强光模式　　　图4.22　亮光模式

17. 线性光

该模式通过调整亮度来加深或减淡颜色。如果混合色比 50% 灰度亮，就会增加亮度使图像变浅，反之会降低亮度使图像变深。线性光模式效果如图 4.23 所示。

18. 点光

该模式通过置换像素来混合图像。如果混合色比 50% 灰度亮，则比当前图像暗的像素将被取代，而比当前图像亮的像素保持不变。反之，比当前图像亮的像素将被取代，而比当前图像暗的像素保持不变。点光模式效果如图 4.24 所示。

图4.23　线性光模式　　　图4.24　点光模式

19. 实色混合

该模式会将混合像素的红色、绿色和蓝色

通道值添加到当前的 RGB 值。如果通道的结果总和大于或等于 255，则值为 255；如果小于 255，则值为 0。因此，所有混合像素的红色、绿色和蓝色通道值要么是 0，要么是 255。这会将所有像素更改为原色：红色、绿色、蓝色、青色、黄色、洋红、白色或黑色。实色混合模式效果如图 4.25 所示。

20. 差值

当前层图像像素的颜色值与下层图像像素的颜色值差值的绝对值就是混合后像素的颜色值。与白色混合将反转当前色值，与黑色混合则不发生变化。差值模式效果如图 4.26 所示。

图4.25　实色混合模式　　　图4.26　差值模式

21. 排除

与差值模式非常相似，但得到的图像效果比差值模式更淡。与白色混合将反转当前颜色，与黑色混合则不发生变化。排除模式效果如图 4.27 所示。

22. 减去

该模式可以查看每个通道中的颜色信息，并从基色中减去混合色。在 8 位和 16 位图像中，任何生成的负片值都会剪切为零。减去模式效果如图 4.28 所示。

图4.27　排除模式　　　图4.28　减去模式

23. 划分

该模式可以查看每个通道中的颜色信息，并从基色中分割混合色。划分模式效果如图4.29所示。

24. 色相

该模式使用当前图像的亮度和饱和度及混合色的色相来创建结果色。色相模式效果如图4.30所示。

相和饱和度来创建结果色。这样可以保留图像中的灰阶，并且对于给单色图像上色和给彩色图像着色来说，都会非常有用。颜色模式效果如图4.32所示。

图4.31　饱和度模式

图4.32　颜色模式

27. 明度

该模式使用当前图像的色相和饱和度以及混合色的亮度来创建最终颜色。此模式创建与颜色模式相反的效果。明度模式效果如图4.33所示。

图4.29　划分模式

图4.30　色相模式

25. 饱和度

该模式使用当前图像的色相值与下层图像的亮度值和饱和度值来创建结果色。在无饱和度的区域上使用此模式，绘图不会发生任何变化。饱和度模式效果如图4.31所示。

26. 颜色

该模式使用当前图像的亮度及混合色的色

图4.33　明度模式

4.2 图层的基本操作

进行实际的图形设计创作时，都会使用大量的图层，因此熟练地掌握图层的操作就变得极为重要。例如，图层的新建、调整图层位置和大小、改变叠放次序、调整混合模式和不透明度、合并图层等。下面来详细地讲解图层的各种操作方法。

4.2.1 创建新图层 重点

空白图层是最普通的图层，在处理或编辑图像时经常要建立空白图层。在"图层"面板中，单击底部的"创建新图层"按钮 ，将创建一个空白图层，如图4.34所示。

图4.34　创建空白图层过程

技巧

执行菜单栏中的"图层"|"新建"|"图层"命令，或选择"图层"面板菜单中的"新建图层"命令，打开"新建图层"对话框，设置好参数后，单击"确定"按钮，也可创建一个新的图层。

◆技术看板 背景图层与普通图层的转换技能

在新建文档时，系统会自动创建一个背景图层。背景图层在默认状态下是全部锁定的，这是对原图像的一种保护，默认的背景图层不能进行图层不透明度、混合模式和顺序的更改，但可以复制背景图层。

● 背景图层转换为普通图层。在背景图层上双击鼠标，将弹出一个"新建图层"对话框，指定相关的参数后，单击"确定"按钮，即可将背景图层转换为普通图层。将背景图层转换为普通图层的操作过程如图4.35所示。

图4.35　将背景图层转换为普通图层的操作过程

● 普通图层转换为背景图层。选择一个普通图层，执行菜单栏中的"图层"|"新建"|"背景图层"命令，即可将普通图层转换为背景图层。但需要指出的是，如果已经存在背景图层，则不能再创建新的背景图层。

练习4-1 移动图层中的图像 **重点**

难　　度：	★★
素材文件：第4章\图层操作.psd	
案例文件：无	
视频文件：第4章\练习4-1 移动图层中的图像.avi	

在编辑图像时，移动图像的操作是很频繁的，可以通过"移动工具"来移动图层中的图像。移动图层图像时，如果是要移动整个图层的图像内容，则不需要建立选区，只需将要移动的图层设为当前图层，然后使用"移动工具"移动即可，也可以在使用其他工具的情况下，按住 Ctrl 键将其临时切换到"移动工具"，然后进行拖动，就可以移动图像了。另外，还可以通过键盘上的方向键来操作。

01 执行菜单栏中的"文件"|"打开"命令，打开"图层操作.psd"图片。在"图层"面板中，单击选择"高跟鞋"图层，如图4.36所示。然后选择工具箱中的"移动工具"。

图4.36　选择

02 将鼠标指针放在图像中，按住鼠标左键向右下角拖动。在这里要特别注意移动的图层不能锁定，操作效果如图4.37所示。

图4.37　移动图像

技巧

在移动图像时，按住 Shift 键进行拖动，可以使图层中的图像按水平或垂直方向移动。如果创建了链接图层、图层组或剪贴组，则图层相关内容将一起移动。

练习4-2 复制图层 重点

难　　度：★	
素材文件：第 4 章 \ 图层操作 .psd	
案例文件：无	
视频文件：第 4 章 \ 练习 4-2 复制图层 .avi	

复制图层的操作非常简单，不过需要注意的是，在复制图层的同时，当前图层中的图像也将被一同复制。具体操作如下。

01 执行菜单栏中的"文件"|"打开"命令，打开"图层操作.psd"文件。

02 拖动法复制。在"图层"面板中，选择要复制的图层，如"高跟鞋"图层，将其拖动到"图层"面板底部的"创建新图层"按钮🔲上，然后释放鼠标即可生成一个复制图层，图层复制的同时，图层中的图像也将复制一份，复制图层的操作效果如图4.38所示。

图4.38　复制图层的操作效果

> **提示**
>
> 拖动复制时，复制出的图层名称为"被复制图层的名称＋拷贝"组合。以前的版本中出现的叫"副本"，其实是完全一样的。

03 菜单法复制。选择要复制的图层，如"高跟鞋"图层，然后执行菜单栏中的"图层"|"复制图层"命令，或从"图层"面板菜单中选择"复制图层"命令，打开"复制图层"对话框，如图4.39所示。在该对话框中可以对复制的图层进行重新命名，设置完成后单击"确定"按钮，即可完成图层复制，如图4.40所示。

图4.39　"复制图层"对话框

图4.40　复制图层

4.2.2 删除图层

不需要的图层就要删除，有 3 种方法来删除图层，分别介绍如下。

- **方法1**：拖动删除法。在"图层"面板中选择要删除的图层，然后拖动该图层到"图层"面板底部的"删除图层"按钮🗑上，释放鼠标即可将该图层删除。删除图层操作效果如图4.41所示。

图4.41　删除图层操作效果

- **方法2**：直接删除法。在"图层"面板中，选择要删除的图层，然后单击"图层"面板底部的"删除图层"按钮🗑，将弹出一个询问对话框，如图4.42所示，单击"是"按钮即可将该层删除。

图4.42　询问对话框

- **方法3**：菜单法。在"图层"面板中选择要删除的图层，执行菜单栏中的"图层"|"删除"|"图层"命令，或从"图层"面板菜单中选择"删除图层"命令，在弹出的询问对话框中单击"是"按钮，也可将选择的图层删除。

难　度：★★
素材文件：第 4 章 \ 图层顺序 .psd
案例文件：无
视频文件：第 4 章 \ 练习 4-3 改变图层的排列顺序 .avi

在新建或复制图层时，新图层一般位于当前图层的上方，图像的排列顺序直接影响图像的显示效果，位于上层的图像会遮盖下层的图层。在实际操作中，经常会进行图层的重新排列，也就是调整图层的顺序。下面来讲解调整图层顺序的方法，具体的操作如下。

01 执行菜单栏中的"文件"|"打开"命令，打开"图层顺序.psd"文件。从文档和图层中可以看到，"标签"层位于最上方，"电脑"层位于最下方，"旅行箱"层位于中间，如图4.43所示。

图4.43　图层效果

02 在"图层"面板中，将指针放在"电脑"图层上，按住鼠标左键，将图层向上拖动，当图层到达需要的位置时，将显示一条黑色的实线效果，释放鼠标，图层会移动到当前位置，操作过程及效果如图4.44所示。

图4.44　图层排列的操作过程

图4.44　图层排列的操作过程（续）

技巧

按 Shift + Ctrl +]组合键可以快速将当前图层置为顶层；按 Shift + Ctrl +[组合键可以快速将当前图层置为底层；按 Ctrl +]组合键可以快速将当前图层前移一层；按 Ctrl +[组合键可以快速将当前图层后移一层。

03 此时，在文档窗口中，可以看到"电脑"图片位于其他图片的上方，如图4.45所示。

图4.45　改变图层顺序

提示

如果"图层"面板中存在有背景图层，那么背景图层始终位于"图层"面板的最底层。此时，对其他图层执行"置为底层"命令，也只能将当前选取的图层置于背景图层的上一层。

◆**技术看板　更改图层显示颜色**

为了便于图层的区分与修改，还可以根据需要对当前图层的显示颜色进行修改。选择需要修改属性的图层，然后单击"指示图层可见性"命令，或直接单击鼠标右键，从弹出的菜单中选择某个颜色，即可指定当前图层的颜色，如图 4.46 所示。

图4.46　修改图层颜色

图4.47　选择多个图层

图4.48　链接多个图层

4.2.3 图层的链接

链接图层与使用图层组有相似的地方，可以更加方便多个图层的操作，例如，同时对多个图层进行旋转、缩放、对齐、合并等操作。

1. 链接图层

创建链接图层的操作方法很简单，具体操作如下。

01 在"图层"面板中，选择要进行链接的图层，如图4.47所示。使用Shift键可以选择连续的多个图层，使用Ctrl键可以选择任意的多个图层。

02 单击"图层"面板底部的"链接图层"按钮，或执行菜单栏中的"图层"|"链接图层"命令，即可将选择的图层进行链接。如图4.48所示。

2. 选择链接图层

要想一次选择所有链接的图层，可以在"图层"面板中，单击选择其中的一个链接层，然后执行菜单栏中的"图层"|"选择链接图层"命令，或单击"图层"面板菜单中的"选择链接图层"命令，即可将所有的链接图层同时选中。

3. 取消链接图层

如果想取消某一图层与其他图层的链接，可以单击选择这个链接层，然后单击"图层"面板底部的"链接图层"按钮 ⊖ 即可。

如果想取消所有图层的链接，可以应用"选择链接图层"命令，选择所有链接图层后，执行菜单栏中的"图层"|"取消图层链接"命令，或单击"图层"面板菜单中的"取消图层链接"命令，也可以直接单击"图层"面板底部的"链接图层"按钮 ⊖ 。

4.3 对齐与分布图层

在处理图像时，有时需要对多个图像进行对齐或分布操作。对齐或分布图层，其实就是对图层中的图像进行对齐或分布操作，下面就来讲解对齐与分布图层的方法。

4.3.1 对齐图层 重点

图层对齐其实就是图层中的图像对齐。在操作多个图层时，经常会用到图层的对齐。要想对齐图层，首先要选择或链接相关的图层，对齐对象至少有两个才可以进行操作，图层选择与图像效果如图4.49所示。选择工具箱中的"移动工具" ⊕ ，在选项栏中，可以看到对齐按钮处于激活状态，这时就可以应用对齐按钮进行图像对齐，也可以通过"图层"|"对齐"子菜单命令，进行图层对象

的对齐操作。

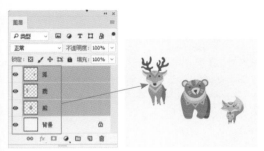

图4.49　图层选择与图像效果

对齐操作各按钮的含义如下，各种对齐方式如图 4.50 所示。

- "顶对齐" **▜**：所有选择的对象以最上方的像素对齐。
- "垂直居中对齐" **▐▌**：所有选择的对象以垂直中心像素对齐。
- "底对齐" **▙▙**：所有选择的对象以最下方的像素对齐。
- "左对齐" **▐▙**：所有选择的对象以最左边的像素对齐。
- "水平居中对齐" **▟**：所有选择的对象以水平中心像素对齐。
- "右对齐" **▟▙**：所有选择的对象以最右边的像素对齐。

图4.50　各种对齐方式

4.3.2　分布图层 重点

图层分布其实就是图层中的图像分布，主要用于设置当前选择对象的间距分布对齐。要想分布图层，首先要选择或链接相关的图层，分布对象至少有 3 个才可以进行操作，选择工具箱中的"移动工具" **✛**，在工具选项栏中，可以看到分布按钮处于激活状态，这时就可以应用分布命令，也可以通过"图层" | "分布"子菜单命令，来进行图层对象的分布。

分布操作各按钮的含义如下，各种分布方式如图 4.51 所示。

- "按顶分布" **▀**：所有选择的对象以最上方的像素进行分布对齐。
- "垂直居中分布" **▅**：所有选择的对象以垂直中心像素进行分布对齐。
- "按底分布" **▃**：所有选择的对象以最下方的像素进行分布对齐。
- "按左分布" **▐▌**：所有选择的对象以最左边的像素进行分布对齐。
- "水平居中分布" **▐▌**：所有选择的对象以水平中心像素进行分布对齐。
- "按右分布" **▐▌**：所有选择的对象以最右边的像素进行分布对齐。

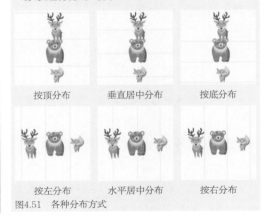

图4.51　各种分布方式

4.4 管理图层

图层的类型有很多，其中像文字、矢量蒙版、形状等矢量图层，这些图层在处理时，如果不进行栅格化，则不能进行其他的绘图操作。当然，设计中由于过多的图层，会增加操作的难度，此时可以将完成效果的图层进行合并，下面就来详细讲解栅格化与合并图层的方法。

4.4.1 栅格化图层 重点

Photoshop 是一个主要处理位图图像的软件，绘图工具或滤镜命令对于包含矢量数据的图层是不起作用的，当遇到文字、矢量蒙版、形状等矢量图层时，需要将它们栅格化，转化为位图图层，才能进行处理。

选择一个需要栅格化的矢量图层，执行菜单栏中的"图层"|"栅格化"命令，然后在其子菜单中，选择相应的栅格化命令即可。栅格化后的图层缩略图将发生变化，文字图层栅格化前后效果对比如图 4.52 所示。

图4.52 文字图层栅格化前后效果对比

4.4.2 合并图层 重点

在编辑图像时，图层越多，文件所占磁盘空间就会越大，对一些确定的图层内容可以不必单独存放在独立的图层中，这时可以将它们合并成一个层，以节省空间，提高操作速度。

从"图层"菜单栏中选择合并命令，或单击"图层"面板菜单中的合并图层命令，可以对图层进行合并，具体的方法有以下3种。

- **"向下合并"**：该命令将当前图层与其下一图层合并，其他图层保持不变，合并后的图层名称为下一图层的名称。应用该命令的前后效果如图4.53所示。

提示

当只选择一个图层时，该命令将显示为"向下合并"；如果选择多个图层，该命令将显示为"合并图层"，但用法是一样的，请读者注意。

图4.53 向下合并图层的前后效果对比

提示

在编辑较复杂的图像文件时，图层太多会增加图像的大小，从而增加系统处理图像的时间。因此，建议将不需要修改的图层合并为一个图层，从而提高系统的运行速度。

- **"合并可见图层"**：该命令可以将图层中所有显示的图层合并为一个图层，隐藏的图层保持不变。在合并图层时，当前图层不能为隐藏图层，否则该命令将处于灰色的不可用状态。合并可见图层前后对比效果如图4.54所示。

图4.54 合并可见图层前后对比效果

- **"拼合图像"**：该命令可以将所有图层进行合并，如果有隐藏的图层，系统会弹出一个如图4.55所示的提示对话框，询问是否扔掉隐藏的图层，合并后的图层名称将自动更改为背景图层。单击"确定"按钮，将删除隐藏的图层，并将其他图层合并为一个图层。单击"取消"按钮，则不进行任何操作。

图4.55 提示对话框

技巧

按 Ctrl+E 组合键可以快速向下合并图层或合并选择的图层; 按 Shift+Ctrl+E 组合键可快速合并可见图层。

4.5 设置图层样式

图层样式是 Photoshop 最具特色的功能之一，在设计中应用相当广泛，是构成图像效果的关键。Photoshop 提供了众多的图层样式命令，包括投影、内阴影、外发光、内发光、斜面和浮雕、光泽、颜色叠加等。

要想应用图层样式，可以执行菜单栏中的"图层"|"图层样式"命令，从其子菜单中选择图层样式的相关命令，或单击"图层"面板底部的"添加图层样式"按钮 fx，从弹出的菜单中选择图层样式相关命令，打开"图层样式"对话框，设置相关的样式属性，即可为图层添加样式。

提示

图层样式不能应用在背景图层和锁定全部的图层。

4.5.1 设置"混合选项"

Photoshop 中有大量不同的图层效果，可以将这些效果任意组合应用到图层中。执行菜单栏中的"图层"|"图层样式"|"混合选项"命令，或单击"图层"面板底部的"添加图层样式"按钮 fx，从弹出的菜单中选择"混合选项"命令，弹出"图层样式"|"混合选项"对话框，如图 4.56 所示，在其中可以对图层的效果进行多种样式的调整。

图4.56 "图层样式"|"混合选项"对话框

"图层样式"|"混合选项"对话框中各选项的含义说明如下。

1. "常规混合"

● "混合模式"：设置当前图层与其下方图层的混合模式，可产生不同的混合效果。混合模式只有多实践，才能熟练地掌握，使用时才能得心应手，制作出需要的效果。详细的使用方法，请参考本章第4.1.2节图层混合模式内容。

● "不透明度"：可以设置当前图层产生效果的透明程度，可以制作出朦胧效果。

2. "高级混合"

● "填充不透明度"：拖动"填充不透明度"右侧的滑块，设置图层样式以外图像的不透明度，对应用的样式不起作用；也可以直接在其后面的数值框中输入定值。

● "通道"：通过勾选其下方的复选框，R（红）、G（绿）、B（蓝）通道，以确定参与图层混合的通道。

● "挖空"：用来控制混合后图层色调的深浅，通过当前层看到其他图层中的图像。包括无、浅和深3个选项。

● "将内部效果混合成组"：可以将混合后的效果编为一组，将图像内部制作成镂空效果，以便之后使用和修改。

● "将剪贴图层混合成组"：勾选该复选框，挖空效果将对编组图层有效，如果不勾选将只对当前层有效。

- "透明形状图层"：添加图层样式的图层有透明区域时，勾选该复选框，可以产生蒙版效果。
- "图层蒙版隐藏效果"：添加图层样式的图层有蒙版时，勾选该复选框，如果生成的效果延伸到蒙版中，将被遮盖。
- "矢量蒙版隐藏效果"：添加图层样式的图层有矢量蒙版时，勾选该复选框，如果生成的效果延伸到图层蒙版中，将被遮盖。

3. "混合颜色带"

- "混合颜色带"：在"混合颜色带"后面的下拉列表中可以选择和当前图层混合的颜色，包括灰色、红、绿、蓝4个选项。
- "本图层"和"下一图层"颜色条的两侧都有两个小直角三角形组成的三角形，拖动可以调整当前图层的颜色深浅。按下Alt键，三角形会分开为两个小直角三角，拖动其中一个，可以缓慢精确地调整图层颜色的深浅。

4.5.2 投影和内阴影

"图层样式"功能提供了两种阴影效果的制作，分别为"投影"和"内阴影"。这两种阴影效果区别在于："投影"是在图层对象背后产生阴影，从而产生投影的视觉；而"内阴影"则是在图层以内区域产生一个图像阴影，使图层具有凹陷外观。原图、投影和内阴影效果如图4.57所示。

原图　　　　　投影　　　　　内阴影
图4.57　原图、投影和内阴影效果

"投影"和"内阴影"这两种图层样式只是产生的图像效果不同，参数设置只有"扩展"和"阻塞"的不同，但用法几乎相同，所以下面以"投影"为例讲解参数含义，如图4.58所示。

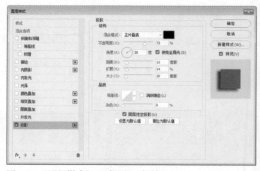

图4.58　"图层样式"|"投影"对话框

"图层样式"|"投影"对话框中各选项的含义说明如下。

1. 设置投影结构

- "混合模式"：设置投影效果与其下方图层的混合模式，具体应用请参考本章4.1.2节图层混合模式内容。在"混合模式"右侧有一个颜色块，单击该颜色块可以打开"拾色器（投影颜色）"对话框，以修改阴影的颜色。
- "不透明度"：设置阴影的不透明度，值越大则阴影颜色越深。图4.59所示为不透明度分别为30%和80%时的效果对比。

不透明度为30%　　　　　　不透明度为80%
图4.59　不同不透明度的效果对比

- "角度"：设置投影效果应用于图层时所采用的光照角度，阴影方向会随着角度变化而发生变化。图4.60所示为角度分别为30度和120度时的效果对比。

角度为30度　　　　　　　　角度为120度
图4.60　不同角度的效果对比

- **"使用全局光"**：勾选该复选框，可以为同一个图像中的所有图层样式设置相同的光线照明角度。
- **"距离"**：设置图像的投影效果与原图像之间的相对距离，变化范围为0~30000之间的整数。数值越大，投影离原图像越远。图4.61所示为距离分别为9像素和30像素的效果对比。

距离为9像素　　　　　　　距离为30像素

图4.61　不同距离值的效果对比

- **"扩展"**：设置投影效果边缘的模糊扩散程度，变化范围0~100%之间的数值，值越大投影效果越强烈。但它与下方的"大小"选项相关联，如果"大小"值为0时，此项不起作用。设置不同扩展与大小值的投影效果如图4.62所示。

图4.62　设置不同扩展与大小的投影效果

- **"大小"**：设置阴影的柔化效果，变化范围为0~250之间的数值，值越大柔化程度越大。

2. 设置投影品质

- **"等高线"**：此选项可以设置阴影的明暗变化。单击"等高线"选项右侧区域，可以打开"等高级编辑器"对话框，自定义等高线；单击"等高级"选项右侧的"点按可打开'等高线'拾色器"按钮，可以弹出"'等高线'拾色器"，可以从中选择一个已有的等高线应用于阴影，预置的等高线有线性、锥形、高斯、

半圆、环形等12种，如图4.63所示。应用不同等高线的效果对比如图4.64所示。

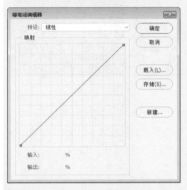

图4.63　"等高线"拾色器

线性　　　　　　内陷-深　　　　　　环形

图4.64　不同等高线效果对比

提示

在"'等高线'拾色器"中，通过"'等高线'拾色器"菜单，可以进行新建、存储、复位、替换、视图等高线等操作，操作方法比较简单，这里不再赘述。

- **"消除锯齿"**：勾选该复选框，可以将投影边缘的像素进行平滑，以消除锯齿现象。
- **"杂色"**：通过拖动右侧的滑块或直接输入数值，可以为阴影添加随机杂色效果。值越大，杂色越多。添加杂色的前后效果对比，如图4.65所示。

图4.65　添加杂色的前后效果对比

- **"图层挖空投影"：** 可以根据图像对阴影进行挖空设置，以制作出更加逼真的投影效果。不过，只有当"图层"面板中当前层的"填充"不透明度设置为小于100%时，才会有效果。当"填充"的值为50%，图层挖空投影前后效果对比，如图4.66所示。

图4.66　图层挖空投影前后效果对比

4.5.3　外发光和内发光 重点

在图像制作过程中，经常会用到发光的效果，"发光"效果在直觉上比"阴影"效果更具有计算机色彩，而其制作方法也比较简单，使用图层样式中的"外发光"和"内发光"命令即可。

"外发光"主要是在图像的外部创建发光效果，而"内发光"是在图像的内边缘或图中心创建发光效果，其对话框中的参数设置与"外发光"选项的基本相同，只是"内发光"多了"居中"和"边缘"两个选项，用于设置内发光的位置。下面以"外发光"为例讲解参数含义，如图4.67所示。

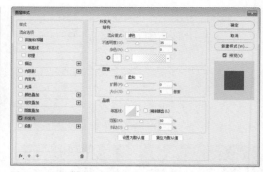

图4.67　"图层样式"|"外发光"对话框

"图层样式"|"外发光"对话框中各选项的含义说明如下。

1. 设置发光结构

- **"混合模式"：** 设置发光效果与其下方图层的混合模式，具体应用请参考本章4.1.2节图层混合模式内容。
- **"不透明度"：** 设置发光的不透明度，值越大，发光颜色越不透明。
- **"杂色"：** 设置在发光效果中添加杂色的数量。
- **"单色发光"□：** 选择此单选按钮后，单击右侧的色块，可以打开"拾色器（外发光颜色）"对话框来设置发光的颜色。
- **"渐变发光"：** 选择此单选按钮后，单击其右侧的三角形"点按可打开'渐变'拾色器"按钮，可打开"'渐变'拾色器"对话框，选择一种渐变样式，可以在发光边缘中应用渐变效果；单击"点按可编辑渐变"按钮，可以打开"渐变编辑器"对话框，以选择或编辑需要的渐变样式。图4.68所示为原图、单色发光与渐变发光的不同显示效果。

图4.68　原图、单色发光与渐变发光的不同显示效果

2. 设置发光图素

- **"方法"：** 指定创建发光效果的方法。单击其

右侧的按钮，可以从弹出的下拉菜单中，选择发光的类型。当选择"柔和"选项时，发光的边缘产生模糊效果，发光的边缘根据图形的整体外形发光；当选择"精确"选项时，发光的边缘会根据图形的细节发光，根据图形的每一个部位发光，效果比"柔和"选项生硬。

- "扩展"：设置发光效果边缘模糊的扩散程度，变化范围为0~100%之间的值，值越大，发光效果越强烈。它与"大小"选项相关联，如果"大小"的值为0，此项不起作用。
- "大小"：设置发光效果的范围及模糊程度，变化范围为0~250之间的整数，值越大，模糊程度越大。不同扩展与大小值的发光效果对比如图4.69所示。

图4.69　不同扩展与大小值的发光效果对比

提示

"内发光"比"外发光"多了两个选项，用于设置内发光的光源。"居中"表示从当前图层图像的中心位置向外发光；"边缘"表示从当前图层图像的边缘向里发光。

3. 设置发光品质

- "等高线"：当使用单色发光时，利用"等高线"选项可以创建透明光环效果；当使用渐变填充发光时，利用"等高线"选项可以创建渐变颜色和不透明度的重复变化效果。
- "范围"：控制发光中作为等高线目标的部分或范围。
- "抖动"：控制随机化发光中的渐变。

4.5.4　斜面和浮雕 难点

　　利用"斜面和浮雕"选项可以为当前图层中的图像添加不同组合方式的高光和阴影区域，从而产生斜面和浮雕效果。"斜面和浮雕"效果可以很方便地制作有立体感的文字或是按钮

效果，在图层样式效果设计中经常会用到它，其参数设置区如图4.70所示。

图4.70　"图层样式"|"斜面和浮雕"对话框

　　"图层样式"|"斜面和浮雕"对话框中各选项的含义说明如下。

1. 设置斜面和浮雕结构

- "样式"：设置浮雕效果生成的样式，包括"外斜面""内斜面""浮雕效果""枕状浮雕"和"描边浮雕"5种浮雕样式。选择不同的浮雕样式会产生不同的浮雕效果。原图与不同的斜面浮雕效果对比如图4.71所示。

图4.71　原图与不同的斜面浮雕效果对比

提示

"描边浮雕"是比较特别的，要想使用该功能，需要先勾选"描边"样式，为图像添加描边后才能有效果。所以这里应用的"描边浮雕"是添加了6像素的白色描边样式后的效果。

- "方法"：用来设置浮雕边缘产生的效果。包括"平滑""雕刻清晰"和"雕刻柔和"3个选项。"平滑"表示产生的浮雕效果边缘比较柔和；"雕刻清晰"表示产生的浮雕效果边缘立体感比较明显，雕刻效果清晰；"雕刻柔和"

表示产生的浮雕效果边缘在平滑与雕刻清晰之间。设置不同方法的效果对比如图4.72所示。

图4.72　设置不同方法的效果对比

- **"深度"**：设置雕刻的深度，值越大，雕刻的深度也越大，浮雕效果越明显。不同深度值的浮雕效果对比如图4.73所示。

图4.73　不同深度值的浮雕效果对比

- **"方向"**：设置浮雕效果产生的方向，主要是高光和阴影区域的方向。选择"上"选项，浮雕的高光位置在上方；选择"下"选项，浮雕的高光位置在下方。
- **"大小"**：设置斜面和浮雕中高光和阴影的面积大小。不同大小值的高光和阴影面积的显示效果对比如图4.74所示。

图4.74　不同大小值的高光和阴影面积显示效果对比

- **"软化"**：设置浮雕中高光与阴影之间的模糊程度，值越大，高光与阴影的边界越模糊。不同软化值的效果对比如图4.75所示。

图4.75　不同软化值效果

2. 设置斜面和浮雕阴影

- **"角度"和"高度"**：设置光照的角度和高度。
- **"光泽等高线"**：可以设定如何处理斜面的高光和暗调。
- **"高光模式"和"不透明度"**：设置浮雕效果高光区域与其下一图层的混合模式和透明程

度。单击右侧的色块，可在弹出的"拾色器"对话框中修改高光区域的颜色。

- **"阴影模式"和"不透明度"**：设置浮雕效果阴影区域与其下一图层的混合模式和透明程度。单击右侧的色块，可在弹出的"拾色器"对话框中修改阴影区域的颜色。

"斜面和浮雕"选项下还包括"等高线"和"纹理"两个选项。利用这两个选项可以对斜面和浮雕制作出更多的效果。

- **"等高线"**：选择该选项后，其右侧将显示等高线的参数设置区。利用等高线的设置，可以让浮雕产生更多的斜面和浮雕效果。应用"等高线"的前后效果对比如图4.76所示。

图4.76　应用"等高线"的前后效果对比

- **"纹理"**：选择该选项后，其右侧将显示纹理的参数设置区。选择不同的图案可以制作出具有纹理填充的浮雕效果，并且可以设置纹理的缩放和深度。应用"纹理"的前后效果对比如图4.77所示。

图4.77　应用"纹理"的前后效果对比

4.5.5　光泽 重点

"光泽"选项可以在图像内部产生类似光泽的效果。由于该选项中的参数与前面讲过的参数相似，这里不再赘述。为图像设置光泽前后效果对比，如图 4.78 所示。

图4.78 为图像设置光泽前后效果对比

4.5.6 颜色叠加

利用"颜色叠加"选项可以在图层内容上填充一种纯色，与使用"填充"命令填充前景色功能相似，但更加方便，可以随意更改填充的颜色，还可以修改填充的混合模式和不透明度，选择该选项后，右侧将显示颜色叠加的参数。应用颜色叠加的前后效果及参数设置如图 4.79 所示。

图4.79 应用颜色叠加的前后效果及参数设置

4.5.7 渐变叠加 （难点）

利用"渐变叠加"可以在图层内容上填充一种渐变颜色。此图层样式与在图层中填充渐变颜色功能相似，选择该选项后参数设置对话框如图 4.80 所示。

图4.80 "图层样式"|"渐变叠加"对话框

"图层样式"|"渐变叠加"对话框中各选项的含义说明如下。

- "样式"：设置渐变填充的样式。从右侧的渐变选项面板中，可以选择一种渐变样式，包括"线性""径向""角度""对称的"和"菱形"5种不同的渐变样式，选择不同的选项可以产生不同的渐变效果。
- "与图层对齐"：勾选该复选框，将以图形为填充中心应用渐变叠加效果；不勾选该复选框，将以图形所在的画布大小为填充中心应用渐变叠加效果。
- "角度"：拖动或直接输入数值，可以改变渐变的角度。
- "缩放"：用来控制渐变颜色之间的混合过渡程度。值越大，颜色过渡越平滑；值越小，颜色过渡越生硬。

原图与图像添加"渐变叠加"效果的前后对比如图 4.81 所示。

图4.81 原图与添加"渐变叠加"效果的前后对比

4.5.8 图案叠加 （难点）

利用"图案叠加"可以在图层内容上填充一种图案。此图层样式与使用"填充"命令填充图案相同，与建立一个图案填充图层用法类似，选择该选项后参数设置对话框如图 4.82 所示。

图4.82 "图层样式"|"图案叠加"对话框

"图层样式"|"图案叠加"对话框中各选项的含义说明如下。

- "图案"：单击"图案"右侧的区域 ✎，将弹出"图案"拾色器，可以选择用于叠加的图案。
- "从当前图案创建新的预设" ⬚：单击此按钮，可以将当前图案创建成一个新的预设图案，并存放在"图案"拾色器中。
- "贴紧原点"：单击此按钮，可以以当前图像左上角为原点，将图案贴紧左上角原点对齐。
- "缩放"：设置图案的缩放比例。取值范围为1%~1000%，值越大，图案越大；值越小，图案越小。
- "与图层链接"：勾选该复选框，以当前图形为原点定位图案的原点；如果取消该复选框，则将以图形所在的画布左上角为定位图案的原点。

原图与图像应用"图案叠加"效果的前后对比如图 4.83 所示。

图4.83　原图与应用"图案叠加"效果的前后对比

4.5.9　描边

可以使用颜色、渐变或图案为当前图形描绘一个边缘。此图层样式与使用"编辑"|"描边"命令相似。选择该选项后，参数效果如图4.84 所示。

图4.84　"图层样式"|"描边"对话框

"图层样式"|"描边"对话框中各选项的含义说明如下。

- "大小"：设置描边的粗细程度。值越大，描绘的边缘越粗；值越小，描绘的边缘越细。
- "位置"：设置描边相对于当前图形的位置，右侧的下拉列表中供选择的选项包括外部、内部或居中3个选项。
- "填充类型"：设置描边的填充样式。右侧的下拉列表中供选择的选项包括颜色、渐变或图案3个选项。
- "颜色"：设置描边的颜色。此项根据选择"填充类型"的不同，会产生不同的变化。

原图与图像应用不同"描边"效果的前后对比如图 4.85 所示。

图4.85　原图与不同"描边"效果的前后对比

4.6　编辑图层样式

创建完图层样式后，可以对图层样式进行详细的编辑，例如，快速复制图层样式，修改图层样式的参数，删除不需要的图层样式或隐藏与显示图层样式。

4.6.1　更改图层样式

为图层添加图层样式后，如果对其中的效果不满意，可以再次修改图层样式。在"图层"面板中，双击要修改样式的名称，如"描边"。双击"描边"样式后，将打开"图层样式"|"描边"对话框，可以对"描边"的参数进行修改，修改完成后，单击"确定"按钮即可。修改图层样式的操作过程如图 4.86 所示。

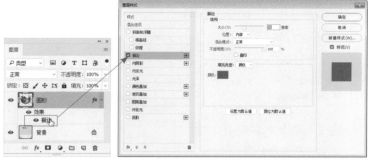

图4.86 修改图层样式的操作过程

提示

应用图层样式后，在"图层"面板中当前选择的图层右侧会出现一个fx图标，双击该图标，也可以打开"图层样式"对话框，修改图层样式的参数设置。

练习4-4 使用命令复制图层样式 （重点）

难　度：★	
素材文件：	第 4 章 \ 图层样式 .psd
案例文件：	无
视频文件：	第 4 章 \ 练习 4-4 使用命令复制图层样式 .avi

在设计过程中，有时可能会有多个图像应用相同样式的情况。在这种情况下，如果单独为各个图层添加样式并修改相同的参数就显得相当麻烦，而这时就可以应用复制图层样式的方法，快速地为多个图层应用相同的样式。

要使用命令复制图层样式，具体的操作方法如下。

01 执行菜单栏中的"文件"|"打开"命令，打开"图层样式.psd"文件。

02 在"图层"面板中，选择包含要复制的图层样式的"文字1"图层，如图4.87所示，然后执行菜单栏中的"图层"|"图层样式"|"拷贝图层样式"命令。

图4.87 复制样式

03 在"图层"面板中，选择要应用相同样式的目标图层，如"文字2"图层。然后执行菜单栏中的"图层"|"图层样式"|"粘贴图层样式"命令，即可将样式应用在选择的图层上。使用命令复制图层样式后的效果如图4.88所示。

图4.88 粘贴样式

技巧

将指针放在含有图层样式的图层上，单击鼠标右键，从弹出的快捷菜单中，也可以选择"拷贝图层样式"和"粘贴图层样式"命令。

练习4-5 通过拖动复制图层样式 重点

难 度：	★
素材文件：	第4章\图层样式.psd
案例文件：	无
视频文件：	第4章\练习4-5 通过拖动复制图层样式.avi

除了使用菜单命令复制图层样式外，还可以在"图层"面板中，通过拖动来复制图层样式，或者直接将效果从"图层"面板中拖动到图像，也可以复制图层样式，具体的操作方法讲解如下。

01 执行菜单栏中的"文件"|"打开"命令，打开"图层样式.psd"文件。

02 在"图层"面板中，按住Alt键将"文字1"图层的描边样式拖动到"文字2"图层上。释放鼠标即可完成图层样式的复制，拖动法复制图层样式的操作效果如图4.89所示。

> **提示**
>
> 在"图层"面板中，如果拖动样式到其他图层时不按住Alt键，则会将原图层中的样式应用到目标图层上，而原图层的样式将被移走，这种方法叫移动图层样式。

图4.89 拖动法复制图层样式的操作效果

> **技巧**
>
> 复制图层样式，还可以将一个或多个图层样式，从"图层"面板中直接拖动到文档的图像上，图层样式将应用于鼠标指针放置点的最上层图像上。

4.6.2 缩放图层样式

利用"缩放"效果命令，可以对图层的样式效果进行缩放，而不会对应用图层样式的图像进行缩放，具体的操作方法如下。

01 在"图层"面板中，选择一个应用了样式的图层，然后执行菜单栏中的"图层"|"图层样式"|"缩放效果"命令，打开"缩放图层效果"对话框，如图4.90所示。

图4.90 "缩放图层效果"对话框

02 在"缩放图层效果"对话框中，输入一个百分比或拖动滑块来修改缩放图层效果，如果勾选了"预览"复选框，可以在文档中直接预览到修改的效果。设置完成后，单击"确定"按钮，即可完成缩放图层效果的操作。

◆**技术看板 隐藏与显示图层样式**

为了便于设计人员查看添加样式的前后效果对比，Photoshop为用户提供了隐藏或显示图层样式的方法。不但可以隐藏或显示所有的图层样式，还可以隐藏或显示指定的图层样式，具体的操作如下。

- 如果想隐藏或显示图层中的所有图层样式，可以在该图层样式的"效果"左侧单击眼睛图标👁，当眼睛图标👁显示时，表示显示所有图层样式；当眼睛图标消失时，表示隐藏所有图层样式。
- 如果想隐藏或显示图层中指定的样式，可以在该图层样式的指定样式名称左侧单击眼睛图标👁，当眼睛图标👁显示时，表示显示该图层样式；当眼睛图标消失时，表示隐藏该图层样式。原图、隐藏所有图层样式和隐藏指定图层样式效果对比如图4.91所示。

图4.91 原图、隐藏所有样式和隐藏指定样式效果对比

图4.91　原图、隐藏所有样式和隐藏指定样式效果对比（续）

4.6.3　删除图层样式

当创建的图层样式不需要时，可以将其删除。删除图层样式时，可以删除单一的图层样式，也可以从图层中删除整个图层样式。

1. 删除单一图层样式

要删除单一的图层样式，可以执行如下操作。

01 在"图层"面板中，确认展开图层样式。

02 将需要删除的某个图层样式，拖动到"图层"面板底部的"删除图层"按钮 🛅 上，即可将单一的图层样式删除。删除单一图层样式的操作效果如图4.92所示。

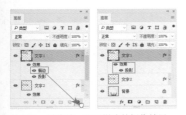

图4.92　删除单一图层样式的操作效果

2. 删除整个图层样式

删除整个图层样式，在"图层"面板中，将"效果"拖动到"删除图层"按钮 🛅 上，即可将整个图层样式删除。删除整个图层样式操作效果如图4.93 所示。

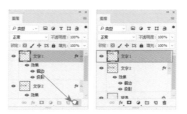

图4.93　删除整个图层样式操作效果

技巧

执行菜单栏中的"图层"|"图层样式"|"清楚图层样式"命令，可以快速清除选择图层的所有图层样式。

练习4-6 将图层样式转换为图层 重点

难　　度：★
素材文件：第4章\图层样式.psd
案例文件：无
视频文件：第4章\练习4-6 将图层样式转换为图层.avi

创建图层样式后，只能通过"图层样式"对话框对样式进行修改，却不能对样式使用其他的操作，如滤镜功能，这时就可以将图层样式转换为图像图层，以便对样式进行更加丰富的效果处理。

提示

图层样式一旦转换为图像图层，就不能再像编辑原图层上的图层样式那样进行编辑，而且更改原图像图层时，图层样式将不再更新。

要将图层样式转换为图层，操作方法非常简单。

01 执行菜单栏中的"文件"|"打开"命令，打开"图层样式.psd"文件。

02 在"图层"面板中，选择包含图层样式的"文字1"图层。

03 执行菜单栏中的"图层"|"图层样式"|"创建图层"命令，即可将图层样式转换为图层。转换完成后，在"图层"面板中将显示出图层样式效果所产生的新图层。可以用处理图层的基本方法编辑新图层。图层样式转换为图层的操作效果如图4.94所示。

图4.94　图层样式转换为图层的操作效果

4.7 知识拓展

　　本章主要对 Photoshop 的图层及图层样式进行了详细的讲解，特别要注意不同图层样式的使用特点与区别，要求读者朋友掌握图层及图层样式的管理技巧，以便在日后的设计工作中更加得心应手。

4.8 拓展训练

　　本章通过 3 个拓展训练，对 Photoshop 图层创建、分布、对齐及图层样式的操作进行训练，力求使读者在学习完本章后，能够掌握图层的基础知识及操作技能。

训练4-1 创建新图层的方法

◆实例分析

　　本例主要讲解新图层的创建方法。

难　　度：★
素材文件：无
案例文件：无
视频文件：第 4 章 \ 训练 4-1 创建新图层的方法 .avi

◆本例知识点

新建图层

训练4-2 对齐与分布图层

◆实例分析

　　本例主要讲解图层的对齐与分布的应用方法与技巧。

难　　度：★ ★ ★
素材文件：第 4 章 \ 对齐与分布 .psd
案例文件：无
视频文件：第 4 章 \ 训练 4-2 对齐与分布图层 .avi

◆本例知识点

对齐与分布图层

训练4-3 图层样式概述

◆实例分析

　　本例主要讲解常用图层样式的参数设置与使用技巧。

难　　度：★ ★ ★
素材文件：无
案例文件：无
视频文件：第 4 章 \ 训练 4-3 图层样式概述 .avi

◆本例知识点

图层样式

第 **5** 章

绘画及照片修饰功能

本章详细地向读者讲述了 Photoshop 强大的绘画及照片修饰功能。不但讲解了常用绘画及修饰工具的使用技巧，还详细讲解了相关参数的设置方法。让读者在掌握工具使用的同时，掌握更多深层次的使用技巧。

扫码观看本章
案例教学视频

5.1 认识绘画工具

Photoshop 为用户提供了多个绘画工具。主要包括"画笔工具"、"铅笔工具"、"颜色替换工具"、"混合器画笔工具"、"历史记录画笔工具"、"历史记录艺术画笔工具"、"橡皮擦工具"、"背景橡皮擦工具"和"魔术橡皮擦工具"等。

5.1.1 绘画工具选项

在使用绘画工具进行绘图前，首先来了解一下绘画工具选项栏的相关选项，以便更好地使用这些绘画工具来进行绘图操作。绘画工具选项有很多是相同的，下面以"画笔工具"选项栏为例，进行详解。选择工具箱中的"画笔工具"后，选项栏显示如图5.1所示。

图5.1 "画笔工具"选项栏

- "点按可打开'画笔预设'选取器"：单击该区域，将打开"画笔预设"选取器，如图5.2所示。用来设置笔触的大小、硬度或者选择不同的笔触。
- "切换'画笔设置'面板"：单击该按钮，可以打开"画笔设置"面板，如图5.3所示。

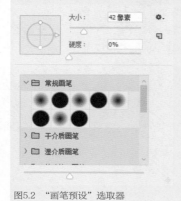

图5.2 "画笔预设"选取器

提示

关于"画笔预设"选取器的使用请参考本章 5.2.1 节设置画笔的内容讲解。

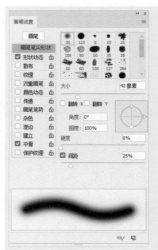

图5.3 "画笔设置"面板

- "模式"：单击"模式"选项右侧的区域 ，将打开模式下拉菜单，从该下拉菜单中，选择需要的模式，然后在画面中绘图，可以产生出乎意料的效果。

提示

关于模式的使用，可参考第 4 章图层及图层样式中 4.1.2 节图层混合模式的内容。

- "不透明度"：用来修改笔触的透明程度，当值为100%时，绘制的颜色完全不透明，将覆盖下面的背景图像；当值小于100%时，将根据不同的值透出背景中的图像，值越小，透明度越大；当值为0时，将完全显示背景图像。不同不透明度的绘画效果如图5.4所示。

值为100%　　　值为60%　　　值为10%

图5.4 不同不透明度的绘画效果

- **“绘图板压力控制不透明度”**：单击该按钮，可以在使用绘图板时，利用压力来控制不透明度。如果关闭则使用“画笔预设”控制压力。
- **“流量”**：表示笔触颜色的流出量，值越大，颜色越深，其实就是流量可以控制画笔颜色的深浅。通过拖动上面的滑块来修改笔触流量，也可以直接在文本框中输入数值修改笔触流量。值为100%时，绘制的颜色最深最浓；当值小于100%时，绘制的颜色将变浅，值越小，颜色越淡。不同流量所绘制的效果如图5.5所示。

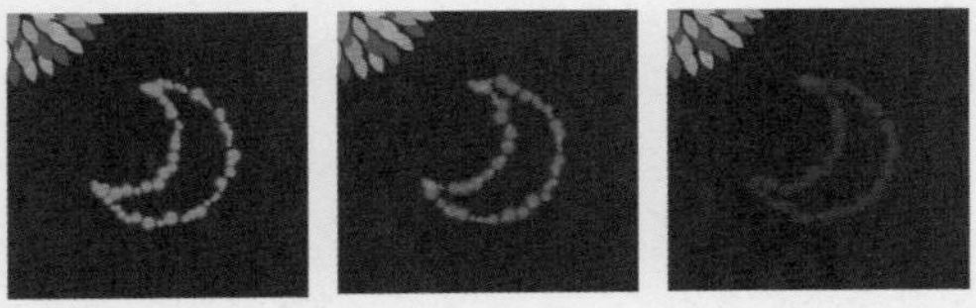

值为100%　　值为70%　　值为20%

图5.5　不同流量所绘制的效果

- **“启用喷枪样式的建立效果”**：单击该按钮，将启用喷枪模式。喷枪模式在硬度值小于100%时，按住鼠标不动时，喷枪可以连续喷出颜料，扩充柔和的边缘。关闭该选项可再次单击此按钮。
- **“平滑”**：设置描边的平滑程度。使用较高的值可以减少描边的抖动。通过右侧的下拉选项，可以设置平滑选项，包括“拉绳模式”“描边补齐”“补齐描边末端”和“调整缩放”4个选项，并可通过“平滑”百分比来设置平滑程度。
- **“绘图板压力大小控制”**：单击该按钮，使用绘图板时，可以使用压力来控制笔触大小；如果关闭它，将使用“画笔预设”来控制压力。

5.1.2 使用画笔或铅笔工具绘画

“画笔工具”和“铅笔工具”可在图像上绘制当前的前景色。不过，“画笔工具”创建的笔触较柔和，而“铅笔工具”创建的笔触较生硬。要使用“画笔工具”或“铅笔工具”进行绘画，可执行如下操作。

01 首先在工具箱中设置一种前景色。

02 选择“画笔工具”或“铅笔工具”，在选项栏的“‘画笔预设’选取器”或“画笔”面板中选择合适的画笔。

03 在画布中直接拖动即可进行绘画。使用“画笔工具”和“铅笔工具”的不同绘画效果分别如图5.6和图5.7所示。

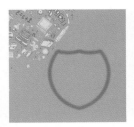

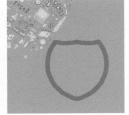

图5.6　画笔工具效果

图5.7　铅笔工具效果

技巧

在画布中单击起点，然后按住 Shift 键并单击终点，可以直接进行绘制。

5.1.3 “混合器画笔工具”

“混合器画笔工具”可以模拟真实的绘画技术，例如，混合画布上的颜色、组合画笔上的颜色或绘制过程中使用不同的绘画湿度等。

“混合器画笔工具”有两个绘画色管：一个是储槽，另一个是拾取器。储槽色管用于存储最终应用于画布的颜色，并且具有较多的油彩容量；拾取色管用来接收来自画布的油彩，其内容与画布颜色是连续混合的。“混合器画笔工具”选项栏如图 5.8 所示。

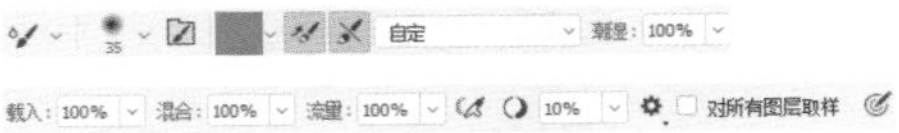

图5.8　“混合器画笔工具”选项栏

“混合器画笔工具”选项栏各选项含义说明如下。

- **“当前画笔载入”**：可以单击色块，将打开“拾色器（混合器画笔颜色）”对话框，设置一种纯色。单击三角形按钮，将弹出一个菜单，选择“载入画笔”命令，将使用储槽颜色填充画笔；选择“清理画笔”命令，将移去画笔中的油彩。

如果要在每次描边后执行这些操作，可以单击"每次描边后载入画笔" 或"每次描边后清理画笔" ✗按钮。

技巧

按住 Alt 键的同时，单击画布或直接在工具箱中选取前景色，可以直接将油彩载入储槽。当载入油彩时，画笔笔尖可以反映出取样区域中的任何颜色变化。如果希望画笔笔尖的颜色均匀，可从"当前画笔载入"菜单中选择"只载入纯色"命令。

- **"潮湿"**：用来控制画笔从图像中拾取的油彩量。值越大，拾取的油彩量越多，产生越长的绘画条痕。"潮湿"值分别为0和100%时产生的不同绘画效果如图5.9所示。

图5.9 "潮湿"值分别为0和100%时产生的不同绘画效果

- **"载入"**：指定储槽中载入的油彩量大小。载入速率越低，绘画干燥的速度就越快。值越小，绘图过程中油彩量减少量越快，并产生渐隐效果。"载入"值分别为1%和100%时产生的不同绘画效果如图5.10所示。

图5.10 "载入"值分别为1%和100%时产生的不同绘画效果

- **"混合"**：控制画布油彩量同储槽油彩量的比例。当比例为0时，所有油彩都来自储槽；比例为100%时，所有油彩将从画布中拾取。不过，该项会受到"潮湿"选项的影响。

提示

"混合器画笔工具"选项栏中还有其他的选项，这些选项与绘画工具选项相同，详情请参考本章5.1.1节绘画工具选项的内容。

- **"对所有图层取样"**：勾选该复选框，可以拾取所有可见图层中的画布颜色。

5.1.4 "历史记录艺术画笔工具"

"历史记录艺术画笔工具" 可以使用指定历史记录状态或快照中的源数据，以风格化笔触进行绘画。通过尝试使用不同的绘画样式、区域和容差选项，可以用不同的色彩和艺术风格模拟绘画的纹理，以产生各种不同的艺术效果。

与"历史记录画笔工具"相似，"历史记录艺术画笔工具"也可以用指定的历史记录源或快照作为源数据。但是，"历史记录画笔工具"是通过重新创建指定的源数据来绘画，而"历史记录艺术画笔工具"在使用这些数据的同时，还加入了为创建不同的色彩和艺术风格设置的效果。其选项栏如图 5.11 所示。

图5.11 "历史记录艺术画笔工具"选项栏

提示

"历史记录艺术画笔工具"选项栏中很多选项与"画笔工具"选项栏相同，详情请参考本章 5.1.1 节绘画工具选项的内容。

"历史记录艺术画笔工具"的选项栏各选项的含义说明如下。

- **"样式"**：设置使用历史记录艺术画笔绘画时的样式。包括绷紧短、绷紧中、绷紧长、松散中等、松散长、轻涂、绷紧卷曲、绷紧卷曲长、松散卷曲、松散卷曲长10种样式，图5.12所示为使用不同的样式绘图所产生的不同艺术效果。

原图

绷紧短

绷紧中

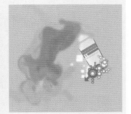

绷紧长

松散中等

松散长

轻涂

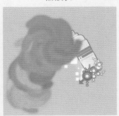

绷紧卷曲

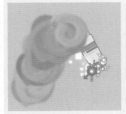

绷紧卷曲长

松散卷曲

松散卷曲长

图5.12 不同的样式绘图所产生的不同艺术效果

- "区域"：设置历史记录艺术画笔的感应范围，即绘图时艺术效果产生的区域大小。值越大，艺术效果产生的区域也越大。
- "容差"：控制图像的色彩变化程度，取值范围为0~100%。值越大，所产生的效果与原图像越接近。

5.1.5 "橡皮擦工具" 重点

选择"橡皮擦工具" ，其选项栏如图5.13所示。包括"画笔""模式""不透明度""流量"和"抹到历史记录"等。

图5.13 "橡皮擦工具"选项栏

提示

"橡皮擦工具"选项栏中很多选项与"画笔工具"选项栏相同，详情请参考本章5.1.1节绘画工具选项的内容。

"橡皮擦工具"选项栏各选项的含义说明如下。

- "模式"：选择橡皮的擦除方式，包括"画笔""铅笔"和"块"3种方式。3种方式不同的擦除效果如图5.14所示。

画笔方式　　　铅笔方式

块方式

图5.14 不同方式的擦除效果

- "抹到历史记录"：勾选该复选框后，在"历史记录"面板中可以设置擦除的历史记录画笔位置或历史快照位置，可以将擦除区域恢复到设置的历史记录位置。

技巧

在使用橡皮擦工具时，按住键盘中的Shift键在图像中拖动指针，可以沿水平或垂直方向擦除图像；按住Shift键在图像中进行多次单击，可以连续擦除图像。

"橡皮擦工具"的使用方法很简单，首先在"工具箱"中选择"橡皮擦工具"，在工具选项栏中设置合适的橡皮擦参数，然后将鼠标指针移动到图像中需要的地方，按住鼠标左键，拖动擦除即可。在应用橡皮擦工具时，根据图层的不同，擦除的效果也不同，具体的擦除效果如下。

- 如果在背景图层中或在锁定透明像素的图层中进行擦除时，被擦除的部分将显示为背景色。擦除的效果如图5.15所示。

图5.15　在背景图层上的擦除效果

- 当在没有锁定透明像素的普通图层中擦除时，被擦除的部分将显示为透明，擦除的效果如图5.16所示。

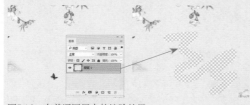

图5.16　在普通图层上的擦除效果

提示

这里在讲解时，读者朋友看到的是一个同样的图像擦除的不同效果，可能会感觉困惑，其实仔细看一下图层，是不一样的。这里在讲解第2种情况时，在背景图层上进行双击，将背景图层转换成了普通图层。

5.1.6 "背景橡皮擦工具" 重点

"背景橡皮工具"选项栏如图5.17所示，其中包括"画笔""取样""限制""容差"和"保护前景色"。"背景橡皮擦工具"无论在背景图层还是普通图层上擦除，都将直接擦除掉透明效果，还可以通过指定不同的取样和容差选项，精确控制擦除的区域。

图5.17　"背景橡皮擦工具"选项栏

提示

"背景橡皮擦工具"选项栏中很多选项与"画笔工具"选项栏相同，详情请参考本章 5.1.1 节绘画工具选项内容讲解。

"背景橡皮擦工具"选项栏各选项的含义说明如下。

- **"取样：连续"**：用法等同于橡皮擦工具，在擦除过程中，随着拖动连续采取色样，可以擦除指针经过的所有图像像素。
- **"取样：一次"**：擦除前先进行颜色取样，指针定位的即为取样颜色，然后按住鼠标拖动，可以在图像上擦除与取样颜色相同或相近的颜色，而且每次单击取样的颜色只能做一次连续的擦除，如果释放鼠标后想继续擦除，需要再次单击，重新取样。
- **"取样：背景色板"**：在擦除前先设置好背景色，即设置好取样颜色，然后可以擦除与背景色相同或相近的颜色。
- **"限制"**：控制"背景橡皮擦工具"擦除的颜色界限。包括3个选项，分别为"不连续""连续"和"查找边缘"。选择"不连续"选项，在图像上拖动指针可以擦除所有包含取样点颜色的区域；选择"连续"选项，在图像上拖动指针只擦除相互连接的包含取样点颜色的区域；选择"查找边缘"选项，将擦除包含取样点颜色的相互连接区域，可以更好地保留形状边缘的锐化程度。
- **"容差"**：控制擦除相近颜色的范围。输入值或拖移滑块，可以修改图像颜色的精度，值越大，擦除相近颜色的范围就越大；值越小，擦除相近颜色的范围就越小。
- **"保护前景色"**：勾选该复选框，在擦除图像时，可防止擦除与工具箱中的前景色相匹配的颜色区域。使用"背景橡皮擦工具"并单击"取样：连续"按钮进行擦除。图5.18所示为设置绿色为前景色的原始图像效果；图5.19所示为不勾选"保护前景色"复选框的擦除效果；图5.20所示为勾选"保护前景色"复选框的擦除效果。

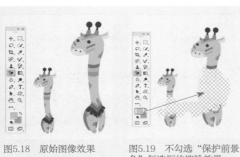

图5.18 原始图像效果

图5.19 不勾选"保护前景色"复选框的擦除效果

图5.20 勾选"保护前景色"复选框的擦除效果

5.1.7 魔术橡皮擦工具 重点

"魔术橡皮擦工具" 的用法与"魔棒工具" 的用法相似，使用"魔术橡皮擦工具"在图像中进行单击，可以擦除图像中与单击处颜色相近的像素。如果在锁定了透明的图层中擦除图像时，被擦除的像素会更改为背景色；如果在背景图层或普通图层中擦除图像时，被擦除的像素会显示为透明效果。原图与不锁定透明像素和锁定透明像素的不同擦除效果如图5.21所示。

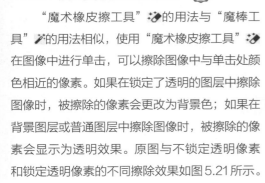

原图

不锁定透明像素

锁定透明像素

图5.21 不同设置的擦除效果

"魔术橡皮擦工具" 选项栏主要包括"容差""消除锯齿""连续""对所有图层取样"和"不透明度"几个选项，如图5.22所示。

图5.22 "魔术橡皮擦工具"选项栏

"魔术橡皮擦工具"选项栏各选项的含义说明如下。

- "容差"：控制擦除的颜色范围。在其右侧的文本框中输入容差数值，值越大，擦除相近颜色的范围就越大；值越小，擦除相近颜色的范围就越小。取值范围为0~255之间的整数。不同容差值擦除的效果如图5.23所示。

原图　　　容差值为20　　　容差值为100

图5.23 不同容差值的擦除效果

- "消除锯齿"：勾选该复选框，可使擦除区域的边缘与其他像素的边缘产生平滑的过渡效果。
- "连续"：勾选该复选框，将擦除与鼠标单击处颜色相似并相连接的颜色像素；取消该复选框，将与鼠标单击处颜色相似的所有颜色像素。原图、勾选与不勾选"连续"复选框的擦除效果，如图5.24所示。

原图　　　勾选"连续"　　不勾选"连续"

图5.24 原图、勾选与不勾选"连续"复选框的擦除效果

- "对所有图层取样"：勾选该复选框，在擦除图像时，将对所有图层的图像进行擦除；取消勾选该项，在擦除图像时，只擦除当前图层中的图像像素。
- "不透明度"：指定被擦除图像的透明程度。100%的不透明度将完全擦除图像像素；较低的不透明度数值，将擦除的区域显示为半透明状态。不同透明度擦除图像的效果如图5.25所示。

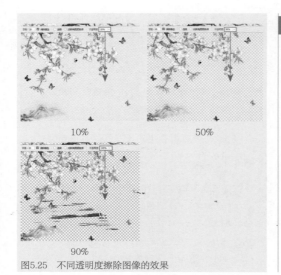

10%   50%

90%

图5.25 不同透明度擦除图像的效果

技巧

按Caps Lock键可以在标准指针和十字线之间切换。

◆技术看板 调整绘图指针大小和硬度

    通过在图像中拖动，可以调整绘图指针的大小或更改绘图指针的硬度。要调整绘图指针大小，在按住 Alt 键的同时，按住鼠标右键左右拖动即可；要调整绘图指针的硬度，按住鼠标右键上下拖动即可。

5.2 "画笔设置"面板

    执行菜单栏中的"窗口"|"画笔设置"命令，或在画笔选项栏中单击"切换'画笔设置'面板"按钮，都可以打开"画笔设置"面板。Photoshop 为用户提供了非常多的画笔，可以选择现有预设画笔，并可以修改预设画笔设计新画笔；也可以自定义创建属于自己的画笔。

    在"画笔设置"面板的左侧是画笔选项区，选择某个选项，可以在面板的右侧显示该选项相关的参数；在面板的底部，是画笔笔触预览区，可以显示使用当前画笔选项时绘画描边的外观。另外，单击面板菜单按钮，可以打开"画笔设置"面板的菜单，以进行其他参数的设置，如图 5.26 所示。

技巧

单击选项组左侧的复选框，可在不查看选项的情况下启用或停用这些选项。

5.2.1 设置画笔 重点

    画笔其实就是一种存储画笔笔尖工具，带有诸如大小和形状等定义的特性。"画笔"存储了 Photoshop 提供的众多画笔笔尖，当然也可以创建属于自己的画笔笔尖。在"画笔设置"面板中，单击"画笔"按钮，即可打开如图5.27所示的"画笔"面板。

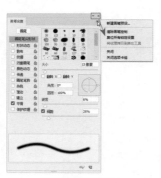

图5.26 "画笔设置"面板

图5.27 "画笔"面板

1. 选择预设画笔

在工具箱中选择一种绘画工具,在选项栏中单击"点按可打开'画笔预设'选取器"区域,打开"画笔预设"选取器,展开相关的画笔类别文件夹,然后从列表中选择预设画笔,如图5.28所示。这是非常常用的一种选择预设画笔的方法。

图5.28 选择预设画笔

2. 更改预设画笔的显示方式

从"画笔预设"面板菜单❖中选择显示选项,共包括3种显示:画笔名称、画笔描边和画笔笔尖。

- **画笔名称:** 以纯文本列表形式查看画笔。
- **画笔描边:** 可以查看画笔描边时所显示出来的效果。
- **画笔笔尖:** 以笔头的形状显示画笔效果。

3. 更改预设画笔库

通过"画笔预设"面板菜单❖,还可以更改预设画笔库。

- **"恢复默认画笔":** 选择该命令,可以将画笔恢复到默认的状态。
- **"导入画笔":** 将外部指定的画笔库添加到当前画笔库。
- **"导出选中的画笔":** 可以将选中的画笔导出到电脑中,在需要应用时,通过"导入画笔"命令将其导入。
- **预设库文件:** 位于面板菜单的底部,共包括15个,如常规画笔、干介质画笔、特殊效果画笔和常规画笔等,单击这些文件夹,即可展开其中的画笔,单击选择即可使用。

练习5-1 自定义画笔预设

难　　度:	★
素材文件:	第5章\笔触.jpg
案例文件:	无
视频文件:	第5章\练习5-1 自定义画笔预设.avi

前面讲解了画笔预设的应用,可以看到,虽然Photoshop为用户提供了许多的预设画笔,但还远远不能满足用户的需要,下面来讲解自定义画笔预设的方法。

01 执行菜单栏中的"文件"|"打开"命令,打开"笔触.jpg"图片,如图5.29所示。

图5.29　打开的图片

02 执行菜单栏中的"编辑"|"定义画笔预设"命令，打开如图5.30所示的"画笔名称"对话框，为其命名，如"笔触"，然后单击"确定"按钮，即可将素材定义为画笔预设。

图5.30　"画笔名称"对话框

03 选择"画笔工具" 后，在工具选项栏中"点按可打开'画笔预设'选取器"区域，打开"'画笔预设'选取器"，在笔触选择区的最后将显示出创建的画笔笔触，效果如图5.31所示。

图5.31　创建的画笔笔触效果

5.2.2 画笔笔尖形状选项 （难点）

在"画笔设置"面板左侧的画笔选项区中，单击选择"画笔笔尖形状"选项，在面板的右侧将显示画笔笔尖形状的相关画笔参数，包括大小、角度、圆度和间距等参数设置，如图5.32所示。

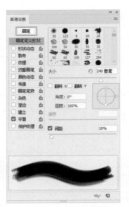

图5.32　"画笔笔尖形状"选项

"画笔笔尖形状"各选项的含义说明如下。

- **"大小"**：调整画笔笔触的直径大小。可以通过拖动下方的滑块来修改直径，也可以在右侧的文本框中输入数值来改变直径大小。值越大，笔触也越粗。具有不同直径大小的画笔描边效果如图5.33所示。

图5.33　具有不同直径大小的画笔描边效果

- **"翻转X""翻转Y"**：控制画笔笔尖的水平、垂直翻转。勾选"翻转X"复选框，将画笔笔尖水平翻转；勾选"翻转Y"复选框，将画笔笔尖垂直翻转。原始画笔、"翻转X"和"翻转Y"的效果对比如图5.34所示。

原始画笔　　　　　　　　翻转X

翻转Y

图5.34　原始画笔、"翻转X"和"翻转Y"

- **"角度"**：设置笔尖的绘画角度。可以在其右侧的文本框中输入数值，也可以在"设置画笔角度和圆度"区域，拖动箭头标志来修改画笔的角度和圆度，不同角度值绘制的形状效果如图5.35所示。

图5.35　不同角度值绘制的形状效果

- **"圆度"**：设置笔尖的圆形程度。可以在其右侧文本框中输入数值，也可以在"设置画笔角度和圆度"区域，拖动控制点来修改笔尖的圆度。当值为100%时，笔尖为圆形；当值小于100%时，笔头为椭圆形。不同圆角度绘画效果如图5.36所示。

图5.36　同圆角度绘画效果

- **"硬度"**：设置画笔笔触边缘的柔和程度。可以在其右侧文本框中输入数值，也可以通过拖动其下方的滑块来修改笔触硬度。值越大，边缘越生硬；值越小，边缘柔化程度越大。不同硬度值绘制出的形状如图5.37所示。

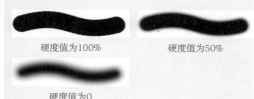

硬度值为100%　　硬度值为50%

硬度值为0

图5.37　不同硬度值绘画的效果

- **"间距"**：设置画笔笔触间的间距大小。值越小，所绘制的形状间距越小；值越大，所绘制的形状间距越大。不同间距大小绘制的描边效果如图5.38所示。

间距值为25%　　间距值为100%　　间距值为150%

图5.38　不同间距大小绘制的描边效果

5.2.3　硬毛刷笔尖形状选项

硬毛刷是前几个版本中新增加的一种笔刷。可以通过硬毛刷笔尖指定精确的毛刷特性，从而创建十分逼真、自然的描边。硬毛笔刷位于默认的画笔库中，在画笔笔尖形状列表中单击选择某个硬毛笔刷后，在画笔选项区将显示硬毛笔刷的参数，如图5.39所示。

图5.39　硬毛笔刷的参数

硬毛笔刷的参数含义说明如下。

- **"形状"**：指定硬毛笔刷的整体排列。从右侧的下拉菜单中，可以选择一种形状，包括圆点、圆钝形、圆曲线、圆角、圆扇形、平点、平钝形、平曲线、平角和平扇形10种形状。不同形状笔刷效果如图5.40所示。

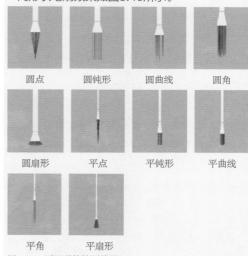

圆点　　圆钝形　　圆曲线　　圆角

圆扇形　　平点　　平钝形　　平曲线

平角　　平扇形

图5.40　不同形状笔刷效果

- **"硬毛刷"**：指定硬毛刷的整体毛刷密度。值越大，毛刷的密度就越大。不同硬毛刷值的绘画效果如图5.41所示。

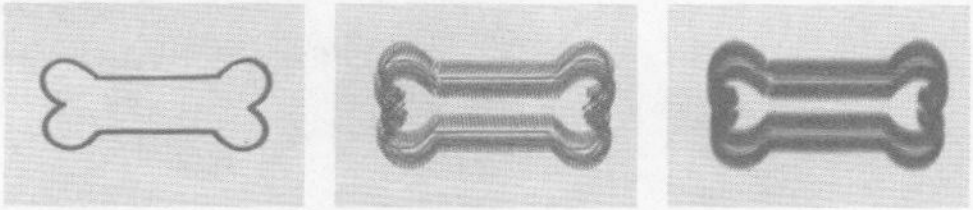

图5.41　不同硬毛刷值的绘画效果

- **"长度"**：指定毛刷刷毛的长度。不同长度值的硬毛刷效果如图5.42所示。

图5.42　不同长度值的硬毛刷效果

- **"粗细"**：指定各个硬毛刷的宽度。
- **"硬度"**：指定毛刷的强度。值越大，绘制的笔触越浓重，如果设置的值较低，则画笔在绘画时容易发生变形。
- **"角度"**：指定使用鼠标进行绘画时的画笔笔尖角度。
- **"间距"**：指定描边中两个画笔笔迹之间的距离。如果取消选择此复选框，则使用鼠标拖动绘画时，指针的速度将决定间距的大小。

◆**技术看板　硬毛笔刷预览**

　　在"画笔设置"面板的底部有一个"切换实时笔尖画笔预览"图标 ，通过单击该图标，可以启用或关闭硬毛笔刷在画布中的预览效果。不过需要注意的是，如果想使用该功能，需要在"首选项"对话框中，勾选"性能"选项中的"图像处理器设置"，然后选择"使用图形处理器"，并从"高级设置"中选择"启用 OpenGL 绘图"复选框。启用硬毛刷画笔的预览效果如图 5.43 所示。

图5.43　启用硬毛刷画笔的预览效果

练习5-2　形状动态选项　难点

难　　度：	★ ★
素材文件：	无
案例文件：	无

视频文件：第 5 章 \ 练习 5-2 形状动态选项 .avi

　　在"画笔设置"面板的左侧的画笔选项区中，单击选择"形状动态"选项，在面板的右侧将显示画笔笔尖形状动态的相关参数设置选项，包括大小抖动、最小直径、倾斜缩放比例、角度抖动、圆度抖动和最小圆度等参数的设置，如图 5.44 所示。

图5.44　"形状动态"选项

　　"形状动态"各选项的含义说明如下。

- **"大小抖动"**：设置笔触绘制的大小变化效果。值越大，大小变化越大，在下方的"控制"选项中，还可以控制笔触的变化形式，包括关、渐隐、钢笔压力、钢笔斜度和光笔轮5个选项。不同大小抖动值的绘画效果如图5.45所示。

抖动值为0　　　　抖动值为50%　　　　抖动值为100%

图5.45　不同大小抖动值的绘画效果

- **"最小直径"**：设置画笔笔触的最小显示直径。当使用"大小抖动"时，使用该值可以控制笔触的最小直径。
- **"倾斜缩放比例"**：设置画笔笔触的倾斜缩放比例大小。只有在"控制"选项中选择了"钢笔斜度"命令后，此项才可以应用。
- **"角度抖动"**：设置画笔笔触的角度变化程度。值越大，角度变化也越大，绘制的形状也越复杂。不同角度抖动值绘制的形状效果如图5.46所示。

抖动值为0　　　抖动值为30%　　　抖动值为80%

图5.46　不同角度抖动值绘画效果

- **"圆度抖动"**：设置画笔笔触的圆角变化程度。可以从下方的"控制"选项中，选择一种圆度的变化方式。不同的圆度抖动值绘制的形状效果如图5.47所示。

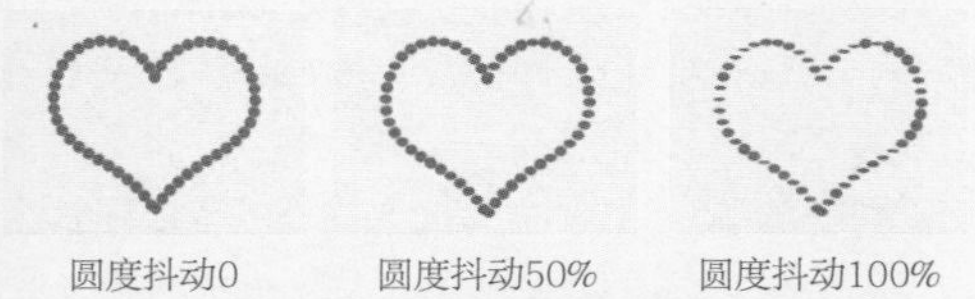

圆度抖动0　　　圆度抖动50%　　　圆度抖动100%

图5.47　不同的圆度抖动值绘制的形状效果

- **"最小圆度"**：设置画笔笔触的最小圆度值。当使用"圆度抖动"时，该项才可以使用。值越小，圆度抖动的变化程度越大。
- **"画笔投影"**：启用或关闭画笔投影效果。

5.2.4 散布选项 重点

画笔"散布"选项，可以设置在绘制过程中笔触的数目和位置。在"画笔设置"面板的左侧的画笔选项区中，单击选择"散布"选项，

在面板的右侧将显示画笔笔尖散布的相关参数设置选项，包括散布、数量和数量抖动，如图5.48所示。

图5.48　"散布"选项

"散布"各选项的含义说明如下。

- **"散布"**：设置画笔笔触在绘制过程中的分布方式。当勾选"两轴"复选框时，画笔的笔触按水平方向分布；当取消"两轴"复选框时，画笔的笔触按垂直方向分布。在其下方的"控制"选项中可以设置画笔笔迹散布的变化方式。不同散布参数值的绘画效果如图5.49所示。

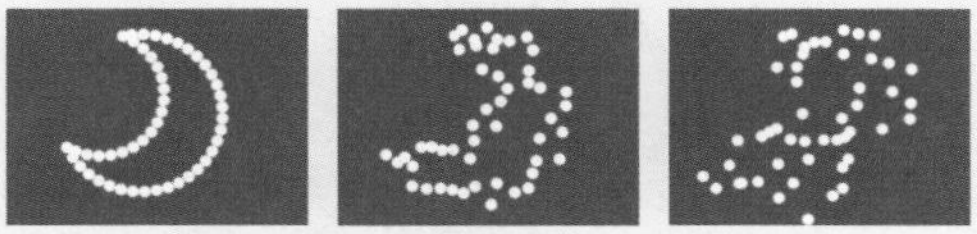

图5.49　不同散布参数值绘画效果

- **"数量"**：设置在每个间距间隔中应用的画笔笔触散布数量。需要注意的是，如果在不增加间距值或散布值的情况下增加数量，绘画性能可能会降低。不同数量值的绘画效果如图5.50所示。

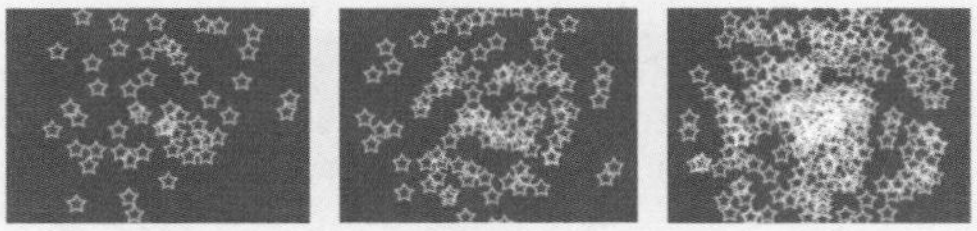

图5.50　不同数量值绘画效果

- **"数量抖动"**：设置在每个间距间隔中应用的画笔笔触散布的变化百分比。在其下方的"控制"

选项中可以设置以何种方式来控制画笔笔触的数量变化。

5.2.5 纹理选项

　　画笔"纹理"选项，可以利用添加的图案，使画笔绘制的图像看起来像是在带纹理的画布上绘制的一样，产生明显的纹理效果。在"画笔设置"面板左侧的画笔选项区中，单击选择"纹理"选项，在面板的右侧将显示纹理的相关参数设置选项，包括缩放、模式、深度、最小深度和深度抖动等，如图 5.51 所示。

图5.51　"纹理"选项

　　"纹理"各选项的含义说明如下。

- **"图案拾色器"**：单击"点按可打开'图案'拾色器"区域 ，将打开"'图案'拾色器"，从中可以选择所需的图案，可以通过"'图案'拾色器"菜单，打开更多的图案。
- **"反相"**：勾选该复选框，图案中的亮暗区域将进行反转。图案中的最亮区域转换为暗区域，图案中的最暗区域则转换为亮区域。
- **"缩放"**：设置图案的缩放比例。键入数字或拖动滑块来改变图案大小的百分比值。不同缩放效果如图5.52所示。

缩放1%　　　缩放30%　　　缩放100%

图5.52　不同缩放效果

- **"亮度"**：设置图案纹理的亮度。值越大，亮度越大。
- **"对比度"**：设置图案纹理的对比度。值越大，对比越强烈。
- **"为每个笔尖设置纹理"**：勾选该复选框，在绘画时，为每个笔尖都应用纹理。如果不勾选该复选框，则无法使用下面的"最小深度"和"深度抖动"两个选项。
- **"模式"**：设置画笔和图案的混合模式。使用不同的模式，可以绘制出不同的混合笔迹效果。
- **"深度"**：设置图案油彩渗入纹理的深度。键入数字或拖动滑块渗入的程度，值越大，渗入的纹理深度越深，图案越明显。不同深度值的绘图效果如图5.53所示。

图5.53　不同深度值的绘图效果

- **"最小深度"**：当勾选"为每个笔尖设置纹理"复选框并将"控制"选项设置为渐隐、钢笔压力、钢笔斜度、光笔轮选项时，此参数决定了图案油彩渗入纹理的最小深度。
- **"深度抖动"**：设置图案渗入纹理的变化程度。当勾选"为每个笔尖设置纹理"复选框时，拖动其下方的滑块或在其右侧的文本框中输入数值，可以在其下方的"控制"选项中设置以何种方式来控制画笔笔迹的深度变化。

5.2.6 双重画笔选项

　　"双重画笔"可以模拟使用两个笔尖创建画笔笔迹，产生两种相同或不同纹理的重叠混合效果。在"画笔设置"面板左侧的画笔选项区中，单击选择"双重画笔"选项，就可以绘制出双重画笔效果，如图5.54所示。

图5.54　"双重画笔"选项

"双重画笔"各选项的含义说明如下。

- "模式"：设置双重画笔之间的混合模式。使用不同的模式，可以制作出不同的混合笔迹效果。
- "翻转"：勾选该复选框，可以启用随机画笔翻转功能，产生笔触的随机翻转效果。
- "大小"：控制双笔尖的大小。如果修改大小后，想恢复到默认大小，可以单击"恢复到原始大小"按钮 ↩。
- "间距"：设置画笔中双笔尖画笔笔迹之间的距离。可以通过输入数字或拖动滑块来改变笔尖的间距大小。不同间距的绘画效果如图5.55所示。

图5.55　不同间距的绘画效果

- "散布"：设置画笔中双笔尖画笔笔迹的分布方式。当勾选"两轴"复选框时，画笔笔迹按水平方向分布。当取消勾选"两轴"复选框时，画笔笔迹按垂直方向分布。
- "数量"：设置在每个间距中应用的画笔笔迹的数量。可以通过输入数字或拖动滑块来改变笔迹的数量。

5.2.7　颜色动态选项 重点

　　"颜色动态"控制笔画中油彩色相、饱和度、亮度和纯度等的变化，在"画笔设置"面板左侧的画笔选项区中，单击选择"颜色动态"选项，在面板的右侧将显示颜色动态的相关参数设置选项，如图 5.56所示。

图5.56　"颜色动态"选项参数

"颜色动态"各选项的含义说明如下。

- "应用每笔尖"：勾选该复选框，在绘画时，为每个笔尖都应用颜色动态。
- "前景/背景抖动"：输入数字或拖动滑块，可以设置前景色和背景色之间的油彩变化方式。在其下方的"控制"选项中可以设置以何种方式来控制画笔笔迹的颜色变化。不同前景/背景抖动值的绘画效果如图5.57所示。

抖动值为0　　抖动值为50%　　抖动值为100%

图5.57　不同前景/背景抖动值绘画效果

- "色相抖动"：输入数字或拖动滑块，可以设置在绘制过程中颜色色相的变化百分比。较低的值在改变色相的同时保持接近前景色的色相；较高的值则增大色相间的差异。不同色相抖动值的绘画效果如图5.58所示。

色相抖动值为20%　色相抖动值为50%　色相抖动值为100%

图5.58　不同色相抖动值的绘画效果

- "饱和度抖动"：设置在绘制过程中颜色饱和度的变化程度。较低的值在改变饱和度的同时保持接近前景色的饱和度；较高的值则增大饱和度级别之间的差异。不同饱和度抖动绘图效果如图5.59所示。

抖动值为0　　　抖动值为50%　　抖动值为100%

图5.59　不同饱和度抖动值的绘画效果

- "亮度抖动"：设置在绘制过程中颜色亮度的变化程度。较低的值在改变亮度的同时保持接近前景色的亮度；较高的值则增大亮度级别之

间的差异。不同亮度抖动值的绘画效果如图
5.60所示。

亮度抖动值为0　　亮度抖动值为20%　亮度抖动值为100%
图5.60　不同亮度抖动值的绘画效果

- "纯度"：设置在绘制过程中，颜色纯度的大小。如果该值为-100，则颜色将完全去色；如果该值为100，则颜色将完全饱和。不同纯度值的绘画效果如图5.61所示。

纯度值为-100%　　纯度值为-50%　　纯度值为100%
图5.61　不同纯度值的绘画效果

5.2.8 传递选项 （重点）

　　画笔的"传递"选项用来设置画笔的不透明度抖动和流量抖动。在"画笔设置"面板左侧的画笔选项区中，单击选择"传递"选项，在面板的右侧将显示传递的相关参数设置选项，如图 5.62 所示。

图5.62　"传递"选项参数

"传递"各选项的含义说明如下。

- **"不透明度抖动"**：设置画笔绘画时不透明度的变化程度。键入数字或拖动滑块，可以设置在绘制过程中颜色不透明度的变化百分比。在其下方的"控制"选项中可以设置以何种方式来控制画笔笔迹颜色的不透明度变化。不同不透明度抖动绘画效果如图5.63所示。

抖动=0　　　　抖动=50%　　　　抖动=100%
图5.63　不同不透明度抖动绘图效果

- **"流量抖动"**：设置画笔绘图时油彩的流量变化程度。键入数字或拖动滑块，可以设置在绘制过程中颜色流量的变化百分比。在其下方的"控制"选项中可以设置以何种方式来控制画笔颜色的流量变化。

5.2.9 其他画笔选项

　　在"画笔设置"面板的左侧底部，还包含一些选项，如图 5.64 所示。

图5.64　其他选项

　　勾选这些选项，可以为画笔添加特效效果。各选项特效的具体含义如下。

- **"杂色"**：勾选该复选框，可以为个别的画笔笔尖添加随机的杂点。当应用于柔边画笔笔触时，此选项效果明显。应用"杂点"特效画笔的前后效果如图5.65所示。

图5.65　应用"杂点"特效画笔的前后效果

- **"湿边"**：勾选该复选框，可以沿绘制出的画笔笔迹边缘增大油彩量，从而出现水彩画润湿缘扩散的效果。应用"湿边"特效画笔的前后效果如图5.66所示。

图5.66 应用"湿边"特效画笔的前后效果

- **"建立"**：勾选该复选框，可以使画笔在绘制时模拟传统的喷枪手法。

> **提示**
> "画笔设置"面板中的"建立"选项与工具选项栏中的"启用喷枪样式的建立效果"按钮，在使用上是完全一样的。

- **"平滑"**：设勾选该复选框，可以使画笔绘制出的颜色边缘较平滑。当使用光笔进行快速绘画时，此选项效果明显，但是它在笔画渲染中可能会导致轻微的滞后。
- **"保护纹理"**：勾选该复选框，可对所有具有纹理的画笔预设应用相同的图案和比例。当使用多个纹理画笔笔触绘画时，勾选此选项，可以模拟绘制出一致的画布纹理效果。

> **提示**
> 如果设置了较多的画笔选项，想一次取消选中状态，可以从"画笔设置"面板菜单中选取"清除画笔控制"命令，清除所有画笔选项。

5.3 照片修复工具

修复图像主要使用"污点修复画笔工具"、"修复画笔工具"、"修补工具"、"内容感知移动工具"和"红眼工具" 5 种，主要用于对图像进行修复与修补。在默认状态下显示的为"污点修复画笔工具"，将指针放置在该工具按钮上，按住鼠标稍等片刻或是单击鼠标右键，将显示图像修补工具组，如图 5.67 所示。

图5.67 图像修补工具组

5.3.1 污点修复画笔工具 重点

"污点修复画笔工具"主要用来修复图像中的污点，一般多用于对小污点的修复。该工具的神奇之处在于，它可以根据污点周围图像的像素值来自动分析处理，将污点去除，而且将污点位置的图像自动换成与周围图像相似的像素，以达到修复污点的目的。

选择"污点修复画笔工具"后，工具选项栏中的选项如图 5.68 所示。

图5.68 污点修复画笔工具选项栏

"污点修复画笔工具"选项栏中各选项的含义说明如下。

- **"画笔"**：设置污点修复画笔的笔触，如直径、硬度、笔触形状等，与"画笔工具"的应用相同。
- **"模式"**：设置污点修复画笔绘制时的像素与原来像素之间的混合模式。
- **"内容识别"**：选择该按钮，当对图像的某一区域进行污点修复时，软件自动分析周围图像的特点，将图像进行拼接组合，然后填充该区域并进行智能融合，从而达到快速无缝的修复效果。
- **"创建纹理"**：选择该按钮，在使用污点修复画笔修复图像时，将在修复污点的同时使图像的对比度加大，以显示出纹理效果。

- **“近似匹配”**：选择该按钮，在使用污点修复画笔修复图像时，将根据图像周围像素的相似度进行匹配，以达到修复污点的效果。
- **“对所有图层取样”**：勾选该复选框，将对所有图层进行取样操作。如果不勾选该复选框，将只对当前图层取样。
- **“绘图板压力控制大小”**：单击该按钮可以模拟绘图板压力控制大小。

提示

用户可以根据待处理的图像大小来调整画笔的大小。如果画笔设置得太大，容易擦除要保留的图像区域；如果设置得太小，则会降低工作的效率。

5.3.2 修复画笔工具

“修复画笔工具”可以将图像中的划痕、污点和斑点等轻松去除。与图章工具所不同的是，它可以同时保留图像中的阴影、光照和纹理等效果。并且在修改图像的同时，可以将图像中的阴影、光照和纹理等与源像素进行匹配，以达到精确修复图像的目的。

选择“修复画笔工具”后，工具选项栏中的选项如图 5.69 所示。

图5.69 修复画笔工具选项栏

“修复画笔工具”选项栏中各选项的含义说明如下。

- **“画笔”**：设置修复画笔工具的笔触，如直径、硬度、笔触形状等，与“画笔工具”的应用相同。

提示

“画笔”选项与绘画工具选项相同，详情请参考本章 5.1.1 节绘画工具选项的讲解内容。

- **“模式”**：设置修复画笔工具绘制时的像素与原来像素之间的混合模式。
- **“源”**：设置用来修复图像的源。选择“取样”按钮，表示使用当前图像中定义的像素修复图像；选择“图案”按钮，则可以从右侧的“图案”拾色器中，选择一个图案来修复图像。
- **“对齐”**：勾选该复选框，每次单击或拖动鼠标来修复图像时，都将与第一次单击的点进行对齐操作；如果不勾选该复选框，则每次单击或拖动的起点都将是取样时单击的位置。
- **“样本”**：设置当前取样作用的图层。从右侧的下拉列表中，可以选择“当前图层”“当前和下方图层”和“所有图层”3个选项，并且如果选择右侧的“打开以在修复时忽略调整图层”按钮，可以忽略调整的图层。
- **“扩散”**：调整扩散程度，值越大，扩散程度越强。

5.3.3 修补工具 重点

“修补工具”以选区的形式选择取样图像或使用图案填充来修补图像。它与修复画笔工具的应用有些相似，只是取样时使用的是选区的形式，并将取样像素的阴影、光照和纹理等效果与源像素进行匹配处理，以完美地修补图像。

选择“修补工具”后，工具选项栏中的选项如图 5.70 所示。

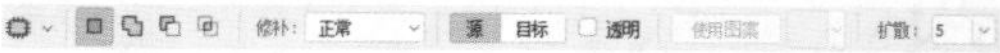

图5.70 “修补工具”选项栏

“修补工具”选项栏各选项含义的说明如下。

- **选区操作**：该区域的按钮主要用来进行选区的相加、相减和相交的操作，用法与选区用法相同。

提示

有关选区操作的内容，请参考第 6 章选区的选择艺术的讲解内容。

- **“修补”**：设置修补时选区所表示的内容。选择“源”单选按钮，表示将选区定义为想要修复的区域；选择“目标”单选按钮，则表示将选区定义为取样区域。
- **“透明”**：不勾选该复选框，在进行修复时，图像不带有透明性质；勾选该复选框后，修复时图像带有透明性质。例如，使用图案填充时，如果勾选"透明"复选框，在填充时图案将有一定的透明度，可以显示出背景图，否则不能显示出背景图。

- "使用图案"：该项只有在使用"修补工具" ⚙ 选择图像后才可以使用，单击该按钮，可以从"图案"拾色器中选择图案对选区进行填充，以图案的形式进行修补。
- "扩散"：调整扩散程度，值越大，扩散程度越强。

5.3.4 内容感知移动工具

使用"内容识别移动工具" ✖ 选中对象并移动或扩展到图像的其他区域，然后内容识别移动功能会重组和混合对象，产生出色的视觉效果。扩展模式可对头发、树或建筑等对象进行扩展或收缩。移动模式可将对象置于完全不同的位置中，当对象与背景相似时，效果最佳。"内容识别移动工具" ✖ 选项栏如图 5.71 所示。

✖ ⌄ ▢ ⬚ ⬚ ⬚ 模式：移动 ⌄ 结构：4 ⌄ 颜色：0 ⌄ □ 对所有图层取样 ☑ 投影时变换

图5.71 "内容识别移动工具"选项栏

- 选区操作：区域的按钮主要用来进行选区的相加、相减和相交的操作，用法与选区用法相同。

> 提示
>
> 有关选区操作的内容，请参考第6章选区的选择艺术的讲解内容。

- "模式"：该指定选择图像的移动方式，包括"移动"和"扩展"两个选项。选择"移动"选项可以将图像移动到其他位置；如果选择

"扩展"选项，则可以达到复制图像的目的。
- "结构"：用来调整结构的保留严格程度。
- "颜色"：用来调整可修改源色彩的程度。
- "对所有图层取样"：如果要处理的文档中包含多个图层，选中该复选框，可以对所有图层进行取样修复。
- "投影时变换"：勾选该复选框，允许旋转和缩放选区。

5.3.5 红眼工具 重点

由于光线与一些摄像角度的问题，在照片中出现红眼现象是很普遍的，虽然不少数码相机都有防红眼的功能，但还是不能从根本上解决问题。在 Photoshop 中，可以使用"红眼工具" ⊕，非常轻松地去除红眼效果。

选择"红眼工具" ⊕ 后，工具选项栏中的选项如图 5.72 所示。

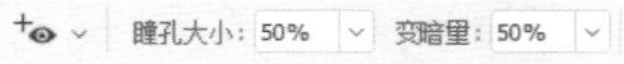

⊕ ⌄ 瞳孔大小：50% ⌄ 变暗量：50% ⌄

图5.72 "红眼工具"选项栏

"红眼工具"选项栏各选项的含义说明如下。

- "瞳孔大小"：设置目标瞳孔的大小。从右侧的文本框中，可以直接输入数值，也可以拖动滑块来改变大小，取值范围为1%~100%。
- "变暗量"：设置去除红眼后的颜色变暗程度。从右侧的文本框中，可以直接输入数值，也可以拖动滑块来改变大小，取值范围为1%~100%。值越大，颜色变得越深、越暗。

5.4 复制图像

复制图像主要使用图章工具，可以选择图像的不同部分，并将它们复制到同一个文件或其他文件中。这与复制和粘贴功能不同，在复制过程中，Photoshop 对原区域进行取样读取，并将其复制到目标区域中。在文档窗口的目标区域里拖动鼠标指针时，取样文档区域的内容就会逐渐显示出来，这个过程能将旧像素图像和新像素图像混合得天衣无缝。

图章工具包括"仿制图章工具"和"图案图章工具"两个工具，在默认状态下显示的为"仿制图章工具"，将指针放置在该工具按钮上，按住鼠标稍等片刻或是单击鼠标右键，将显示图章工具组，如图5.73所示。下面来讲解这两个工具的使用。

图5.73　图章工具组

5.4.1　仿制图章工具 重点

"仿制图章工具"在用法上有些类似于"修复画笔工具"，利用Alt键进行取样，然后在其他位置拖动鼠标指针，即可从取样点开始将图像复制到新的位置。其选项栏中的选项前面已经讲解过，这里不再赘述。

5.4.2　图案图章工具

应用"图案图章工具"可以使用图案进行描绘，使用该工具前可以先定义需要的图案，并将该图案复制到当前的图像中。图案图章工具可以用来创建特殊效果，还可进行背景网纹及织物或壁纸等设计。

选择"图案图章工具"后，工具选项栏中的选项如图5.74所示。

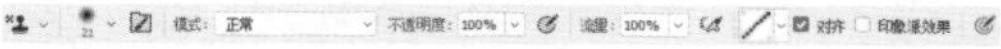

图5.74　"图案图章工具"选项栏

"图案图章工具"选项栏中各选项的含义说明如下。

- "画笔"：设置图案图章工具的笔触，如直径、硬度、笔触等，与"画笔"工具的应用相同。

> **提示**
> "画笔"选项与绘画工具选项相同，详情请参考本章5.1.1节绘画工具选项的讲解内容。

- "模式"：设置图章工具绘制时的像素与原来像素之间的混合模式。

- "不透明度"：单击"不透明度"选项右侧的三角形按钮，将打开一个调节不透明度的滑条，可以通过拖动上面的滑块来修改笔触不透明度，也可以直接在文本框中输入数值来修改不透明度。当值为100%时，绘制的图案完全不透明，将覆盖下面的图像；当值小于100%时，将根据不同的值透出背景中的图像，值越小，透明度越大；当值为0时，将完全显示背景图像。

- "流量"：表示笔触颜色的流出量，流出量越大，颜色越深，可以说是用流量来控制画笔颜色的深浅。在画笔选项栏中，单击"流量"选项右侧的三角形按钮，将打开一个调节流量的滑条，可以通过拖动上面的滑块来修改笔触流量，也可以直接在文本框中输入数值来修改笔触流量。值为100%时，绘制的颜色最深最浓；当值小于100%时，绘制的颜色将变浅，值越小，颜色越淡。

- "喷枪"：单击该按钮，可以启用喷枪功能。当按住鼠标不动时，可以扩展图案填充效果。

- "图案"：单击右侧"点按可打开'图案'拾色器"区域，将打开"图案"拾色器，可以从中选择需要的图案。

- "对齐"：勾选该复选框，每次单击或拖动指针绘制图案时，都将与第一次单击的点进行对齐操作；如果不勾选该复选框，则每次单击或拖动的起点都将是取样时单击的位置。

- "印象派效果"：勾选该复选框，可以对图案应用印象派艺术效果，使图案变得扭曲、模糊。勾选"印象派效果"复选框前后绘图效果对比如图5.75所示。

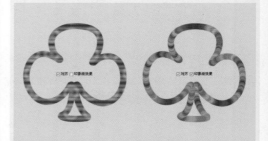

图5.75　勾选"印象派效果"复选框前后绘图效果对比

5.5 图像的局部修饰

"模糊工具" 🖌可以柔化图像中的局部区域，使其显示模糊。而与之相反的是"锐化工具" △，可以锐化图像中的局部区域，使其更加清晰。这两个工具主要通过调整相邻像素之间的对比度来达到图像的模糊或锐化，前者会降低相邻像素之间的对比度，后者则是增加相邻像素之间的对比度。

"模糊工具" 🖌通常用于提高数字化图像的质量。有时扫描仪会过分地加深边界，使图像显得比较刺眼，这时可以使用模糊工具调整得柔和些。"模糊工具" 🖌还可以柔化粘贴到某个文档中的图像参差不齐的边界，使之更加平滑地融入背景。

"涂抹工具" 🖌以单击鼠标时的指针位置的颜色为原始颜色，并根据画笔的大小，拖动涂抹，类似于用手指在没有干的图画上进行涂抹的效果。

"模糊工具" 🖌、"锐化工具" △和"涂抹工具" 🖌处于一个工具组中，在默认状态下显示的为"模糊工具" 🖌，将指针放置在该工具按钮上，按住鼠标稍等片刻或者单击鼠标右键，将显示该工具组，如图 5.76 所示。

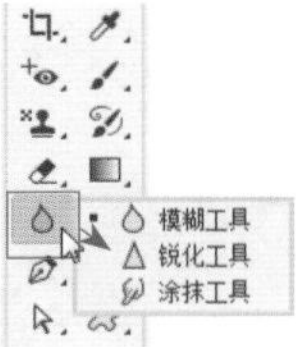

图5.76　工具组效果

5.5.1 模糊工具

使用"模糊工具" 🖌可柔化图像中因过度锐化而产生的生硬边界，也可以用于柔化图像的高亮区或阴影区。选择"模糊工具"后，选项栏如图 5.77 所示。

图5.77　"模糊工具"选项栏

"模糊工具"选项栏中各选项的含义说明如下。

- "画笔"：设置模糊工具的笔触，如直径、硬度、笔触形状等，与"画笔工具"的应用相同。

提示

"画笔"选项与绘画工具选项相同，详情请参考本章 5.1.1 节绘画工具选项的讲解内容。

- "切换"画笔设置"面板" 🖌：单击此按钮，即可打开"画笔设置"面板。
- "模式"：在使用模糊工具时，设置指定模式与原来像素之间的混合效果。
- "强度"：可以设置模糊的强度。数值越大，使用"模糊工具"进行拖动时图像的模糊程度越大。
- "对所有图层取样"：勾选该复选框，将对所有图层进行取样操作；如果不勾选该复选框，将只对当前图层取样。
- "绘图板压力控制大小" 🖌：单击该按钮可以模拟绘图板压力控制大小。

使用"模糊工具" 🖌在图像中拖动，对图像进行模糊处理，反复在图像上某处拖动，可以加深模糊的程度。模糊图像前后效果对比如图 5.78 所示。

图5.78　模糊图像的前后效果对比

5.5.2 锐化工具

开始锐化图像前，可以在选项栏中设置锐化工具的笔触尺寸，并设置"强度"值和"模式"等参数，它与"模糊工具"的选项栏相同，这里不再细讲。"锐化工具"可以加强图像的颜色，提高清晰度，以增加对比度的形式来增加图像的锐化程度。

选择"锐化工具" △ 后，在图像中拖动指针进行锐化，锐化图像的前后效果如图 5.79 所示。

图5.79　锐化图像的前后效果

5.5.3　涂抹工具

"涂抹工具" 🖐 就像使用手指搅拌颜料桶一样，可以将颜色混合。使用涂抹工具时，由单击处的颜色开始，并将其与鼠标指针拖动过的颜色进行混合。除了混合颜色外，涂抹工具还可以用于在图像中实现水彩般的图像效果。如果图像颜色与颜色之间的边界生硬，或颜色与颜色之间过渡得不好，可以使用涂抹工具，将过渡颜色柔和化。

选择"涂抹工具" 🖐 后，工具选项栏如图 5.80 所示。

图5.80　"涂抹工具"选项栏

"涂抹工具"选项栏中各选项的含义说明如下。

- "画笔"：设置涂抹工具的笔触，如直径、硬度、笔触形状等，与"画笔工具"的应用相同。

- "模式"：在使用涂抹工具时，设置指定模式与原来像素之间的混合效果。
- "强度"：可以设置涂抹的强度。数值越大，涂抹延续得就越长，如果值为100%，则可以直接连续不断地绘制下去。
- "对所有图层取样"：勾选该复选框，将对所有图层进行取样操作；如果不勾选该复选框，将只对当前图层取样。
- "手指绘画"：勾选"手指绘画"复选框，则产生一种类似于用手指蘸着颜料在图像中进行涂抹的效果，它与当前工具箱中前景色有关；如果不勾选此复选框，只是使用起点处的颜色进行涂抹。

图 5.81 所示为勾选"手指绘画"复选框前后的不同涂抹效果对比。

图5.81　不同涂抹效果对比

5.6 图像的局部调色

"减淡工具" 🔍 和"加深工具" ✊ 模拟了传统的暗室技术。摄像师可以使用"减淡工具"和"加深工具"改进其摄影作品，在底片中增加或减少光线，从而增强图像的清晰度。在摄影技术中，加光通常用来加亮阴影区（图像中最暗的部分），遮光通常用来使高亮区（图像中最亮的部分）变暗，这两种技术都增加了照片的细节部分。"海绵工具" 🧽 可以给图像加色或去色，以增加或降低图像的饱和度。

"减淡工具" 、"加深工具" 和"海绵工具" 处于一个工具组中，在默认状态下显示的为"减淡工具" ，将指针放置在该工具按钮上，按住鼠标稍等片刻或是单击鼠标右键，将显示该工具组，如图 5.82 所示。

图5.82 工具组效果

5.6.1 减淡工具 (重点)

"减淡工具" 有时也叫加亮工具，使用"减淡工具"可以改善图像的曝光效果，对图像的阴影、中间色或高光部分进行提亮和加光处理，使之达到强调突出的目的。

选择"减淡工具" 后，其选项栏中的选项如图 5.83 所示。

图5.83 "减淡工具"选项栏

"减淡工具"选项栏各选项的含义说明如下。

- "画笔"：设置减淡工具的笔触，如直径、硬度、笔触形状等，与"画笔工具"的应用相同。

- "切换'画笔设置'面板" ：单击此按钮，即可打开"画笔设置"面板。
- "范围"：设置"减淡工具"的应用范围。包

括"阴影""中间调"和"高光"3个选项。选择"阴影"选项，"减淡工具"只作用在图像的暗色部分；选择"中间调"选项，"减淡工具"只作用在图像中暗色与亮色之间的颜色部分；选择"高光"选项，"减淡工具"只作用在图像中高亮的部分。不同的范围设置效果对比如图5.84所示。

图5.84 不同的范围设置效果对比

- "曝光度"：设置"减淡工具"的曝光强度。值越大，拖动时减淡的程度就越大，图像就越亮。
- "喷枪" ：单击该按钮，可以在进行拖动时模拟传统的喷枪手法，即按住鼠标不动，可以扩展淡化区域。
- "保护色调"：勾选该复选框，可以保护与前景色相似的色调不受"减淡工具"的影响，即在使用"减淡工具"时，与前景色相似的色调颜色将不会淡化。
- "绘图板压力控制大小" ：单击该按钮可以模拟绘图板压力控制大小。

使用"减淡工具" 在图像中进行拖动，可以减淡图像色彩，提高图像亮度，多次拖动可以加倍减淡图像色彩，提高图像亮度。

5.6.2 加深工具 (重点)

"加深工具" 与"减淡工具" 在应用效果上正好相反，它可以使图像变暗来加深图像的颜色，对图像的阴影、中间色和高光部分

进行变暗处理，多用于对图像中阴影和曝光过度的图像进行加深处理。"加深工具" 🖐 的选项栏与"减淡工具" 🖊 选项栏相同，这里不再赘述。

使用"加深工具" 🖐 对图像中的文字进行不同加深处理的前后效果对比如图 5.85 所示。

原图

加深阴影

加深中间调

加深高光

图5.85　不同加深处理的前后效果对比

5.6.3 海绵工具

"海绵工具" 🧽 可以用来增加或减少图像颜色的饱和度。当增加颜色的饱和度时，其灰度就会减少，但对黑白图像处理的效果不明显。当 RGB 模式的图像显示在 CMYK 模式下有超出范围的颜色时，"海绵工具" 🧽 的去色选项将十分有用。使用"海绵工具" 🧽 在这些超出范围的颜色上进行拖动，可以逐渐减小其浓度，从而使其变为 CMYK 光谱中可打印的颜色。

选择"海绵工具" 🧽 后，其选项栏中的选项如图 5.86 所示。

图5.86　"海绵工具"选项栏

"海绵工具"选项栏各选项的含义说明如下。

- **"画笔"**：设置海绵工具的笔触，如直径、硬度、笔触形状等，与"画笔工具"的应用相同。

提示

"画笔"选项与绘画工具选项相同，详情请参考本章 5.1.1 节绘画工具选项的讲解内容。

- **"模式"**：设置海绵工具的应用方式。包括"去色"和"加色"两个选项。选择"加色"选项，可以增加图像的饱和度，有些类似于"加深工具"，但它只是加深了整个图像的饱和度；选择"去色"选项，可以降低图像颜色的饱和度，将图像的颜色彩色度降低，重复使用可以将彩图处理为黑白图像。
- **"流量"**：设置海绵工具应用的强度。值越大，"海绵工具"增强或降低饱和度的程度就越强。
- **"喷枪"**：单击该按钮，可以使"海绵工具"在拖动时模拟传统的喷枪手法，即按住鼠标不动，可以扩展处理区域。
- **"自然饱和度"**：勾选该复选框，可以最小化修剪来获得完全饱和色或不饱和色。

使用"海绵工具" 🧽 进行拖动，图 5.87 所示为原图、去色和加色后的不同修改效果对比。

图5.87　不同修改效果对比

5.7 知识拓展

本章主要在绘画及修饰功能上进行了详细的讲解，Photoshop 拥有强大的绘画及修饰照片的功能，本章对其都进行了阐述，重点掌握画笔工具参数设置及不同照片修复工具的使用方法和技巧。

5.8 拓展训练

本章通过 3 个拓展训练，对 Photoshop 的修饰功能进行实战讲解，这些工具在使用上其实很简单，但功能却非常强大，掌握这些工具的使用技巧，可以令作品更加完美无瑕。

训练5-1 利用"污点修复画笔工具"修复商品上的瑕疵

◆实例分析

本例主要讲解使用"污点修复画笔工具" 修复商品上瑕疵的方法。处理前后效果对比如图 5.88 所示。

难　度：	★ ★
素材文件：第 5 章 \ 绿植 .jpg	
案例文件：第 5 章 \ 修复商品上的瑕疵 .jpg	
视频文件：第 5 章 \ 训练 5-1 利用"污点修复画笔工具"修复商品上的瑕疵 .avi	

图5.88　照片处理前后效果对比

◆本例知识点

"污点修复画笔工具"

训练5-2 利用"修补工具"修补残缺的商品照片

◆实例分析

本例主要讲解使用"修补工具" 修补残缺商品照片的方法。处理前后效果对比如图5.89所示。

难　度：	★ ★
素材文件：第 5 章 \ 摆件 .jpg	
案例文件：第 5 章 \ 修补残缺的商品照片 .jpg	
视频文件：第 5 章 \ 训练 5-2 利用"修补工具"修补残缺的商品照片 .avi	

图5.89　照片处理前后效果对比

◆本例知识点

"污点修复画笔工具"

训练5-3 利用"红眼工具"去除人物红眼

◆实例分析

本例主要讲解利用"红眼工具" 快速去除人物红眼的操作方法。照片处理前后效果对比如图 5.90 所示。

难　度：	★
素材文件：第 5 章 \ 红眼照片 .jpg	
案例文件：第 5 章 \ 去除人物红眼 .jpg	
视频文件：第 5 章 \ 训练 5-3 利用"红眼工具"去除人物红眼 .avi	

图5.90　照片处理前后效果对比

◆本例知识点

"红眼工具"

第 **6** 章

选区的选择艺术

在图形的设计中，经常需要确定一个工作区域，以便处理图形中的不同位置，这个区域就是选框或套索工具所确定的选区。本章对 Photoshop 中选框和套索工具的各种变化操作及选取范围的高级操作技巧作了较为详尽的讲解，如选区的羽化设置、保存和载入选区等。

教学目标

学习选框、套索和魔棒工具的使用方法
学习运用色彩范围选取图像的方法
掌握选区的添加、减去和交叉等操作技能
掌握选区的羽化及调整方法

扫码观看本章
案例教学视频

选区主要用于选择图像中的一个或多个区域。通过选择指定区域，可以编辑指定区域或对指定区域应用滤镜效果，同时保护未选定区域不会被改动。

Photoshop 提供了单独的工具组，用于建立像素选区和矢量数据选区。例如，若要选择像素，可以使用选框工具或套索工具，可以执行"选择"菜单中的命令来进行选择全部像素、取消选择或重新选择等操作；要选择矢量数据，可以使用钢笔工具或形状工具，这些工具将生成名为"路径"的精确轮廓，当然也可以将路径转换为选区或将选区转换为路径。

6.1.1 选区选项栏

使用任意一个选区工具，在选项栏中将显示该工具的属性。选框工具组中，相关选框工具的选项栏内容是一样的，主要有"羽化""消除锯齿""样式"等选项，下面以"矩形选框工具" [] 的选项栏为例，来讲解各选项的含义及用法，如图 6.1 所示。

图6.1 "矩形选框工具"选项栏

"矩形选框工具"选项栏各选项的含义及用法介绍如下。

- **"新选区"** ▣：单击该按钮，将激活新选区属性，使用选区工具在图形中创建选区时，新创建的选区将替代原有的选区。
- **"添加到选区"** ▣：单击该按钮，将激活添加到选区属性，使用选框工具在画布中创建选区时，如果当前画布中存在选区，鼠标指针将变成双十字形状，表示添加到选区。此时绘制新选区将与原来的选区合并成为新的选区，操作步骤及效果如图6.2所示。

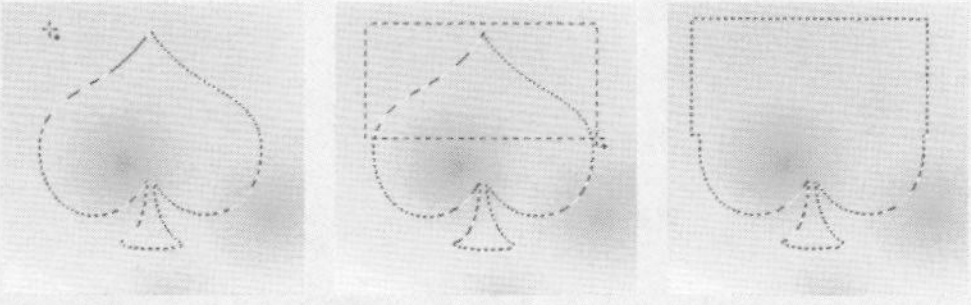

图6.2 添加到选区操作步骤及效果

- **"从选区减去"** ▣：单击该按钮，将激活从选

区减去属性，使用选框工具在图形中创建选区时，如果当前画布中存在选区，鼠标指针将变成一加号一减号状，如果新创建的选区与原来的选区有相交部分，将从原选区中减去相交的部分，余下的选择区域作为新的选区，操作步骤及效果如图6.3所示。

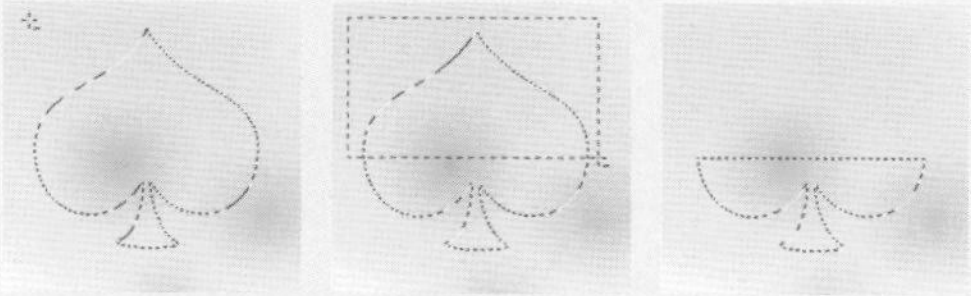

图6.3 从选区中减去操作步骤及效果

- **"与选区交叉"** ▣：单击该按钮，将激活与选区交叉属性，使用选框工具在图形中创建选区时，如果当前画布中存在选区，鼠标指针将变成一加号一叉号状，如果新创建的选区与原来的选区有相交部分，会将相交的部分作为新的选区，操作步骤及效果如图6.4所示。

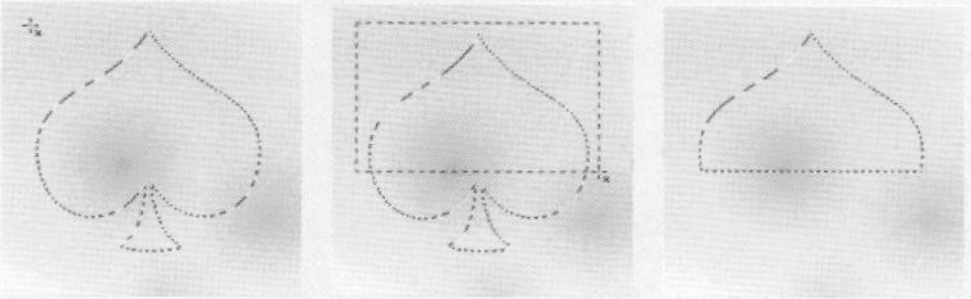

图6.4 与选区交叉操作步骤及效果

提示

在进行选区交叉操作时，当两个选区没有出现交叉就释放了鼠标，将会出现一个警告对话框，警告未选择任何像素，这时的工作区域将不保留任何选区。

- **"羽化"**：在"羽化"文本框中输入数值，可以设置选区的羽化程度。被羽化的选区在填充颜色或图案后，选区内外的颜色柔和过渡，数值越大，柔和效果越明显。

"消除锯齿"： 图像是由像素点构成，而像素点是方形的，所以在编辑和修改圆形或弧形图形时，其边缘会出现锯齿效果。勾选该复选框，可以消除选区锯齿，平滑选区边缘。

"样式"： 在"样式"下拉列表中可以选择创建选区时选区样式。包括"正常""固定比例"和"固定大小"3个选项。"正常"为默认选项，可以在操作文件中随意创建任意大小的选区；选择"固定比例"选项后，"宽度"及"高度"文本框被激活，在其中输入选区"高度"和"宽度"的比例，可以得到宽度和高度成比例的不同大小的选区；选择"固定大小"选项后，"宽度"及"高度"文本框被激活，在其中输入选区"高度"和"宽度"的像素值，可以得到宽度和高度都相同的选区。

提示

以上这些在"样式"项中包含的样式，只适用于矩形和椭圆形选框工具，单行、单列选框工具没有此功能。

6.1.2 选框工具 [重点]

选框工具主要包括"矩形选框工具"[□]、"椭圆选框工具"[○]、"单行选框工具"[═]和"单列选框工具"[▮]。

对于"矩形选框工具"[□]和"椭圆选框工具"[○]而言，直接将鼠标指针移动到当前图形中，在合适的位置按下鼠标，在不释放鼠标的情况下拖动鼠标指针到合适的位置后，释放鼠标即可创建一个矩形或椭圆选区。创建的矩形和椭圆选区效果如图6.5所示。

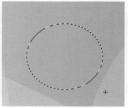

图6.5 矩形和椭圆选区

技巧

在绘制选区时，按住Shift键可以绘制正方形或圆形选区；按住Alt键以鼠标单击点为中心，绘制矩形或椭圆选区；按住Alt + Shift组合键以鼠标单击点为中心绘制正方形或圆形选区。

对于"单行选框工具"[═]和"单列选框工具"[▮]工具，选择该工具后，将鼠标指针放在画布中，直接单击鼠标，即可创建宽度为1个像素的行或列选区。如果看不见选区，可能是由于画布视图太小，将图像放大倍数即可。单行和单列选区效果如图6.6所示。

图6.6 单行和单列选区效果

技巧

在绘制矩形、椭圆、单行或单列选框时，如果想调整位置，可以在不释放鼠标的情况下，按住空格键并拖动鼠标来完成；如果想继续绘制，可以松开空格键并拖动鼠标。

◆**技术看板　选择、取消选择和重新选择像素**

执行菜单栏中的"选择"|"全部"命令，可以选择整个图层上的全部图像像素；如果要取消选择，可以执行菜单栏中的"选择"|"取消选择"命令；如果想重新选择最近建立的选区，可以执行菜单栏中的"选择"|"重新选择"命令；如果将选择的范围反选，可以执行菜单栏中的"选择"|"反选"命令。

技巧

按Ctrl + A组合键可以快速执行"全部"命令；按Ctrl + D组合键可以快速执行"取消选择"命令；按Shift + Ctrl + D组合键可以快速执行"重新选择"命令；按Shift + Ctrl + I组合键可以快速执行"反选"命令。

6.1.3 套索工具

"套索工具" 🔗也叫自由套索工具，之所以叫自由套索工具，是因为这个工具在使用上非常的自由，可以比较随意地创建任意形状的选区。具体的使用方法如下。

01 在工具箱中单击选择"套索工具" 🔗。

02 将鼠标指针移至图像窗口，按住鼠标左键并拖动鼠标，绘制自由选区或选取需要的范围。

03 当鼠标拖回到起点位置时，释放鼠标左键，即可绘制选区或将图像选中，绘制选区的过程如图6.7所示。

图6.7 利用套索工具绘制选区过程

6.1.4 多边形套索工具 重点

如果要将不规则的直边图像从复杂背景中抠出来或绘制直边选区，使用"套索工具" 🔗可能无法得到比较理想的选区，这时"多边形套索工具" 🔗就是最佳的选择工具了，如三角形、五角星等。虽然"多边形套索工具"和"套索工具"选项栏中的参数完全相同，但其使用方法却有很大的区别。操作步骤如下。

01 在工具箱中选择"多边形套索工具" 🔗。

02 将指针移动到文档操作窗口中，指针在靠近五角星的顶点位置时，单击鼠标以确定起点，移动鼠标指针到下一个顶点位置，再次单击鼠标。

03 以相同的方法操作，直到选中所有的范围并回到起点，当"多边形套索工具" 🔗指针的右下角出现一个小圆圈🔗时单击，即可封闭并选中该区域，选择图像的操作效果如图6.8所示。

图6.8 利用"多边形套索工具"选择图像

练习6-1 磁性套索工具 难点

难　　度：	★★
素材文件：	无
案例文件：	无
视频文件：	第6章\练习6-1 磁性套索工具.avi

"磁性套索工具" 🔗选项栏中的参数极为丰富，如图6.9所示，合理设置这些参数可以更加精确地确定选区。

图6.9 "磁性套索工具"选项栏

选项栏中部分选项本章前面内容已经讲解过了，可以参考本章前面相关内容的介绍，其他选项设置所代表的具体含义如下。

- **“宽度”**：确定“磁性套索工具”自动查寻颜色边缘的宽度范围。该文本框中的数值越大，所要查寻的颜色就越相似。

技巧

按右方括号键]可将磁性套索边缘宽度增大1像素；按左方括号键[可将宽度减小1像素。

- **“对比度”**：在该文本框中输入百分数，用于确定边缘的对比度。该文本框中的数值越大，“磁性套索工具”对颜色对比度的敏感程度就越低。
- **“频率”**：确定“磁性套索工具”在自动创建选区时插入节点的数量。该文本框中的数值越大，所插入的节点就越多，而最终得到的选择区域也就越精确。
- **“使用绘图板压力以更改钢笔宽度”**：在使用光笔绘图板时使用，单击该按钮可以增加光笔压力，使边缘宽度减小。

6.1.5 快速选择工具

在工具箱中单击选择“快速选择工具”，其选项栏如图 6.10 所示。掌握各选项的设置可以更好地控制快速选择工具的选择功能。

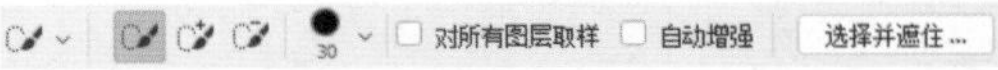

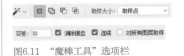

图6.10 “快速选择工具”选项栏

工具选项栏中有些选项设置可以参考本章前面相关内容的介绍，其他选项设置所代表的具体含义如下。

- **“新选区”**：该按钮为默认选项，用来创建新选区。当使用“快速选择工具”创建选区后，此项将自动切换到“添加到选区”。
- **“添加到选区”**：该项可以在原有选区的基础上，通过单击或拖动来添加更多的选区。
- **“从选区减去”**：该项可以在原有选区的基础上，通过单击或拖动减去当前绘制的选区。
- **“对所有图层取样”**：勾选该复选框，可以基于所有图层创建选区，而不是仅基于当前选定的图层。
- **“自动增强”**：勾选该复选框，可以减少选区边界的粗糙度和块效应。

6.1.6 魔棒工具 难点

在工具箱中选择“魔棒工具”，工具选项栏如图 6.11 所示，掌握各选项的设置可以更好地控制魔棒工具的选择功能。

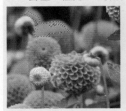

图6.11 “魔棒工具”选项栏

工具选项栏左侧的选项设置可以参考本章前面相关内容的介绍，其他选项设置所代表的具体含义如下。

- **“容差”**：“容差”文本框中的数值大小可以确定魔棒工具选取颜色的容差范围。该数值越大，则所选取的相邻颜色就越多。图6.12所示为“容差”值为30时的效果；图6.13所示为“容差”值为80时的效果。

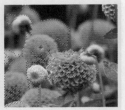

图6.12 “容差”值为30

图6.13 “容差”值为80

- **“消除锯齿”**：勾选该复选框，可以创建较平滑选区边缘。
- **“连续”**：勾选“连续”复选项，则只选取与单击处相邻的、容差范围内的颜色区域；不勾选“连续”复选项，整个图像或图层中容差范围内的颜色区域均会被选中。勾选与不勾选“连续”复选框的不同效果如图6.14所示。

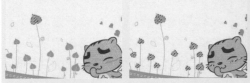

勾选“连续”复选框　　不勾选“连续”复选框

图6.14 勾选与不勾选“连续”的不同效果

- **"对所有图层取样"**：勾选该复选项，将在所有可见图层中选取容差范围内的颜色区域；否则，魔棒工具只选取当前图层中容差范围内的颜色区域。

6.1.7 "色彩范围"命令

使用"色彩范围"命令也可以创建选区，其选取原理也是以颜色为依据，有些类似于魔棒工具，但是其功能比魔棒工具更加强大。

打开一个图片，如图6.15所示，执行菜单栏中的"选择"|"色彩范围"命令，打开"色彩范围"对话框，在该对话框中部的矩形预览区可显示选择范围或图像，如图6.16所示。

图6.15 打开图片

图6.16 "色彩范围"对话框

该对话框中主要有"选择""本地化颜色簇""颜色容差""范围""吸管"和"反相"等选项设置，它们的作用及使用方法如下。

1. 选择

在"选择"命令下拉列表中包含有"取样

颜色""红色""黄色""绿色""青色""蓝色""洋红""高光""中间调""阴影""肤色"和"溢色"等命令，如图6.17所示。

图6.17 "选择"中的选项

对这些命令的选择可以实现图形中相应内容的选择，例如，若要选择图形中的高光区，可以选择"选择"命令下拉列表中的"高光"选项，单击"确定"按钮后，图形中的高光部分就会被选中。

"选择"中的各选项使用方法说明如下。

- **"取样颜色"**：可以使用吸管进行颜色取样，在图像中进行单击即可选择颜色；也可以在"色彩范围"预视窗口中单击选取当前的色彩范围。取样颜色可以配合"颜色容差"进行设置，颜色容差中的数值越大，则选取的色彩范围也就越大。
- **"红色""黄色""绿色"……**：指定图像中的红色、黄色、绿色等成分的色彩范围。选择该选项后，"颜色容差"就会失去作用。
- **"高光"**：选择图像中的高光区域。
- **"中间调"**：选择图像中的中间调区域。
- **"阴影"**：选择图像中的阴影区域。
- **"肤色"**：快速对人像进行选择，主要根据人物的肤色选择人像，功能非常强大。
- **"溢色"**：该项可以将一些无法印刷的颜色选出来。但该选项只用于RGB和Lab模式下。

2. 检测人脸

如果当前打开的素材为人像素材，并在"选择"下拉列表中选择了"肤色"命令，此选项才可以使用。选择该复选框，可以启用人脸检测，以进行更加准确的肤色选择。

3. 本地化颜色簇

如果正在图像中选择多个颜色范围，则勾选"本地化颜色簇"复选框来构建更加精确的选区。如果已勾选"本地化颜色簇"复选框，则使用"范围"滑块来控制要包含在蒙版中的颜色与取样点的最大和最小距离。例如，图像在前景和背景中都包含一束黄色的花，但只想选择前景中的花。对前景中的花进行颜色取样，并缩小范围，以避免选中背景中有相似颜色的花。

4. 颜色容差

颜色容差主要是设置选择颜色的差别范围，拖动下面的滑块，或直接在右侧的文本框中输入数值，可以对选择的范围设置大小，值越大，选择的颜色范围越大。颜色容差值分别为 40 和 120 的不同选择效果如图 6.18 所示。

图6.18　不同选择效果

5. 预览区

预览区用来显示当前选取的图像范围和对图像进行选取的操作。默认情况下，白色区域是选定的像素，黑色区域是未选定的像素，而灰色区域则是部分选定的像素，这部分在图像处理时会产生半透明状态。预览框的下方有两个单选按钮可以选择不同的预览方式。不同预览效果如图 6.19 所示。

- **"选择范围"**：选择该项，预览区以灰度的形式显示图像，并将选中的图像以白色显示。
- **"图像"**：选择该项，预览区中显示全部图像，没有选择区域的显示，所以一般不常用。

图6.19　不同预览效果

6. 选区预览

在"选区预览"下拉列表中包含有"无""灰度""黑色杂边""白色杂边""快速蒙版"5个选项，如图 6.20 所示。通过选择不同的选项，可以在文档操作窗口中查看原图像的显示方式。

图6.20　"选区预览"下拉列表

"选区预览"下拉列表中各选项的含义说明如下。

- **"无"**：选择该项，文档操作窗口中的原图像不显示选区预览效果。
- **"灰度"**：选择该项，将以灰度的形式在文档操作窗口中显示原图像的选区效果。
- **"黑色杂边"**：选择该项，在文档操作窗口中，以黑色来显示原图像中未被选取的图像区域。
- **"白色杂边"**：选择该项，在文档操作窗口中，以白色来显示原图像中未被选取的图像区域。
- **"快速蒙版"**：选择该项，在文档操作窗口中，以快速蒙版的形式显示原图像中未被选取的图像区域。

7. 吸管工具

"吸管工具"包括 3 个吸管，如图 6.21 所示，主要用来设置选取的颜色。使用第 1 个"吸管工具" 在图像中进行单击，即可选择相对应的颜色范围；选择带有"＋"号的吸管"添加到取样" ，在图像中进行单击可以增加选取范围；选择带有"－"号的吸管"从取样中减去" ，在图像中进行单击可以减少选取范围。

图6.21　吸管工具

8. 反相

"反相"复选框的作用是可以在选取范围和非选取范围之间切换。功能类似于菜单栏中的"选择"|"反选"命令。

> **提示**
>
> 对于创建好的选区，单击"色彩范围"对话框中的"存储"按钮，可以将其存储起来；单击"载入"按钮，可以将存储的选区载入使用。

6.2 调整选区

有时对所创建的复杂选区不太满意，但只要通过简单的调整即可满足要求，此时就可以使用 Photoshop 提供的修改选区的多种方法。

6.2.1 移动选区

选区的移动非常简单，重点是要选择正确的移动工具，它和图像不一样，不能使用"移动工具" 来移动选区。

选择工具箱中的任何一个选框或套索工具，在工具选项栏中单击"新选区"按钮□，将指针置于选区中，此时指针变为▷，按住鼠标左键向需要的位置拖动，即可移动选区，选区的移动操作效果如图 6.22 所示。

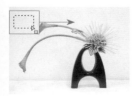

图6.22　选区的移动操作效果

> **提示**
>
> 要将方向限制为 45° 的倍数，先开始移动，然后再按住 Shift 键继续移动即可，注意不能先按住 Shift 键再移动；使用键盘上的方向键可以以 1 个

> 像素的增量移动选区；按住 Shift 键并使用键盘上的方向键，可以以 10 个像素的增量移动选区。

6.2.2 在选区边界选区

有时需要将选区变为选区边界，此时可以在现有选区的情况下，执行菜单栏中的"选择"|"修改"|"边界"命令，并在弹出的"边界选区"对话框中输入数值，如 10 像素，即可将当前选区改变为边界选区。创建边界选区的操作效果前后对比如图 6.23 所示。

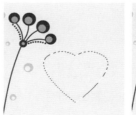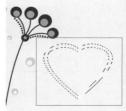

图6.23　边界选区操作效果前后对比

6.2.3 清除杂散或尖突选区

当使用选框工具或其他选区命令选取时，容易得到比较细碎或尖突的选区，该选区存在严重的锯齿状态。执行菜单栏中的"选择"|"修改"|"平滑"命令，在打开"平滑选区"对话框中，设置"取样半径"的值，如10像素，即可使选区的边界平滑。平滑选区边界的操作效果对比如图6.24所示。

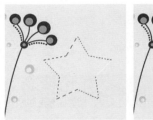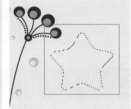

图6.24 平滑选区边界的操作效果对比

6.2.4 按特定数量扩展选区

当需要将选区的范围进行扩大操作时，可以执行菜单栏中的"选择"|"修改"|"扩展"命令，打开"扩展选区"对话框，设置选区的"扩展量"的值，如设置为10像素，然后单击"确定"按钮，即可将选区的范围向外扩展10像素。扩展选区的操作效果对比如图6.25所示。

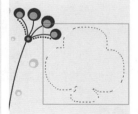

图6.25 扩展选区的操作效果对比

6.2.5 按特定数量收缩选区

选区的收缩与选区的扩展正好相反，选区的收缩是将选区的范围进行缩小处理。确认当前有一个要收缩的选区，然后执行菜单栏中的"选择"|"修改"|"收缩"命令，打开"收

缩选区"对话框，在"收缩量"文本框中，输入要收缩的量，如输入10像素，即可使选区向内收缩相应数值的像素。收缩选区的操作效果对比如图6.26所示。

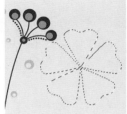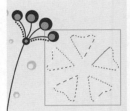

图6.26 收缩选区的操作效果对比

6.2.6 扩大选取和选取近似

执行菜单栏中的"选择"|"修改"|"扩大选取"或"选取相似"命令有助于其他选区工具的选区设置，一般常与"魔棒工具"配合使用。

执行菜单栏中的"选择"|"扩大选取"命令，可以使得选区在图像中进行相邻的扩展，类似于容差设置增大的"魔棒工具"的使用。

执行菜单栏中的"选择"|"选取相似"命令，可以使得选区在整个图像中进行不连续的扩展，但是选区中的颜色范围基本相近，类似于在使用"魔棒工具"时，在工具选项栏中取消勾选"连续"复选框的应用。

利用选择工具在图像上创建选区，如果执行菜单栏中的"选择"|"扩大选取"命令，得到选区扩大选择范围的效果；而执行菜单栏中的"选择"|"选取相似"命令，得到相似颜色全部选中的效果。原图与扩大选取和选取相似的效果，如图6.27所示。

图6.27 原图与扩大选取和选取相似的效果

图6.27 原图与扩大选取和选取相似的效果（续）

> **提示**
>
> "扩大选取"和"选取相似"命令可以多次执行，以扩大更多的选区或选择更多的颜色范围。

6.2.7 选择并遮住

"选择并遮住"命令可以提高选区边缘的品质，并允许对照不同的背景查看选区，以便轻松编辑选区。

> **提示**
>
> 在前面讲解选框或套索等选区工具时，其选项栏中都有一个共同的"选择并遮住"按钮，用法与菜单栏中的"选择并遮住"命令一样。

使用任意一种选择工具创建选区，单击选项栏中的"选择并遮住"按钮，或执行菜单栏中的"选择"|"选择并遮住"命令，将切换到一个编辑界面，如图 6.28 所示。

> **技巧**
>
> 按 Alt + Ctrl + R 组合键，可以快速执行"选择并遮住"命令。

图6.28 编辑界面

在该编辑界面中，左侧默认是工具栏，右侧则为"属性"面板，首先认识工具栏，如图 6.29 所示。

图6.29 工具栏

工具栏各工具介绍如下。

- **"快速选择工具"**：与工具箱中的"快速选择工具"用法相同，可以快速选择图像，并通过选项栏设置笔触大小和添加减少选区。
- **"调整边缘画笔工具""画笔工具""套索工具"和"多边形套索工具"**：这些工具都是用来精确调整选区的，特别是边缘区域，可以增加或减少选区，需要注意的是，都是配合选项栏一起使用的。

> **提示**
>
> "缩放工具"和"抓手工具"与前面讲解工具箱中的相应工具用法相同，这里不再赘述。

"属性"面板各选项的含义说明如下。

- **"视图模式"**：从右侧下拉菜单中，选择一个模式以更改选区的显示方式。勾选"显示边缘"复选框，将显示调整区域；勾选"显示原稿"复选框，将显示原始选区；勾选"高品质预览"复选框，将以超高的品质显示预览效果。如果使用"画笔工具"则更新速度可能会变慢。

> **技巧**
>
> 关于每种模式的使用信息，可以将指针置在该模式上，稍等片刻将出现一个工具提示。

- **"透明度"**：设置选区以外的背景透明度，这个位置根据"视图"选择的不同会有变化。
- **"边缘检测"|"半径"**：半径决定选区边界周围的区域大小，将在此区域中进行边缘调整。增加半径可以在包含柔化过渡或细节的区域中创建更加精确的选区边界，如短的毛发中的边界，或模糊边界。对锐边使用较小的半径，对较柔和的边缘使用较大的半径。值越大，选区

边界的区域就越大。取值范围为0~250之间的数值。

- **"边缘检测"|"智能半径"**: 选择该选项,可以自动调整边界区域中发现的硬边缘和柔化边缘的半径。如果边框一律是硬边缘或柔化边缘,或者要控制半径设置并且更精确地调整画笔,则取消选择此选项。

"全局调整"|"平滑": 减少选区边界中的不规则区域,以创建更加平滑的轮廓。值越大,越平滑。取值范围为0~100之间的整数。

- **"全局调整"|"羽化"**: 可以在选区及其周围像素之间创建柔化边缘过渡。值越大,边缘的柔化过渡效果越明显。取值范围为0~100像素之间的数值。

- **"全局调整"|"对比度"**: 对比度可以锐化选区边缘并去除模糊的不自然感。增加对比度,

可以移去由于"半径"设置过高而导致在选区边缘附近产生的过多杂色。取值范围为0~100之间的整数。

- **"全局调整"|"移动边缘"**: 使用负值向内移动柔化边缘的边框,或使用正值向外移动这些边框。向内移动这些边框有助于从选区边缘移去不想要的背景颜色。单击"清除选区"按钮,可以将创建的选区清除;单击"反相"按钮,可以将选区反向选择。

- **"输出设置"|"净化颜色"**: 将彩色边替换为附近完全选中的像素的颜色。颜色替换的强度与选区边缘的软化度是成比例的。

- **"输出设置"|"输出到"**: 决定调整后的选区是变为当前图层上的选区或蒙版,还是生成一个新图层或文档。

6.3 羽化选区

羽化效果就是让图片产生渐变的柔和效果,可以在选项栏中的"羽化"文本框中,输入不同数值,来设定选取范围的柔化效果,也可以使用菜单中的羽化命令来设置羽化。另外,还可以使用消除锯齿选项来柔化选区。

6.3.1 利用消除锯齿柔化选区

通过"消除锯齿"选项可以平滑较硬的选区边缘。消除锯齿主要是通过软化边缘像素与背景像素之间的颜色过渡效果,使选区的锯齿状边缘平滑。由于只有边缘像素发生变化,因此不会丢失细节。消除锯齿在剪切、复制和粘贴选区以创建复合图像时非常有用。

消除锯齿适用于"椭圆选框工具"○、"套索工具"○、"多边形套索工具"♥、"磁性套索工具"♥或"魔棒工具"♪。消除锯齿显示在这些工具的选项栏中。要应用消除锯齿功能可进行如下操作。

01 选择"椭圆选框工具"○、"套索工具"○、"多边形套索工具"♥、"磁性套索工具"♥或

"魔棒工具"♪。

02 在选项栏中勾选"消除锯齿"复选框。

练习6-2 为选择工具定义羽化

难　　度:	★ ★
素材文件:	无
案例文件:	无
视频文件: 第6章\练习6-2 为选择工具定义羽化.avi	

在前面所讲述的若干创建选区工具选项栏中基本都有"羽化"选项,在该文本框中输入数值即可创建边缘柔化的选区。

只要在"羽化"文本框中输入数值就可以对选区进行柔化处理。数值越大,柔化效果越明显,同时选区形状也会发生一定变化。选项

栏中羽化设置如下。

要应用选项栏中的"羽化"功能，要注意在绘制选区前就要设置羽化值，如果绘制选区后再设置羽化值是不起作用的。

01 选择任一套索或选框工具。如选择"椭圆选框工具"⚪，如图6.30所示。

图6.30 "椭圆选框工具"选项栏

02 确认在"羽化"文本框中的数值为0像素，在图像中创建椭圆选区，将前景色设置为白色，按Alt + Delete组合键进行前景色填充，此时的图像效果如图6.31所示。

03 按两次Alt + Ctrl + Z组合键，将前面的填充和选区撤销。然后在"羽化"文本框中输入的数值为20像素，在图像中绘制椭圆选区，并按Alt + Delete组合键进行前景色填充，此时的图像效果如图6.32所示。

图6.31 羽化值为0　　　　图6.32 羽化值为20

从上面的操作可以得出以下结论：选项栏中的羽化，必须在绘制选区前设置，如果已经绘制选区再修改选项栏中的羽化值对当前选区是没有作用的。

练习6-3 为现有选区定义羽化边缘

难　度：	★
素材文件：	无
案例文件：	无
视频文件：	第6章\练习6-3 为现有选区定义羽化边缘.avi

利用菜单中的"羽化"命令，与选项栏中在应用上正好相反，它主要对已经存在的选区设置羽化。具体使用方法如下。

01 确认在图像中创建一个选区。

02 执行菜单栏中的"选择"|"修改"|"羽化"命令，打开"羽化选区"对话框，设置"羽化半径"的值，然后单击"确定"按钮确认。

不带羽化和带羽化使用填充同一选区的不同效果如图 6.33 所示。

如果选区小而羽化半径设置得太大，将出现警告对话框，提示选区将不可见。

图6.33 填充效果对比

6.3.2 从选区中移去边缘像素

利用"魔棒工具""套索工具"等选框工具创建选区时，Photoshop 可能会包含选区边界上的额外像素，当移动该选区中的像素时，就能查看到这些像素的存在。将明亮的图像移到黑暗的背景中或将黑暗的图像移到明亮的背景中时，这种现象就特别明显。这些额外的像素通常是 Photoshop 中的消除锯齿功能所产生，该功能可使边缘像素部分模糊化，同时也会使得边界周围的额外像素添加到选区中。执行菜单栏中的"图层"|"修边"命令，就可以删除这些不想要的像素。

1. 消除粘贴图像的边缘效应

执行菜单栏中的"图层"|"修边"|"去边"命令，可删除边缘像素中不想要的颜色，采用与选区边界内最相近的颜色取代该选区边缘的

颜色。使用"去边"命令时，应该将要消除边缘效应的区域位于已移动的选区中，或位于有透明背景的图层中。选择"去边"命令时会打开"去边"对话框，如图6.34所示，允许用户指定要去边的边缘区域的宽度。

图6.34 "去边"对话框

2. 移去黑色（或白色）杂边

如果在黑色背景中选择图像，可执行菜单栏中的"图层"|"修边"子菜单中选择"移去黑色杂边"命令，删除边缘处多余的黑色像素。如果是在白色背景中选择图像，可执行菜单栏中的"图层"|"修边"子菜单中选择"移去白色杂边"命令，删除边缘处多余的白色像素。

6.4 知识拓展

本章主要对选区及抠图进行了详细的说明，特别是抠图的应用，在设计中随处可见，随着电子商务的流行，网店抠图美工需求量非常大，而网店抠图所要使用的工具在本章中都基本有所讲解，可以不夸张地说，熟练掌握本章内容，抠图将变得非常简单。

6.5 拓展训练

本章通过4个拓展训练，让读者对选区应用及抠图有个更加深入的了解，巩固前面知识的同时，掌握更深层次的应用技巧。

训练6-1 使用"矩形选框工具"对画框抠图

◆实例分析

本例讲解使用"矩形选框工具"对画框抠图。"矩形选框工具"主要用于矩形图像的抠图，本例中的画框正好是矩形的，所以利用"矩形选框工具"对其进行抠图就显得非常容易了，抠图的前后效果对比如图6.35所示。

难　度：★
素材文件：第6章\矩形选框工具.jpg
案例文件：第6章\对画框抠图.psd
视频文件：第6章\训练6-1 使用"矩形选框工具"对画框抠图.avi

图6.35 抠图前后效果对比

◆本例知识点

"矩形选框工具"

训练6-2 使用"椭圆选框工具"对钟表抠图

◆实例分析

本例讲解使用"椭圆选框工具"对钟表进行抠图。"椭圆选框工具"适合选择圆形或是椭圆形的图像，因为其局限性，在抠图中也是应用较少的工具。本例中的钟表正好是圆形的，所以利用"椭圆选框工具" ◯ 对其进行抠图就显得非常容易了，抠图的前后效果对比如图 6.36 所示。

难　度：★
素材文件：第 6 章 \ 椭圆选框工具 .jpg
案例文件：第 6 章 \ 对钟表抠图 .psd
视频文件：第 6 章 \ 训练 6-2　使用"椭圆选框工具"对钟表抠图 .avi

图6.36　抠图前后效果对比

◆ **本例知识点**

"椭圆选框工具" ◯

训练6-3　使用"多边形套索工具"对包装盒抠图

◆ **实例分析**

　　本例讲解使用"多边形套索工具"对包装盒抠图。如果要将不规则的转角尖锐的图像从复杂背景中抠出来，如三角形、五角星等，之前讲过的"套索工具" ◯、"矩形选框工具" ▢ 和"椭圆选框工具" ◯ 无法得到比较理想的效果，这时"多边形套索工具" ≯ 就是最佳的选择工具。抠图的前后效果对比如图 6.37 所示。

难　度：★★
素材文件：第 6 章 \ 多边形套索工具应用 .jpg
案例文件：第 6 章 \ 对包装盒抠图 .psd
视频文件：第 6 章 \ 训练 6-3　使用"多边形套索工具"对包装盒抠图 .avi

图6.37　抠图前后效果对比

◆ **本例知识点**

"多边形套索工具" ≯

训练6-4　使用"磁性套索工具"对枕头抠图

◆ **实例分析**

　　本例讲解使用"磁性套索工具" ≯ 对枕头抠图。"磁性套索工具" ≯ 是一款半自动化的选取工具，其优点是能够非常迅速、方便地选择边缘颜色对比度较强的图像。如选择下面实例中的枕头，使用以前讲解过的工具都不能很好地完成，而使用"磁性套索工具" ≯ 则可以轻松完全选取。抠图的前后效果对比如图 6.38 所示。

难　度：★★★
素材文件：第 6 章 \ 磁性套索应用 .jpg
案例文件：第 6 章 \ 对枕头抠图 .psd
视频文件：第 6 章 \ 训练 6-4　使用"磁性套索工具"对枕头抠图 .avi

图6.38　抠图前后效果对比

◆ **本例知识点**

"磁性套索工具" ≯

第 **7** 章

路径和形状工具

路径是 Photoshop 中的重要工具，形状其实就是路径的一种变形的存在，其主要用于进行图像选择辅助抠图，绘制平滑线条，定义画笔等工具的绘制轨迹，输出输入路径和选择区域之间转换。本章详细介绍了路径创建和编辑方法，包括钢笔工具的使用、路径的选择与编辑、路径面板的使用、路径的填充与描边、路径和选区之间的转换等方法。掌握这些功能，可以在 Photoshop 中创建精确的矢量图形，在一定程度上弥补了位图的不足。

教学目标

学习 "钢笔工具" 的使用方法

学习路径的选取与编辑

掌握 "路径" 面板的使用

掌握路径的填充与描边

掌握路径与选区之间的转换方法

掌握形状的自定义及使用方法

扫码观看本章
案例教学视频

"钢笔工具" 是创建路径的最基本工具,使用该工具可以创建各种精确的直线或曲线路径,"钢笔工具"是制作复杂图形的一把利器,它几乎可以绘制任何图形。

7.1.1 路径和形状的绘图模式 重点

路径是利用"钢笔工具" 或形状工具的路径工作状态制作的直线或曲线,路径其实是一些矢量线条,无论图像缩小或放大,都不会影响其分辨率或是平滑程度。编辑好的路径可以保存在图像中(保存为 *.psd 或是 *.tif 文件),也可以单独输出为路径文件,然后在其他的软件中进行编辑或使用。"钢笔工具" 可以和"路径"面板一起工作。通过"路径"面板可以对路径进行描边、填充或将之转变为选区。

使用形状或"钢笔工具"时,可以在选项栏的"选择工具模式"中选择 3 种不同的模式进行绘制,如图 7.1 所示。

图7.1 路径和形状工具选项栏

下面来详细讲解3种绘图模式的使用方法。

- **"形状图层":** 选择该项,将在单独的图层中创建形状,可以使用形状工具或"钢笔工具"来创建形状图层。在"图层"面板中将产生一个形状图层,在"路径"面板中将产生一个形状路径。形状图层绘图效果如图7.2所示。

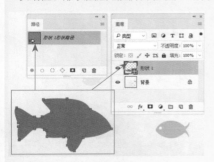

图7.2 形状图层绘图效果

- **"路径":** 选择该项,在使用"钢笔工具"或形状工具绘制图形时,可以绘制出路径效果,在"路径"面板中以工作路径形式存在,但"图层"面板不会有任何变化。路径绘图效果如图7.3所示。

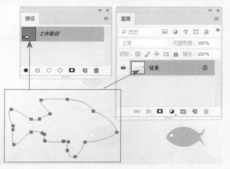

图7.3 路径绘图效果

- **"像素":** 选择"钢笔工具"时,该选项是不可用的,只有选择形状工具时,该选项才可以使用。选择该选项,在使用形状工具绘制图像时,在"图层"面板中不会产生新的图层,也不会在"路径"面板中产生路径,它只能在当前图层中,以前景色为填充色,绘制一个图形对象,覆盖当前层中的重叠区域。填充像素绘图效果,如图7.4所示。

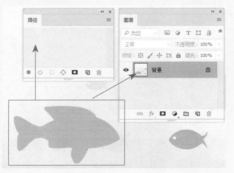

图7.4 填充像素绘图效果

7.1.2 "钢笔工具"选项

在工具箱中选"钢笔工具" 后，选项栏中将显示出"钢笔工具" 的相关属性，当在"选择工具模式"中选择"路径"选项时，选项栏如图 7.5 所示。

技巧

> 在英文输入法下按 P 键，可以快速选择"钢笔工具" 。如果按 Shift + P 组合键，可以在钢笔工具和自由钢笔工具之间进行切换。

图7.5 选项栏

提示

> 需要注意的是，根据"选择工具模式"选项的不同，选项栏会有不同的变化。

- "建立"：在"建立"右侧有3个按钮，分别为"选区""蒙版"和"形状"，这3个选项只有绘制路径或形状层后才可以使用。单击"选区"按钮，将打开"建立选区"对话框，如图7.6所示，利用该对话框可以在将路径转换为选区的同时进行更多的参数设置，如羽化、选区操作等。

图7.6 "建立选区"对话框

- 路径操作：这些选项主要是用来指定新路径与原路径之间的关系，如合并、减去、相交或排除等，它与前面讲解过的选区的相加减应用相似。"新建图层" 表示创建新的形状图层；"合并形状" 表示将现有路径或形状合并到原路径或形状区域中；"减去顶层形状" 表示从现有路径或形状区域中减去与新绘制重叠

的区域；"与形状区域相交" 表示将保留原区域与新绘制区域的交叉区域；"排除重叠形状" 表示将原区域与新绘制的区域相交叉的部分排除，保留没有重叠的区域；"合并形状组件" 表示将路径操作过的形状组件合并成一个形状。

- "路径对齐方式"：用来设置路径的对齐方式，用法与图层对齐相同，详情可参考第4章图层及图层样式中4.3节对齐与分布图层的内容讲解。

"路径排列方式"：调整路径的层级关系，分为4种，"将形状置为顶层""将形状前移一层""将形状后移一层"和"将形状置为底层"。

- "设置其他钢笔或路径选项" ：设置路径的其他选项，例如，"粗细""颜色"和绘制方法是否受约束，并可以指定大小或比例等。选择"钢笔工具" 时，还可以勾选"橡皮带"复选框，在绘制路径时，指针和刚绘制的锚点之间会有一条动态变化的直线或曲线，表明若在指针处设置锚点将会绘制出什么样的线条，这可以对绘图起辅助作用。

- "自动添加/删除"：勾选该复选框，在使用"钢笔工具"绘制路径时，"钢笔工具"不但具有绘制路径的功能，还可以添加或删除锚点。将指针移动到绘制的路径上，在指针右下角将出现一个"+"加号 ，单击鼠标可以在该处添加一个锚点；将指针移动到绘制路径的锚点上，在指针的右下角将出现一个"－"减号 ，单击鼠标即可将该锚点删除。

- "对齐边缘"：勾选该复选框，可以将矢量形状边缘与像素网格对齐。

当在"选择工具模式"中选择"形状"选项时，选项栏如图 7.7 所示。

图7.7 选项栏

- "填充"：该项也只在选择"形状"选项时，才可以使用。单击右侧的"设置形状填充类型"区域，可以设置形状图层的填充颜色。
- "描边"：设置描边的颜色，单击右侧的"设置形状描边类型"区域，可以设置描边的颜色。
- "设置形状描边宽度"：在文本框中输入数值，指定描边的宽度。
- "设置形状描边类型"：单击该区域将打开一个设置框，可以设置"描边选项""对齐""端点""角点"和更多的自定义选项。
- "W""H"：设置形状的宽度和高度。

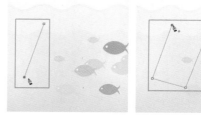

图7.8 绘制直线路径效果

练习7-1 使用"钢笔工具"绘制直线段

难 度：	★
素材文件：	无
案例文件：	无
视频文件：第 7 章 \ 练习 7-1 使用"钢笔工具"绘制直线段 .avi	

　　使用"钢笔工具" 可以绘制的最简单的路径是直线，通过两次不同位置的单击可以创建一条直线段，继续单击可创建由角点连接的直线段组成的路径。

01 选择"钢笔工具" 。

02 移动指针到画布中，在合适的位置单击确定路径的起点，可绘制第 1 个锚点；然后单击其他要设置锚点的位置可以得到第 2 个锚点，在当前锚点和前一个锚点之间会以直线连接。

提示

在绘制直线段时，注意单击时不要拖动鼠标，否则将绘制出曲线效果。

03 用同样的方法，多次单击可以绘制出更多的路径线段和锚点。如果要封闭路径，请将指针移动到起点附近。当指针右下方出现一个带有小圆圈 的标志时，单击鼠标就可以得到一个封闭的路径。绘制直线路径效果如图7.8所示。

练习7-2 使用"钢笔工具"绘制曲线

难 度：	★
素材文件：	无
案例文件：	无
视频文件：第 7 章 \ 练习 7-2 使用"钢笔工具"绘制曲线 .avi	

　　绘制曲线相对来说比较复杂一点，在曲线改变方向的位置添加一个锚点，然后拖动构成曲线形状的方向线。方向线的长度和斜度决定了曲线的形状。

01 选择"钢笔工具" 。

02 将钢笔工具定位到曲线的起点，并按住鼠标拖动，以设置要创建的曲线段的斜度，然后松开鼠标，操作效果如图7.9所示。

03 创建C形曲线。将光标移动到合适的位置，按住鼠标向前一条方向线相反的方向拖动鼠标，绘制效果如图7.10所示。

图7.9　第1点　　　　　图7.10　C形

04 绘制"S"形曲线。将指针移动到合适的位置，按住鼠标向前一条方向线相同的方向拖动，绘制效果如图7.11所示。

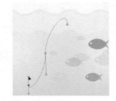

图7.11　S形

练习7-3　直线和曲线混合绘制

难　　度：★
素材文件：无
案例文件：无
视频文件：第7章\练习7-3　直线和曲线混合绘制.avi

"钢笔工具" 除了可以绘制直线和曲线外，还可以绘制直线和曲线的混合线，如绘制跟有曲线的直线、跟有直线的曲线或由角点连接的两条曲线段，具体绘制方法如下。

01 选择"钢笔工具" 。

02 如果想在直线后绘制曲线，使用"钢笔工具"单击两个位置以创建直线段。将钢笔工具放置在所选的锚点上，钢笔工具旁边将出现一条小对角线或斜线，此时按住鼠标向外拖动，将拖出一个方向线，释放鼠标，然后在其他位置进行单击或拖动鼠标，即可创建出一条曲线。在直线后绘制曲线的操作过程如图7.12所示。

图7.12　在直线后绘制曲线的操作过程

03 如果想在曲线后绘制直线，首先利用前面讲过的方法绘制出一条曲线并释放鼠标。在按住Alt键时

将钢笔工具更改为"转换点工具" ，然后单击选定的锚点，可将该锚点从平滑点转换为拐角点，然后释放Alt键和鼠标，在合适的位置进行单击，即可创建出一条直线。在曲线后绘制直线的操作过程如图7.13所示。

图7.13　在曲线后绘制直线的操作过程

04 如果想绘制由角点连接的两条曲线段，首先利用前面讲过的方法绘制出一条曲线并释放鼠标。按住Alt键将一端的方向线向相反的一端拖动，将该平滑点转换为角点，然后释放Alt键和鼠标，在合适的位置，按住鼠标拖动完成第2条曲线。由角点连接的两条曲线段的操作过程如图7.14所示。

图7.14　由角点连接的两条曲线段的操作过程

7.1.3 使用"自由钢笔工具" 重点

"自由钢笔工具"在使用上分为两种情况：一种是自由钢笔工具；一种是磁性钢笔工具。"自由钢笔工具"带有很大的随意性，可以像画笔一样进行随意的绘制，在使用上类似于"套索工具"。应用"自由钢笔工具"进行路径绘制的具体步骤如下。

01 选择"自由钢笔工具" 。

02 在需要进行绘制的起始位置按住鼠标左键确定起点，在不释放鼠标的情况下随意拖动，在拖动时可以看到一条尾随的路径效果，释放鼠标即可完成路径的绘制。

03 如果要创建闭合路径，可以将指针拖动到路径的起点位置，指针右下方出现一个带有小圆圈 的标志，此时释放鼠标就可以得到一个封闭的路径。

◆技术看板 "自由钢笔工具"选项栏

"自由钢笔工具"￼选项栏如图 7.15 所示。

图7.15 "自由钢笔工具"选项栏

- **"曲线拟合"**：该参数控制绘制路径时对鼠标指针移动的敏感性，输入的数值越高，所创建的路径的锚点越少，路径也就越光滑。
- **"磁性的"**：该复选框等同于工具"选项"栏中的"磁性的"复选框。但是在弹出面板中同时可以设置"磁性的"选项中的各项参数。
- **"宽度"**：确定磁性钢笔探测的距离，在该文本框中可输入像素值。该数值越大，磁性钢笔探测的距离就越大。
- **"对比"**：确定边缘像素之间的对比度，在该文本框中可输入百分比值。值越大，对对比度

的要求越高，只检测高对比度的边缘。

- **"频率"**：确定绘制路径时设置锚点的密度，在该文本框中可输入数值。该数值越大，则路径上的锚点数就越多。
- **"钢笔压力"**：只在使用绘图压敏笔时才有用，勾选该复选框，会增加钢笔的压力，可以使钢笔工具绘制的路径宽度变细。

7.1.4 "弯度钢笔工具"的使用

"弯度钢笔工具"￼是新增加的一个工具，在以前的版本中，很多初学者在使用"钢笔工具"绘制曲线时往往感觉力不从心，而这个工具的出现很好地解决了这一问题，特别是在选项栏中选择"橡皮带"复选框后，绘制曲线更加直观，图 7.16 所示为"弯度钢笔工具"￼绘制曲线的过程。

图7.16 弯度钢笔绘图效果

7.2 选择和移动路径

路径的强大之处在于，它具有灵活的编辑功能，对应的编辑工具也相当丰富，所以，路径是绘图和选择图像中非常重要的一部分。

7.2.1 认识路径

路径可以是一个点、一条直线或一条曲线，但它通常是锚点连接在一起的一系列直线段或曲线段。因为路径没有锁定在屏幕的背景像素上，所以它们很容易调整、选择和移动。同时，路径也可

以存储并输出到其他应用程序中。因此，路径不同于 Photoshop 描绘工具创建的任何对象，也不同于 Photoshop 选框工具创建的选区。

绘制路径时的单击鼠标确定的点，叫作锚点，可以用来连接各个直线或曲线段。在路径中，锚点可分为平滑点和曲线点。路径由很多的部分组成，只有了解这些组成才可以更好地编辑与修改路径。路径组成如图 7.17 所示。

图7.17　路径组成

路径组成部分的说明。

- **"角点"**：角点两侧的方向线并不处于同一直线上，拖动其中一条控制点时，另一条控制点并不会随之移动，而且只有锚点一侧的路径线发生相应的调整。有些角点的两侧没有任何方向线。
- **"方向线"**：在锚点一侧或两侧显示一条或两条线，这条线就叫作方向线，这条线是一般曲线型路径在该平滑点处的切线。
- **"平滑点"**：平滑点只产生在曲线型路径上，当选择该点后，在该点的两侧将出现方向线，而且该点两侧的方向线处于同一直线上，拖动其中的一条方向线，另一条方向线也会相应移动，同时锚点两侧的路径线也发生相应的调整。
- **"方向点"**：在方向线的终点处有一个端点，这个点就叫作方向点。通过拖动该方向点，可以修改方向线的位置和方向，进而修改曲线型路径的弯曲效果。

7.2.2 选择、移动路径 重点

如果要选择整个路径，则先选中工具箱中的"路径选择工具"，然后直接单击需要选择的路径即可。当整个路径被选中时，该路径中的所有锚点都显示为实心方块。选择路径后，

按住鼠标拖动即可移动路径的位置。如果路径由几个路径组件组成，则只有鼠标指针所指的路径组件被选中。

如果要选择路径段或锚点，可以使用工具箱中的"直接选择工具"，单击需要选择的锚点；如果要同时选中多个锚点，可以在按住 Shift 键的同时逐个单击要选择的锚点。选择锚点后，按住鼠标拖动，即可移动锚点的位置。选择锚点并移动锚点的效果如图 7.18 所示。

技巧

> 如果要使用直接选择工具选择整个路径锚点，可以在按住 Alt 键的同时在路径中单击，即可将全部路径锚点选中。

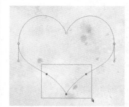

图7.18　选择锚点并移动

技巧

> 使用"路径选择工具"或"直接选择工具"，利用拖动框的形式也可以选择多个路径或路径锚点。

7.2.3 调整方向点 重点

在工具箱中，单击选择"直接选择工具"，在角点或平滑点上进行单击，可以将该锚点选中，在该锚点的一侧或两侧显示方向点，将指针放置在要修改的方向点上，拖动鼠标即可调整方向点。调整方向点的操作效果如图 7.19 所示。

图7.19　调整方向点的操作效果

添加或删除锚点

绘制好路径后，不但可以使用"路径选择工具"和"直接选择工具"选择和调整路径锚点。还可以利用"添加锚点工具" ✍ 和"删除锚点工具" ✍ 对路径添加或删除锚点。

7.3.1 添加锚点 (重点)

使用"添加锚点工具" ✍ 在路径上进行单击，可以为路径添加新的锚点，具体添加锚点的操作方法如下。

选择"添加锚点工具" ✍，然后将指针移动到要添加锚点的路径位置，此时指针的右下角将出现一个"+"加号标志 ✍₊，单击鼠标即可在该路径位置添加一个锚点。用同样的方法可以添加更多的锚点。如果在添加锚点时，按住鼠标拖动，还可以改变路径的形状。添加锚点的操作效果如图 7.20 所示。

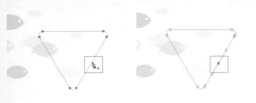

图7.20　添加锚点的操作效果

7.3.2 删除锚点 (重点)

选择"删除锚点工具" ✍，将指针移动到路径中想要删除的锚点上，此时指针的右下角将出现一个"−"减号标志 ✍₋，单击鼠标即可将该锚点删除。删除锚点后路径将根据其他的锚点重新定义路径的形状。删除锚点的操作效果如图 7.21 所示。

图7.21　删除锚点的操作效果

7.4 在平滑点和角点之间进行转换

使用"转换点工具" ⎍ 不但可以将角点转换为平滑点，还可以将角点转换为拐角点，将拐角点转换为平滑点，可以在路径的角点、拐角点和平滑点之间进行不同的切换操作。

7.4.1 将角点转换为平滑点 (重点)

选择"转换点工具" ⎍，将指针移动到路径上的角点处，按住鼠标拖动即可将角点转换为平滑点。操作效果如图 7.22 所示。

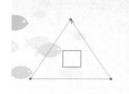
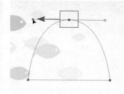

图7.22　角点转换平滑点操作效果

7.4.2 将平滑点转换为具有独立方向的角点 重点

　　首先利用"直接选择工具" ↳ 选择某个平滑点，并使其方向线显示出来。选择"转换点工具" ⊿，将指针移动到平滑点一侧的方向点上，按住鼠标拖动该方向点，将方向线转换为独立的方向线，这样就可以将方向线连接的平滑点转换为具有独立方向的角点。操作效果如图 7.23 所示。

图7.23　将平滑点转换为具有独立方向的角点

7.4.3 将平滑点转换为没有方向线的角点 重点

　　选择"转换点工具" ⊿，将指针移动到路径上的平滑点处，单击鼠标即可将平滑点转换为没有方向线的角点。将平滑点转换为没有方

向线的角点的操作效果如图 7.24 所示。

图7.24　将平滑点转换为没有方向线的角点

7.4.4 将没有方向线的角点转换为有方向线的角点 重点

　　选择"转换点工具" ⊿，将指针移动到路径上的角点处，按住 Alt 键的同时拖动，可以从该角点一侧拉出一条方向线，通过该方向线可以修改路径的形状，并将该点转换为有方向线的角点。操作效果如图 7.25 所示。

图7.25　转换为有方向线的角点

> **提示**
>
> 在使用"钢笔工具"时，按住 Alt 键将指针移动到锚点上，此时"钢笔工具"将切换为"转换点工具"，可以修改锚点；如果当前使用的是"转换点工具"，按住 Ctrl 键，可以将"转换点工具"切换为"直接选择工具"，对锚点或路径线段进行选择修改。

7.5 管理路径

　　创建路径后，所有的路径都将自动保存在"路径"面板中。利用"路径"面板可以对创建的路径进行管理，也可以对路径进行填充或描边操作，还可以将路径转化为选区或将选区转化为路径。

执行菜单栏中的"窗口"|"路径"命令，将打开"路径"面板，如图7.26所示。

图7.26　"路径"面板

7.5.1　创建新路径

为了不在同一个路径层中绘制路径，可以创建新的路径层，以放置不同的路径。在"路径"面板中，单击底部的"创建新路径"按钮，即可创建一个新的路径层，使用相关的路径工具，即可在其中创建路径了。使用"创建新路径"按钮创建的路径名称是系统自动命名的。操作效果如图7.27所示。

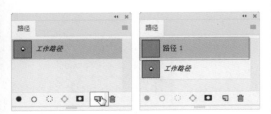

图7.27　创建新路径的操作效果

◆技术看板　查看路径

路径不同于图层图像，在"图层"面板中，不管当前选择的是哪个图层，在文档窗口中的图像除了隐藏的，其余都将显示出来。而路径则不同，位于不同路径层上的路径不会同时显示出来，只会显示当前选择的路径层上的路径。

不管路径是否显示在文档窗口中，都不会被打印出来。它就像网格和辅助线一样，只起辅助制图的作用，对图像的实际内容不会有任何的影响。

分别选择"路径1"和"路径2"，文档窗口中显示了不同的路径。选择不同路径的显示效果如图7.28所示。

图7.28　选择不同路径的显示效果

有时，由于选中的路径在图像上显示出路径效果，这样会影响对图像的编辑，所以需要将路径隐藏。要想隐藏某个路径，只需要不选择该路径就可以了。如果想隐藏所有的路径，在"路径"面板中单击空白区域即可。

7.5.2 重命名路径

为了更好地区别路径，可以根据路径层中的路径，为路径层重新命名。在"路径"面板中，直接双击要重新命名的路径层，激活当前名称区域，使其处于可编辑状态，然后输入新的路径名称，按 Enter 键即可完成命名。重命名路径的操作效果如图 7.29 所示。

图7.29 重命名路径的操作效果

7.5.3 删除路径

在"路径"面板中，单击选择要删除的路径层，然后将其拖动到"路径"面板底部的"删除当前路径"按钮 🗑 上，释放鼠标即可将该路径删除。删除路径的操作效果如图 7.30 所示。

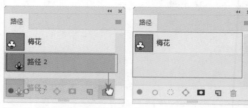

图7.30 删除路径的操作效果

7.6 为路径填充和描边

Photoshop 允许使用前景色、背景色或图案以各种混合模式来填充路径，也允许使用绘图工具为路径描边。对路径进行填充或描边时，该操作是针对整个路径的，包括所有子路径。

7.6.1 填充路径 重点

填充路径功能类似于填充选区，完全可以在路径中填充上各种颜色或图案。在工具箱中，设置前景色为任意一种颜色，选中"路径"面板中的路径后，单击"路径"面板底部"用前景色填充路径"按钮 ●，即可为路径填充颜色。填充操作效果如图 7.31 所示。

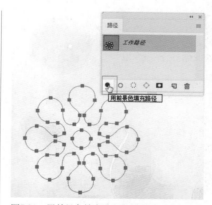

图7.31 用前景色填充路径的操作效果

图7.31 用前景色填充路径的操作效果（续）

提示

在填充路径时，填的颜色并不是填充在路径层上，而是填充在当前选择的图层上，所以在填充颜色之前，要在"图层"面板中设置好要填充的图层，以免产生错误的图层填充。

利用单击"用前景色填充路径"按钮●填充路径时，只能使用前景色进行填充，也就是只能填充单一的颜色。如果要填充图案或其他内容，可以在"路径"面板菜单中，选择"填充路径"命令，打开图7.32所示的"填充路径"对话框，对路径的填充进行详细的设置。

图7.32 "填充路径"对话框

技巧

按住 Alt 键单击"用前景色填充路径"按钮●，或在"路径"面板中，在当前路径层上单击鼠标右键，从弹出的菜单中，选择"填充路径"命令，也可以打开"填充路径"对话框。

在"填充路径"对话框中，很多参数的设置与以前讲解过的填充相同，在此重点介绍"渲染"区域中的参数设置。

- "羽化半径"：在该文本框中输入数值，使得填充边界变得较为柔和。值越大，填充颜色边缘的柔和度也就越大。
- "消除锯齿"：勾选该复选框，可以消除填充边界处的锯齿。

提示

如果在"图层"面板中，当前图层处于隐藏状态，则不能使用填充或描边路径命令；如果文档窗口中有选区存在，则会对与选区相交的部分区域进行填充或描边路径。

7.6.2 描边路径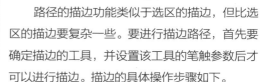

路径的描边功能类似于选区的描边，但比选区的描边要复杂一些。要进行描边路径，首先要确定描边的工具，并设置该工具的笔触参数后才可以进行描边。描边的具体操作步骤如下。

01 在"图层"面板中确定要描边的图层，然后在"路径"面板中选择要进行描边的路径层。

02 选择"画笔工具" ✔（也可以选择其他的绘图工具，这里以画笔工具为例），并设置合适的画笔笔触和其他参数，然后将前景色设置为一种需要的颜色。

提示

在进行描边路径之前，首先要设置好图层，并在要使用工具的属性栏中设置好笔头的粗细和样式。否则，系统将按使用工具当前的笔头大小对路径进行描边，还要注意描边必须选择一种绘图工具。

03 在"路径"面板中，单击面板底部的"用画笔描边路径"按钮○，即可将使用画笔将路径描边。描边路径的操作效果如图7.33所示。

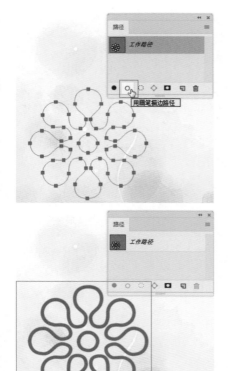

图7.34 "描边路径"对话框

图7.33 描边路径的操作效果

如果对路径描边时需要选择描边工具，可以在选中路径后，按住Alt键单击"用画笔描边路径"按钮○，或在"路径"面板菜单中，选择"描边路径"命令，打开"描边路径"对话框，如图7.34所示，在工具下拉列表框中可以选择进行描边的工具。

"描边路径"对话框中各选项的含义说明如下。

- "**工具**"：在右侧的下拉列表中，可选择要使用的描边工具。可以是铅笔、画笔、橡皮擦、仿制图章、涂抹等多种绘图工具。
- "**模拟压力**"：勾选该复选框，则可以模拟绘画时笔尖压力起笔时从轻变重，提笔时从重变轻的变化。有无模拟压力的不同描边效果如图7.35所示。

图7.35 有无模拟压力的不同描边效果

7.7 路径与选区的转换

前面讲解了路径的填充，但无论哪种填充方法，都只能填充单一颜色或图案，如果想填充渐变颜色，最简单的方法就是将路径转换为选区，然后再应用渐变填充。当然，有时选区又不如路径修改方便，这时可以将选区转换为路径进行编辑。下面来详细详解路径和选区的转换操作。

7.7.1 从路径建立选区

不但可以从封闭的路径建立选区，还可以将开放的路径转换为选区，从路径建立选区的操作方法有几种，下面来讲解不同的建立选区的方法。

1. 按钮法建立选区

在"路径"面板中，选择要转换为选区的路径层，然后单击"路径"面板底部的"将路径作为选区载入"按钮○，即可从当前路径建立一个选区。操作效果如图 7.36 所示。

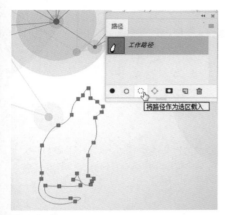

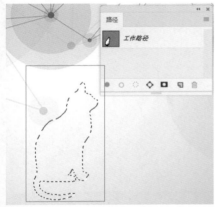

图7.36　按钮法建立选区操作效果

2. 菜单法建立选区

在"路径"面板中，选择要建立选区的路径，然后在"路径"面板菜单中，选择"建立选区"命令，打开"建立选区"对话框，如图 7.37 所示。可以对要建立的选区进行相关的参数设置。

图7.37　"建立选区"对话框

"建立选区"对话框中各选项的具体含义说明如下。

- "羽化半径"：在该文本框中输入数值使得选区边界变得较为柔和。值越大，填充颜色时，边缘的柔和度也就越大。
- "消除锯齿"：勾选该复选框可以消除填充边界处的锯齿。
- "操作"：可以设置新建选区与原有选区的操作方式。

3. 快捷键法建立

在"路径"面板中，按住 Ctrl 键的同时，单击要建立选区的路径层，即可从该路径建立选区。

在创建路径的过程中，如果想将创建的路径转换为选区，可以按 Ctrl + Enter 组合键，快速将当前文档窗口中的路径转换为选区，这样就不需要在"路径"面板中进行转换了。

7.7.2 从选区建立路径

Photoshop 不但可以从路径建立选区，还可以从选区建立路径，将现有的选区通过相关的命令，转换为路径，可以更加方便编辑操作。下面来讲解几种从选区建立路径的方法。

1. 按钮法建立路径

在文档窗口中，利用相关的选区或套索命令，创建一个选区。确认当前文档窗口中存在选区后，在"路径"面板中，单击底部的"从选区生成工作路径"按钮◇，即可从当前选区中建立一个工作路径。操作效果如图7.38所示。

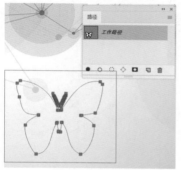

图7.38　按钮法建立路径的操作效果

2. 菜单法建立路径

确认当前文档窗口中存在选区后，在"路径"面板菜单中，选择"建立工作路径"命令，打开"建立工作路径"对话框，如图 7.39 所示，可以对要建立的路径设置它的"容差"值。容差用来控制选区转换为路径后的平滑程度，该值越小则产生的锚点就越多，线条也就越平滑。

图7.39　"建立工作路径"对话框

> **技巧**
>
> 在按住 Alt 键的同时，单击"路径"面板底部的"从选区生成工作路径"按钮◇，同样可以打开"建立工作路径"对话框。

7.8 形状工具的使用

形状工具可以绘制出各种简单的形状图形或路径。在工具箱中，默认情况下显示的形状工具为"矩形工具" □ ，在该按钮上按住鼠标稍等片刻或单击鼠标右键，可以打开该工具组，将其他形状工具显示出来。该工具组中包括矩形、圆角矩形、椭圆、多边形、直线和自定形状 6 种工具，再配合选项栏可以绘制出各种形状的图形。

> **技巧**
>
> 按 U 键可以快速选择当前形状工具；按 Shift + U 组合键可以在 6 种形状工具之间进行切换选择。

7.8.1 形状工具的使用

不同形状工具的应用非常相似，首先选择形状工具，然后在选项栏中可以进行参数设置，然后在文档窗口中直接拖动即可进行绘制，不同形状工具的绘图效果如图 7.40 所示。

图7.40　不同形状工具的绘图效果

7.8.2　形状工具选项

每个形状工具都提供了一个选项子集，要访问这些选项，在选项栏中单击形状按钮行右侧的箭头，"矩形工具" ▢ 的选项子集效果如图 7.41 所示。

图7.41　"矩形工具" ▢ 的选项子集效果

形状工具选项含义说明如下。

- "不受约束"：允许通过拖动来设置矩形、圆角矩形、椭圆或自定形状的宽度和高度。
- "方形"：选择该单选按钮，在画布中拖动鼠标指针，可将矩形或圆角矩形约束为方形。
- "固定大小"：指定图形的大小，选择该单选按钮，可以在"W"中输入宽度值，在"H"中输入高度值。在绘制时直接绘制指定大小的图形。
- "比例"：选择该单选框，在"W"中输入水平比例，在"H"中输入垂直比例，然后在文档窗口中拖动鼠标指针，将矩形、圆角矩形或椭圆绘制为指定比例的形状。
- "从中心"：选择该单选框，从中心开始绘制矩形、圆角矩形、椭圆或自定形状。该选项与按住Alt键绘制相同。

7.8.3　编辑自定形状拾色器

选择"自定形状工具" ✿，在选项栏中单击"点按可打开'自定形状'拾色器"按钮，即可打开自定形状拾色器，如图 7.42 所示。

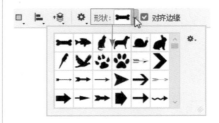

图7.42　自定形状拾色器

下面来讲解自定形状拾色器菜单中命令的使用方法。

1. 重命名形状

在"自定形状"拾色器中，选择要进行重命名的自定形状，然后选择该命令，将打开"形状名称"对话框，如图 7.43 所示。在该对话框的左侧将显示当前形状的缩览图，在"名称"右侧的文本框中，输入新的形状名称，单击"确定"即可完成重命名。

图7.43　"形状名称"对话框

2. 删除形状

要删除"自定形状"拾色器中的形状，可以在"自定形状"拾色器中单击选择要删除的形状，然后选择"删除形状"命令，即可将其删除。

> **提示**
>
> 删除形状只是将该形状从"自定形状"拾色器显示中删除，如果该形状属于某个库，当复位或重新载入形状时，还可以将其复位或载入。

3. 更改形状显示

"自定形状"拾色器中的形状可以以多种方式显示，默认情况下为"小缩览图"方式，还可以选择"仅文本""大缩览图""小列表"和"大列表"方式。

4. 复位形状

"复位形状"命令可以将"自定形状"拾色器中的形状恢复到 Photoshop 默认的效果。当选择"复位形状"命令后，将打开一个询问对话框，询问是否用默认的形状替换当前的形状，如图 7.44 所示。如果单击"确定"按钮，将"自定形状"恢复到默认效果；如果单击"追加"按钮，将会把默认的形状添加到当前"自定形状"拾色器中。原"自定形状"拾色器中的形状将保留下来。

图7.44　询问对话框

5. 载入形状

"载入形状"命令可以将 Photoshop 自带的形状库载入到当前"自定形状"拾色器中，也可以将其他 Photoshop 版本中的自定形状载入到当前拾色器中，或将其他的自定形状库载入到当前拾色器中。选择该命令后，将打开"载入"对话框，选择自定形状库载入即可。

6. 存储形状

"存储形状"命令可以将自定义的形状保存起来，以便在日后的设计中使用。如果新创建的形状不进行保存，则下次打开 Photoshop 时，将会丢失这些形状。选择该命令后，将打开"另存为"对话框，选择形状库的位置并设置好名称后，单击"保存"按钮即可。形状库的扩展名为 .CSH。当下次使用时，只需要使用"载入形状"命令，将其载入即可。

7. 替换形状

"自定形状"拾色器显示的是默认的形状库，如果想显示其他库而又不想显示默认的形状，可以使用"替换形状"命令，用新的自定形状来替换当前的自定形状。选择"替换形状"命令后，将打开"载入"对话框，选择要用来替换的形状库，单击"载入"按钮即可。在"自定形状"菜单底部列表中，选择不同的形状库，也可以替换当前的形状库。

练习7-4 创建自定形状

难　度：★★	
素材文件：无	
案例文件：无	
视频文件：第 7 章\练习 7-4 创建自定形状 .avi	

为了方便用户使用不同的自定形状，Photoshop 为用户提供了创建自定形状的方法，利用"编辑"菜单中的"定义自定形状"命令，可以创建一个属于自己的自定形状。下面来具体讲解创建自定形状的方法。

01 执行菜单栏中的"文件"|"打开"命令，打开"螃蟹.jpg"，如图7.45所示。

02 首先将螃蟹选中。选择"魔棒工具" ，在选项栏中设置"容差"的值为32像素，在图片的背景区域进行单击，将背景选中，如图7.46所示。

图7.45　打开的图片

图7.46　选中背景

03 因为此时选择的是背景，所以执行菜单栏中的"选择"|"反选"命令，或按Shift + Ctrl + I组合键，将选区反选，将螃蟹选中，如图7.47所示。

04 打开"路径"面板，单击"路径"面板底部的"从选区生成工作路径"按钮◇，即可从当前选区中建立一个工作路径，如图7.48所示。

图7.47 选中螃蟹

图7.48 创建工作路径

提示

选区创建路径后，有些区域可能会发生较大的变化，可以利用前面讲过的调整路径的方法对其进行调整，使形状更加平滑。

05 执行菜单栏中的"编辑"|"定义自定形状"命令，打开"形状名称"对话框，设置形状的名称为"螃蟹"，如图7.49所示。

图7.49 "形状名称"对话框

06 设置好名称后，单击"确定"按钮即可创建一个自定形状。在工具箱中选择"自定形状工具"▨，单击"点按可打开'自定形状'拾色器"按钮，即可打开"自定形状"拾色器，可以在形状的最后看到刚创建的自定形状，如图7.50所示。这样就可以像其他形状一样使用了。

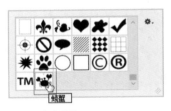

图7.50 自定形状

7.9 知识拓展

　　本章详细讲解了路径及形状工具的各种应用，读者可能会觉得它与选区非常相似，但在辅助抠图上，路径突出显示了其强大的可编辑性，具有特有的光滑曲率属性，所以掌握路径功能是绘图与抠图的必需。

7.10 拓展训练

　　本章通过2个拓展训练，对路径加深了解，对"钢笔工具"的使用加以巩固，并要求熟练掌握自定形状工具的使用方法。

训练7-1 鳞状背景设计

◆实例分析

　　本例主要讲解鳞状背景设计，通过应用"圆角矩形工具"绘制矩形路径，然后描边并复制制作出背景效果。最终效果如图 7.51 所示。

难　　度：★★	
素材文件：无	
案例文件：第 7 章\鳞状背景设计 .psd	
视频文件：第 7 章\训练 7-1 鳞状背景设计 .avi	

图7.51　最终效果

◆本例知识点

1．"圆角矩形工具" 〇
2．多重复制功能
3．"描边"命令

训练7-2 花瓣背景设计

◆实例分析

　　本例主要讲解花瓣背景设计，通过应用"钢笔工具"绘制花瓣形状，然后将其缩小填充不同的颜色，利用"定义图案"命令为其定义为图案，并使用"图案填充"命令为画布填充图案，最终完成效果如图 7.52 所示。

难　　度：★★	
素材文件：无	
案例文件：第 7 章\花瓣背景设计 .psd	
视频文件：第 7 章\训练 7-2 花瓣背景设计 .avi	

图7.52　最终效果

◆本例知识点

1．"钢笔工具" ⊘
2．"定义图案"命令
3．"图案填充"命令

第 **3** 篇

精通篇

第 **8** 章

应用文字功能

文字是作品的灵魂，可以起到画龙点睛的作用，所以掌握文字的使用方法是非常重要的。本章详细讲解了文字的创建与编辑，包括点文字和段落文本的创建及编辑、字符和段落的格式化处理，路径文字的创建和使用，变形文字的创建及路径文字的转换。

教学目标

了解文字工具

学习创建和编辑点文字

学习创建和编辑段落文本

掌握"字符"和"段落"面板的使用方法

掌握路径文字的创建及编辑方法

掌握文字的变形及栅格化应用

扫码观看本章
案例教学视频

8.1 创建文字

Photoshop 中的文字由基于矢量的文字轮廓组成，这些形状描述字样的字母、数字和符号。尽管 Photoshop 是一个图像设计和处理软件，但其文本处理功能也是十分强大的。Photoshop 为用户提供了 4 种类型的文字工具。包括"横排文字工具" **T**、"直排文字工具" **↓T**、"横排文字蒙版工具" **⫶T** 和"直排文字蒙版工具" **↓⫶T**。在默认状态下显示的为"横排文字工具" **T**，将指针放置在该工具按钮上，按住鼠标稍等片刻或单击鼠标右键，将显示文字工具组，如图 8.1 所示。

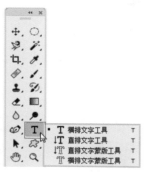

图8.1　文字工具组

技巧

按 T 键可以选择文字工具，按 Shift + T 组合键可以在这 4 种文字工具之间进行切换。

8.1.1 横排和直排文字工具

"横排文字工具" **T** 用来创建水平矢量文字，"直排文字工具" **↓T** 用来创建垂直矢量文字，输入水平或垂直排列的矢量文字后，在"图层"面板中，将自动创建一个新的图层——文字图层。横排及直排文字及图层效果如图 8.2 所示。

图8.2　横排和直排文字及图层效果

8.1.2 横排和直排文字蒙版工具

"横排文字蒙版工具" **⫶T** 与"横排文字工具" **T** 的使用方法相似，可以创建水平文字；"直排文字蒙版工具" **↓⫶T** 与"直排文字工具" **↓T** 的使用方法相似，可以创建垂直文字，但这两个工具创建文字时，是以蒙版的形式出现，完成文字的输入后，文字将显示为文字选区，而且在"图层"面板中，不会产生新的图层。横排和直排蒙版文字及图层效果如图 8.3 所示。

图8.3　横排和直排蒙版文字及图层效果

提示

使用文字蒙版工具创建文字字型选区后，不会产生新的文字图层，因为它不具有文字的属性，所以也无法按照编辑文字的方法对蒙版文字进行各种属性的编辑。

练习8-1 创建点文本

难　度：	★
素材文件：	无
案例文件：	无
视频文件：	第 8 章 \ 练习 8-1 创建点文本 .avi

创建点文本时，每行文字都是独立的，单行的长度会随着文字的增加而增长，但默认状态下永远不会换行，只能进行手动换行。创建点文本的操作方法如下。

01 在工具箱中选择文字工具组中的任意一个文字工具，如"横排文字工具" **T**。

02 在图像上进行单击，为文字设置插入点，此时可以看到图像上有一个闪动的竖线光标，如果是横排文字在竖线上将出现一个文字基线标记，如果是直排文字，基线标记就是字符的中心轴。

03 在选项栏中，设置文字的字体、字号、颜色等参数，也可以通过"字符"面板来设置。设置完成后直接输入文字即可。要强制换行，可以按Enter键。如果想完成文字输入，可以单击选项栏中的"提交所有当前编辑"按钮✔，也可以按数字键盘上的Enter键或直接按Ctrl + Enter组合键。输入点文本的操作效果如图8.4所示。

图8.4　输入点文本的操作效果

练习8-2 创建段落文本 (重点)

难　度：	★
素材文件：无	
案例文件：无	
视频文件：第 8 章 \ 练习 8-2 创建段落文本 .avi	

输入段落文本时，文字会基于指定的文字外框大小进行换行。而且通过 Enter 键可以将文字分为多个段落，可以通过调整外框的大小来调整文字的排列，还可以利用外框旋转、缩放和斜切文字。下面来详细讲解创建段落文本

的方法，具体操作步骤如下。

01 在工具箱中选择文字工具组中的任意一个文字工具，如"直排文字工具" **↓T**。

02 将鼠标指针放在文档窗口中的合适位置，按住鼠标不放沿对角线方向拖动一个矩形框，为文字定义一个文字框。释放鼠标即可创建一个段落文本框，创建效果如图8.5所示。

03 在段落边框中可以看到闪动的输入光标，在选项栏中，设置文字的字体、字号、颜色等参数，也可以通过"字符"或"段落"面板来设置。选择合适的输入法，输入文字即可创建段落文本，当文字达到边框的边缘位置时，文字将自动换行。

04 如果想开始新的段落可以按Enter键，如果输入的文字超出文字框的容纳限度时，在文字框的右下角将显示一个溢出图标⊞，可以调整文字外框的大小以显示超出的文字。如果想完成文字输入，可以单击选项栏中的"提交所有当前编辑"按钮✔，也可以按数字键盘上的Enter键或直接按Ctrl + Enter组合键。输入段落文本后的效果如图8.6所示。

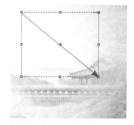

图8.5　段落边框效果　　　图8.6　段落文本

◆技术看板　精确创建段落文本文字框

使用文字工具创建段落文本时，按住 Alt 键单击或拖动，可以打开如图 8.7 所示的"段落文本大小"对话框，通过"宽度"和"高度"值可以精确创建段落文本文字框。

图8.7　"段落文本大小"对话框

8.1.3 利用文字外框调整文字

如果文字是点文本，可以在编辑模式下按住 Ctrl 键显示文字外框；如果是段落文本，输入文字时就会显示文字外框，如果已经是输入完成的段落文本，则可以将其切换到编辑模式中，以显示文字外框。

01 调整外框的大小或文字的大小。将指针放置在文字外框的四个角的任意控制点上，当指针变成双箭头时，拖动鼠标即可调整文字外框大小或文字大小。如果是点文本则可以修改文字的大小；如果是段落文本则修改文字外框的大小。调整点文字外框的操作效果如图8.8所示。

> **提示**
>
> 利用文字外框缩放文字或缩放文字外框时，按住 Shift 键可以保持比例进行缩放。在缩放段落文本外框时，如果想同时缩放文字，可以按住 Ctrl 键并拖动；如果想从中心点调整文字外框或文字大小，可以按住 Alt 键并拖动。

图8.8　调整点文字外框的操作效果

02 旋转文字外框。将指针放置在文字外框外侧，当指针变成弯曲的双箭头时，按住鼠标拖动，可以旋转文字，操作效果如图8.9所示。

> **提示**
>
> 旋转文字外框时，按住 Shift 键拖动可以使旋转角度限制为按 15°的增量旋转。如果想修改旋转中心点，按住 Ctrl 键显示中心点并拖动中心点到新的位置即可。

图8.9　旋转文字的操作效果

03 斜切文字外框。按住Ctrl键的同时将指针放置在文字外框的中间4个任意控制点上，当指针变成一个箭头时，按住鼠标拖动，可以斜切文字。斜切文字的操作效果如图8.10所示。

图8.10　斜切文字的操作效果

◆**技术看板 点文本与段落文本的转换**

创建点文本或段落文本后，可以在这两种文字之间进行转换。值得注意的是，将段落文本转换为点文本时，每个文字行的末尾除了最后一行，都会添加一个回车符。点文本与段落文本的转换操作如下。

01 在"图层"面板中，单击选择需要转换的文字图层。

02 执行菜单栏中的"文字"|"转换为点文本"命令，可以将段落文本转换为点文本；如果执行菜单栏中的"文字"|"转换为段落文本"命令，可以将点文本转换为段落文本。

> **提示**
>
> 将段落文本转换为点文本时，如果段落文本中有溢出的文字，转换后都将被删除。要避免丢失文字，调整文字外框，将溢出的文字显示出来即可。在文本编辑状态下，不能进行段落文本与点文本的转换操作。

本节主要讲解文字的基本编辑方法，如定位和选择文字、移动文字、拼写检查、更改文字方向和栅格文字层等。

8.2.1 定位和选择文字

如果要编辑已经输入的文字，首先在"图层"面板中选中该文字图层，在工具箱中选择相关的文字工具，将光标放置在文档窗口中的文字附近，当光标变为 I 时，单击鼠标，定位光标的位置，如果此时按住鼠标拖动，可以选择文字，选取的文字将出现反白效果，如图 8.11 所示。选择文字后，即可应用"字符"或"段落"面板或其他方式对文字进行编辑。

图8.11 定位和选择文字

技巧

除了上面讲解的最基本的拖动选择文字外，还有一些常用的选择方式：在文本中单击，然后按住 Shift 键单击可以选择一定范围的字符；双击一个字可以选择该段文字，单击 3 次可以选择一行，单击 4 次可以选择一段，单击 5 次可以选择文本外框中的全部文字；在"图层"面板中双击文字图层的文字图标，可以选择图层中的所有文字。

8.2.2 移动文字 （重点）

在输入文字的过程中，如果将指针移动到位于文字以外的其他位置，指针将变成 ▸♦ 状，按住鼠标可以拖动文字的位置，移动文字的操作效果如图 8.12 所示。如果文字已经完成输入，可以在图层面板中选择该文字层，然后使用"移动工具" ♦ 即可移动文字。

图8.12 移动文字的操作效果

提示

使用"移动工具" ♦ 移动横排文字或直排文字，不能是蒙版文字。

◆ 技术看板 指定弯引号或直引号

印刷引号通常被称为弯引号或智能引号，它会与字体的曲线混淆。印刷引号传统上用于代表引号和撇号。直引号传统上用作英尺和英寸的省略形式。

01 执行菜单栏中的"编辑"|"首选项"|"文字"命令，打开"首选项"对话框。
02 在"文字选项"选项组中，选中或撤选"使用智能引号"复选框，如图8.13所示。

图8.13 "首选项"|"文字"对话框

8.2.3 拼写检查

利用拼写检查可以快速查找拼写错误，方便用户。在拼写检查时，Photoshop 会对指定词典中没有的单词进行询问。如果被询问的拼写是正确的，用户还可以通过"添加"按钮将其添加到自己的词典中以备后用；如果确认拼写是错误的，则可以通过"更正"按钮来更正它。进行拼写检查的操作如下。

`01` 在"图层"面板中，选择要检查的文字图层；如果要检查特定的文本，可以选择这些文本。

`02` 执行菜单栏中的"编辑"|"拼写检查"命令，此时将打开"拼写检查"对话框，如图8.14所示。

图8.14　"拼写检查"对话框

`03` 当找到可能的错误后，单击"忽略"按钮可以继续拼写检查而不更改当前可能错误的文本；如果单击"全部忽略"按钮，则会忽略剩余的拼写检查过程中可能的错误。

`04` 确认拼写正确的文本显示在"更改为"文本框中，单击"更改"则可以校正拼写错误，如果"更改为"文本框中出现的并不是想要的文本，可以在"建议"列表中选择正确的拼写，或在"更改为"文本框中输入正确的文本再单击"更改"按钮；如果直接单击"更改全部"按钮，则将校正文档中出现的所有拼写错误。

`05` 如果想检查所有图层的拼写，可以勾选"检查所有图层"复选框。

◆技术看板 指定检查拼写的词典

Photoshop 中默认的拼写检查词典为美国

英语，如果想更改语言，执行菜单栏中的"窗口"|"字符"命令，打开"字符"面板，单击面板左下角的拼写语言设置区，在下拉菜单中指定一种语言即可，面板及语言下拉菜单如图8.15所示。

图8.15　面板及语言下拉菜单

8.2.4　查找和替换文本

为了文本操作的方便，Photoshop 还为用户提供了查找和替换文本的功能，通过该功能可以快速查找或替换指定的文本。

`01` 选择要查找或替换的文本图层，或将光标定位在要搜索文本的开头位置。

`02` 执行菜单栏中的"编辑"|"查找和替换文本"命令，打开"查找和替换文本"对话框，如图8.16所示。

图8.16　"查找和替换文本"对话框

03 在"查找内容"文本框中，输入或粘贴想要查找的文本，如果想更改该文本，可以在"更改为"文本框中输入新的文本内容。

04 指定一个或多个选项可以细分搜索范围。勾选"搜索所有图层"复选框，可以搜索文档中的所有图层。勾选"区分大小写"复选框，则将搜索与"查找内容"文本框中文本大小写完全匹配的内容；勾选"向前"复选框表示从光标定位点向前搜索；勾选"全字匹配"复选框，则忽略嵌入更长文本中的搜索文本，例如，要以全字匹配方式搜索"look"则会忽略"looking"。

05 单击"查找下一个"按钮可以开始搜索，单击"更改"按钮则使用"更改为"文本替换查找到的文本，如果想重复搜索，需要再次单击"查找下一个"按钮；单击"更改全部"按钮则搜索并替换所有查找匹配的内容；单击"更改/查找"按钮，则会用"更改为"文本替换找到的文本并自动搜索下一个匹配文本。

8.2.5 更改文字方向

输入文字时，选择的文字工具决定了输入文字的方向，"横排文字工具" T 用来创建水平矢量文字，"直排文字工具" IT 用来创建垂直矢量文字。当文字图层的方向为水平时，文字左右排列；当文字图层的方向为垂直时，文字上下排列。

如果已经输入了文字确定了文字方向，还可以使用相关命令来更改文字方向。具体操作方法如下。

01 在"图层"面板中选择要更改文字方向的文字图层。

02 可以执行下列任意一种操作。

- 选择一个文字工具，然后单击选项栏中的"切换文本取向" IT 按钮。
- 执行菜单栏中的"文字"|"文字排列方向"|"横排"或"文字"|"文字排列方向"|"竖排"命令。
- 在"字符"面板菜单中，选择"更改文本方向"命令。

8.2.6 栅格化文字层

文字本身是矢量图形，要对其使用滤镜等位图命令，这时就需要将文字转换为位图才可以。

要将文字转换为位图，首先在"图层"面板中单击选择文字图层，然后执行菜单栏中的"图层"|"栅格化"|"文字"命令，即可将文字图层转换为普通图层，文字就被转换为了位图，这时的文字就不能再使用文字工具进行编辑了。栅格化文字的操作效果如图 8.17 所示。

图8.17　栅格化文字的操作效果

技巧

在"图层"面板中，将指针放在文字图层上，单击鼠标右键，在弹出的快捷菜单中，选择"栅格化文字"命令，也可以栅格化文字图层。

8.3 格式化字符

格式化字符主要通过"字符"面板来操作，默认情况下，"字符"面板是不显示的。要显示它，可执行菜单栏中的"窗口"|"字符"命令，或单击文字选项栏中的"切换字符和段落面板"按钮 ，可以打开图 8.18 所示的"字符"面板。

图8.18 "字符"面板

在"字符"面板中可以对文本的格式进行调整,包括字体、样式、大小、行距和颜色等,下面来详细讲解这些格式命令的使用。

8.3.1 设置文字字体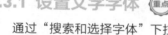

通过"搜索和选择字体"下拉列表,可以为文字设置不同的字体,比较常用的字体有宋体、仿宋、黑体等。

要设置文字的字体,首先选择要修改字体的文字,然后在"字符"面板中单击"搜索和选择字体"右侧的下三角按钮,从弹出的字体下拉菜单中,选择一种合适的字体,即可将文字的字体进行修改。不同字体效果如图8.19所示。

图8.19 不同字体效果

8.3.2 设置字体样式

可以在下拉列表中选择使用的字体样式。包括 Regular(规则的)、Italic(斜体)、Bold(粗体)和 Bold Italic(粗斜体)4个选项。不同文字样式的显示效果如图8.20所示。

图8.20 不同文字样式的显示效果

提示

有些文字是没有字体样式的,该下拉列表将显示为不可用状态。

8.3.3 设置字体大小 重点

通过"字符"面板中的"设置字体大小" T 文本框来进行设置,可以从下拉列表中选择常用的字符尺寸,也可以直接在文本框中输入所需要的字符尺寸大小。不同字体大小如图 8.21 所示。

图8.21 不同字体大小

◆技术看板 定义点大小单位

执行菜单栏中的"编辑"|"首选项"|"单位和标尺"命令,打开"首选项"|"单位和标尺"对话框,在"点/派卡大小"选项组中,可以进行以下选择,如图8.22所示。

- "PostScript（72点/英寸）"：设置一个兼容的单位大小，以便打印到PostScript设备。
- "传统（72.27点/英寸）"：使用72.27点/英寸（打印中使用的传统点数）。

图8.22　"点/派卡大小"选项组

8.3.4　设置行距 （重点）

行距就是相邻两行基线之间的垂直纵向间距。可以在"字符"面板中的"设置行距" ↕A 文本框中设置行距。

选择一段要设置行距的文字，然后在"字符"面板中的"设置行距" ↕A 下拉列表中，选择一个行距值，也可以在文本框中输入新的行距数值，以修改行距。下面是将原行距的 20 点修改为 40 点的效果对比，如图 8.23 所示。

图8.23　修改行距的效果对比

技巧

如果需要单独调整其中两行文字之间的行距，可以使用文字工具选取排列在上方的一排文字，然后再设置适当的行距值即可。

8.3.5　设置字距微调

"设置两个字符间的字距微调" V/A 用来设置两个字符之间的距离，与"设置所选字符的字距调整" VA 的调整相似，但不能直接调整选择的所有文字，而只能将光标定位在某两个字

符之间，设置这两个字符之间的字距微调。可以从下拉列表中选择相关的参数；也可以直接在文本框中输入一个数值，即可修改字距微调。当输入的值为大于零时，字符的间距变大；当输入的值小于零时，字符的间距变小。修改字距微调的前后效果对比如图 8.24 所示。

图8.24　修改字距微调的前后效果对比

8.3.6　文字字距调整

在"字符"面板中，通过"设置所选字符的字距调整" VA 可以设置选定字符的间距，与"设置两个字符间的字距微调" V/A 相似，只是这里不是定位光标位置，而是选择文字。选择文字后，在"设置所选字符的字距调整" VA 下拉列表中选择数值，或直接在文本框中输入数值，即可修改选定文字的字符间距。如果输入的值大于零，则字符的间距增大；如果输入的值小于零，则字符的间距减小。不同字符的间距效果如图8.25所示。

图8.25　不同字符的间距效果

提示

在"设置所选字符的字距调整" VA 的下方有一个"设置所选字符的比例间距" 设置，其用法与"设置所选字符的字距调整"的用法相似，也是选择文字后修改数值来修改字符的间距。但"比例间距"输入的数值越大，字符间的距离就越小，它的取值范围为 0~100%。

8.3.7 水平/垂直缩放文字

除了拖动文字框改变文字的大小外，还可以使用"字符"面板中的"水平缩放" 工 和"垂直缩放" ↓T，来调整文字的缩放效果，可以从下拉列表中选择一个缩放的百分比，也可以直接在文本框中输入新的缩放数值。文字不同缩放效果如图 8.26 所示。

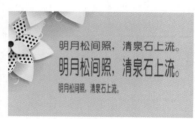

图8.26　文字不同缩放效果

8.3.8 设置基线偏移

通过"字符"面板中的"设置基线偏移" A‡ 选项，可以调整文字的基线偏移量，一般利用该功能来编辑数学公式和分子式等表达式。默认的文字基线位于文字的底部位置，通过调整文字的基线偏移，可以将文字位置向上或向下调整。

要设置基线偏移，首先选择要调整的文字，然后在"设置基线偏移" A‡ 选项下拉列表中，或在文本框中输入新的数值，即可调整文字的基线偏移大小。默认的基线位置为 0，当输入的值大于零时，文字向上移动；当输入的值小于零时，文字向下移动。设置文字基线偏移效果如图 8.27 所示。

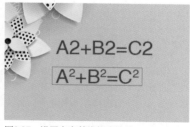

图8.27　设置文字基线偏移效果

8.3.9 设置文本颜色

默认情况下，输入的文字颜色使用的是当前的前景色。可以在输入文字之前或之后更改文字的颜色。

可以使用下面的任意一种方法来修改文字颜色。修改文字颜色效果对比如图 8.28 所示。

- 单击选项栏或"字符"面板中的颜色块，打开"拾色器（文本颜色）"对话框修改颜色。
- 按Alt + Delete组合键用前景色填充文字；按Ctrl + Delete组合键用背景色填充文字。

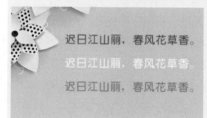

图8.28　修改文字颜色效果对比

8.3.10 设置特殊字体

该区域提供了多种设置特殊字体的按钮，选择要应用特殊效果的文字后，单击这些按钮即可应用特殊的文字效果，如图 8.29 所示。

$$\mathbf{T} \quad \mathit{T} \quad \mathbf{TT} \quad \mathbf{T_T} \quad \mathbf{T^1} \quad \mathbf{T_1} \quad \underline{\mathbf{T}} \quad \mathbf{T}$$

图8.29　特殊字体按钮

不同特殊字体的效果如图 8.30 所示。特殊字体按钮的使用说明如下。

- "仿粗体" T：单击该按钮，可以将所选文字加粗。
- "仿斜体" T：单击该按钮，可以将所选文字倾斜显示。
- "全部大写字母" TT：单击该按钮，可以将所选文字的小写字母变成大写字母。
- "小型大写字母" T_T：单击该按钮，可以将所选文字的字母变为小型的大写字母。
- "上标" T¹：单击该按钮，可以将所选文字设置为上标效果。

- "下标" **T₁**：单击该按钮，可以将所选文字设置为下标效果。
- "下划线" **T**：单击该按钮，可以为所选文字添加下划线效果。
- "删除线" **T**：单击该按钮，可以为所选文字添加删除线效果。

图8.30　不同特殊字体的效果

8.3.11　旋转直排文字字符

在处理直排文字时，可以将字符方向旋转90度。旋转后的字符是直立的；未旋转的字符是横向的。

01 选择要旋转或取消旋转的直排文字。

02 从"字符"面板菜单中，选择"标准垂直罗马对齐方式"命令，左侧带有对号标记表示已经选中该命令。旋转直排文字字符的前后效果对比如图8.31所示。

图8.31　旋转直排文字字符的前后效果对比

8.3.12　消除文字锯齿

消除文字锯齿，通过部分地填充边缘像素来产生边缘平滑的文字，使文字边缘混合到背景中。使用消除锯齿功能时，小尺寸和低分辨率文字的变化可能不一致。要减少这种不一致性，可以在"字符"面板菜单中取消选择"分数宽度"命令。消除锯齿设置为"无"和"锐利"的效果对比如图8.32所示。

01 在"图层"面板中选择文字图层。

02 从选项栏或"字符"面板中的"设置消除锯齿的方法"下拉菜单中选择一个选项，或执行菜单栏中的"图层"|"文字"，并从子菜单中选取一个选项。

- "无"：不应用消除锯齿。
- "锐利"：文字以最锐利的效果显示。
- "犀利"：文字以稍微锐利的效果显示。
- "浑厚"：文字以厚重的效果显示。
- "平滑"：文字以平滑的效果显示。

图8.32　消除锯齿设置为"无"和"锐利"效果对比

8.4 格式化段落

前面主要是介绍格式化字符操作，但如果使用较多的文字进行排版、宣传品制作等操作时，"字符"面板中的选项就显得有些无力了，这时就要应用 Photoshop 提供的"段落"面板了，"段落"面板中包含多种参数的设置，可以用来设置段落的对齐方式、缩进、段前和段后间距，以及使用连字功能等。

要应用"段落"面板中各选项，不管选择的是整个段落或只选取该段落中的任意字符，又或在段落中放置插入点，修改的都是整个段落的效果。执行菜单栏中的"窗口"|"段落"命令，或单击文字选项栏中的"切换字符和段落面板"按钮▣，可以打开图8.33所示的"段落"面板。

图8.33 "段落"面板

8.4.1 设置段落对齐

"段落"面板中的对齐主要用于控制段落中的各行文字的对齐情况，主要包括"左对齐文本"▤、"居中对齐文本"▤、"右对齐文本"▤、"最后一行左对齐"▤、"最后一行居中对齐"▤、"最后一行右对齐"▤和"全部对齐"▤7种对齐方式。在这7种对齐方式中，左、右和居中对齐文本比较容易理解，最后一行左、右和居中对齐是将段落文本除最后一行外，其他的文字两端对齐，最后一行按左、右或居中方式对齐。全部对齐是将所有文字两端对齐，如果最后一行的文字过少而不能达到对齐时，可以适当地将文字的间距拉大，以匹配两端对齐。7种对齐方法的不同显示效果如图8.34所示。

左对齐文本　　　　　　居中对齐文本

图8.34 7种对齐方式的不同显示效果

右对齐文本　　　　　　最后一行左对齐

最后一行居中　　　　　最后一行右对齐

全部对齐

图8.34 7种对齐方式的不同显示效果（续）

提示

> 这里讲解的是水平文字的对齐情况，对于垂直文字的对齐，这些对齐按钮将有所变化，但是应用方法是相同的。

8.4.2 设置段落缩进

缩进是指文本行左右两端与文本框之间的间距。利用"左缩进"▮和"右缩进"▮，可以分别从文本框的左边或右边缩进。左、右缩进的效果如图8.35所示。

图8.35 左、右缩进的效果

8.4.3 设置首行缩进

　　首行缩进就是为选择段落的第一段的第一行文字设置缩进，缩进只影响选中的段落，因此可以给不同的段落设置不同的缩进效果。选择要设置首行缩进的段落，在"首行左缩进"文本框中输入缩进的数值，即可完成首行缩进。首行缩进的操作效果如图 8.36 所示。

图8.36　首行缩进的操作效果

8.4.4 设置段前和段后空格

　　段前和段后添加空格其实就是段落间距，段落间距用来设置段落与段落之间的间距。包括"段前添加空格"和"段后添加空格"，段前添加空格主要用来设置当前段落与上一段之间的间距；段后添加空格用来设置当前一段与下一段之间的间距。设置的方法很简单，只需要选择一个段落，然后在相应的文本框中输入数值即可。段前和段后添加空格设置的不同效果如图 8.37 所示。

图8.37　段前和段后添加空格设置的不同效果

◆ 技术看板　段落其他选项设置

　　在"段落"面板中，其他选项设置包括"避头尾法则设置""间距组合设置"和"连字"。下面来讲解它们的使用方法。

- "避头尾法则设置"：用来设置标点符号的放置，设置标点符号是否可以放在行首。
- "间距组合设置"：设置段落中文本的间距组合设置。从右侧的下拉列表中，可以选择不同的间距组合设置。
- "连字"：勾选该复选框，出现单词换行时，将出现连字符以连接单词。

8.5 创建路径文字

　　使用文字工具还可以创建路径文字，并可以对路径及文字进行详细的调整。

练习8-3　创建路径文字

难　　度：	★★
素材文件：	第 8 章 \ 橙子 .jpg
案例文件：	无
视频文件：	第 8 章 \ 练习 8-3 创建路径文字 .avi

　　使用文字工具可以沿钢笔或形状工具创建的路径边缘输入文字，而且文字会沿着路径起点到终点的方向排列。在路径上输入横排文字会导致字母与基线垂直；在路径上输入直排文字会导致文字方向与基线平行。创建路径文字的方法如下。

01 执行菜单栏中的"文件"|"打开"命令，打开"橙子.jpg"图片。

02 选择"钢笔工具" ⌀，沿橙子的边缘绘制一条曲线路径，以制作路径文字，如图8.38所示。

03 选择"横排文字工具" **T**，移动指针到路径上，将文字工具的基本靠近路径，当指针变成 ↙ 状时单击鼠标，路径上将出现一个闪动的光标，此时即可输入文字，输入后的效果如图8.39所示。

提示

使用"直排文字工具"↓T、"横排文字蒙版工具"↥ 和"直排文字蒙版工具"↥创建路径文字与使用"横排文字工具"T是一样的。

图8.38　绘制路径

图8.39　添加路径文字

径的另一侧拖动即可。翻转路径文字的操作效果如图 8.41 所示。

图8.41　翻转路径文字的操作效果

提示

要在不改变文字方向的情况下，将文字移动到路径的另一侧，可以使用"字符"面板中的"基线偏移"选项，在其文本框中输入一个负值，以便降低文字位置，使其沿路径的内侧排列。

练习8-4 移动或翻转路径文字 （难点）

难　　度：	★★
素材文件：	无
案例文件：	无
视频文件：	第 8 章 \ 练习 8-4 移动或翻转路径文字 .avi

输入路径文字后，还可以移动路径上的文字位置。选择"路径选择工具"▶或"直接选择工具"▷，将其放置在路径文字结尾的位置，指针将变成 ↙ 状，此时按住鼠标沿路径拖动即可移动文字的位置。拖动时要注意指针在文字路径的同侧，否则会将文字拖动到路径另一侧。移动路径文字的操作效果如图 8.40 所示。

图8.40　移动路径文字的操作效果

如果想翻转路径文字，即将文字翻转到路径的另一侧，指针将变成 ↙ 状，可以将文字向路

练习8-5 移动及调整文字路径 （重点）

难　　度：	★★
素材文件：	无
案例文件：	无
视频文件：	第 8 章 \ 练习 8-5 移动及调整文字路径 .avi

创建路径文字后，不但可以移动路径文字的位置，还可以调整路径的位置及路径形状。

要移动路径，选择"路径选择工具"▶或"移动工具"↔直接将路径拖动到新的位置。如果使用"路径选择工具"▶，需要注意工具的图标不能显示为 ↙ 状，否则将沿路径移动文字。移动路径的操作效果如图 8.42 所示。

图8.42　移动路径的操作效果

要调整路径形状，选择"直接选择工具"，在路径的锚点上进行单击，然后像前面讲解的路径编辑方法一样改变路径的形状即可。调整路径形状操作效果如图 8.43 所示。

图8.43　调整路径形状操作效果

8.6　文字的变形及形状转换

除了上面讲解的文字功能，还可以对文字进行变形、将文字转换成形状或路径等操作。

8.6.1　创建和取消文字变形 重点

要应用文字变形，单击选项栏中的"创建文字变形"按钮 ，或执行菜单栏中的"文字"|"文字变形"命令，打开图 8.44 所示的"变形文字"对话框，对文字创建变形效果，并可以随时更改文字的变形样式，变形选项可以更加精确地控制变形的弯曲度及方向。

图8.44　"变形文字"对话框

"变形文字"对话框各选项含义说明如下。

- "样式"：从右侧的下拉菜单中，可以选择一种文字变形的样式，如扇形、下弧、上弧、拱形和波浪等多种变形，各种变形文字的效果如图8.45所示。

图8.45　各种变形文字的效果

- "水平"和"垂直"：可以指定文字产生变形的方向。
- "弯曲"：指定文字应用变形的程度。值越大，变形效果越明显。
- "水平扭曲"和"垂直扭曲"：用来设置变形文字的水平或垂直透视变形。

要取消文字变形，直接选择应用了变形的文字图层，然后单击选项栏中的"创建文字变形"按钮 ，或执行菜单栏中的"文字"|"文字变形"命令，打开"变形文字"对话框，从"样式"下拉菜单中选择"无"命令，单击"确定"按钮即可。

8.6.2 基于文字创建工作路径

　　利用"创建工作路径"命令可以将文字转换为用于定义形状轮廓的临时工作路径，将这些文字用作矢量形状。从文字图层创建工作路径之后，可以像处理任何其他路径一样，对该路径进行存储和操作。虽然无法以文本形式编辑路径中的字符，但原始文字图层将保持不变并可编辑。

01 选择文字图层。

02 执行菜单栏中的"文字"|"创建工作路径"命令，也可以直接将指针放在文字图层上，单击鼠标右键，从弹出的快捷菜单中选择"创建工作路径"命令，即可基于文字创建工作路径。文字图层没有任何变化，但在"路径"面板中将生成一个工作路径。创建工作路径的前后效果对比如图8.46所示。

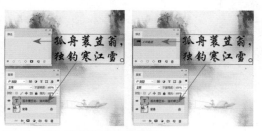

图8.46　创建工作路径的前后效果对比

8.6.3 将文字转换为形状

　　文字不但可以创建工作路径，还可以将文字层转换为形状图层，与创建路径不同的是，转换为形状后，文字图层将变成形状图层，文字就不能使用相关的文字命令来编辑了，因为它已经变成了形状路径。

01 选择文字层。

02 执行菜单栏中的"文字"|"转换为形状"命令，也可以直接将指针放在文字图层上，单击鼠标右键，从弹出的快捷菜单中选择"转换为形状"命令，即可将当前文字图层转换为形状图层，并且在"路径"面板中，将自动生成一个矢量图形蒙版，转换为形状的操作效果如图8.47所示。

图8.47　转换为形状的操作效果

8.7 知识拓展

　　本章主要详解了 Photoshop 中的文本功能，除了掌握文字的基础输入及设置外，重点要掌握路径文字的使用技巧。

8.8 拓展训练

　　本章通过 3 个拓展训练，将文字的应用进行升华，利用文字来制作艺术设计效果，如特效文字或艺术表现等。

训练8-1 旋转字母表现花形文字艺术

◆实例分析

本例主要讲解如何通过旋转字母，复制制作出艺术效果。首先输入文字并填充渐变，然后利用多重放置复制的方法，制作出艺术效果。最终效果如图 8.48 所示。

难　度：★★
素材文件：无
案例文件：第 8 章 \ 旋转字母表现花形艺术 .psd
视频文件：第 8 章 \ 训练 8-1 旋转字母表现花形文字艺术 .avi

图8.48　最终效果

◆本例知识点

1．"横排文字工具" **T**
2．"锁定透明像素"
3．多重复制的中心点调整

训练8-2 镂空铁锈字

◆实例分析

本例讲解一款设计感很强的铁锈镂空字。凸起的外轮廓增强了画面层次感，色彩运用和谐自然。字母内部的颜色打破了沉闷的铁锈色，并将整个画面的焦点聚集在此处，乃锦上添花之笔。最终效果如图 8.49 所示。

难　度：★★★
素材文件：第 8 章 \ 铁锈 .jpg
案例文件：第 8 章 \ 镂空铁锈字 .psd
视频文件：第 8 章 \ 训练 8-2 镂空铁锈字 .avi

图8.49　最终效果

◆本例知识点

1．"横排文字工具" **T**
2．"画笔工具" ✒
3．图层样式

训练8-3 玻璃质感字

◆实例分析

本案例运用添加杂色和动感模糊，制作拉丝背景，然后利用色彩的强对比制作出玻璃质感字的效果。最终效果如图 8.50 所示。

难　度：★★★
素材文件：无
案例文件：第 8 章 \ 玻璃质感字 .psd
视频文件：第 8 章 \ 训练 8-3 玻璃质感字 .avi

图8.50　最终效果

◆本例知识点

1．"横排文字工具" **T**
2．"画笔工具" ✒
3．"添加杂色"和"动感模糊"滤镜

第 9 章

色彩原理与色彩校正

本章主要讲解色彩原理与色彩校正。首先讲解了颜色的基本概念和原理，以及色彩模式的使用，然后讲解了颜色模式的转换，直方图分析图像的方法和调整面板的使用技巧，随后，结合专业调色案例对调色命令进行了讲解，让读者在学习命令的同时，能够学习到真正的调色实战应用技能。通过本章的学习，读者应该能够认识颜色的基本原理，掌握色彩模式的转换及图像色调和颜色的调整方法与技巧。

教学目标

了解颜色的基本原理与概念

了解色彩模式的含义及转换

学习直方图和调整面板的使用

掌握调色命令在实战中的应用技巧

扫码观看本章
案例教学视频

9.1.1 色彩原理

黄色是由红色和绿色构成的,没有用到蓝色;因此,蓝色和黄色便是互补色。绿色的互补色是洋红色,红色的互补色是青色。这就是为什么能看到除红、绿、蓝三色以外其他颜色的原因。把光的波长叠加在一起时,会得到更明亮的颜色,所以原色被称为加色。将光的所有颜色都加到一起,就会得到最明亮的光线白光。因此,当看到1张白纸时,所有的红、绿、蓝波长都会反射到人眼中。当看到黑色时,光的红、绿、蓝波长都完全被物体吸收了,因此没有任何光线反射到人眼中。

在颜色轮中,颜色排列在1个圆中,以显示彼此之间的关系,如图9.1所示。

原色沿圆圈排列,彼此之间的距离完全相等。每种次级色都位于两种原色之间。在这种排列方式中,每种颜色都与自己的互补色直接相对,轮中每种颜色都位于产生它的两种颜色之间。

通过颜色轮可以看出将黄色和洋红色加在一起便产生红色。因此,如果要从图像中减去红色,只需减少黄色和洋红色的百分比即可。要为图像增加某种颜色,其实是减去它的互补色。例如,要使图像更红一些,实际上是减少青色的百分比。

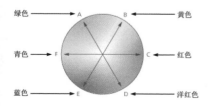

图9.1　颜色轮的显示

9.1.2 原色

原色,又称为基色,三基色(三原色)是指红(R)、绿(G)、蓝(B)三色,是调配其他色彩的基本色。原色的色纯度最高、最纯净、最鲜艳。可以调配出绝大多数色彩,而其他颜色不能调配出三原色。

加色三原色基于加色法原理。人的眼睛是根据所看见光的波长来识别颜色的。可见光谱中的大部分颜色可以由三种基本色光按不同的比例混合而成,这三种基本色光的颜色就是红(Red)、绿(Green)、蓝(Blue)三原色光。这三种光以相同的比例混合且达到一定的强度,就呈现白色;若三种光的强度均为零,就是黑色,这就是加色法原理。加色法原理被广泛应用于电视机、监视器等主动发光的产品中。通常所说的RGB色彩模式就是基于这种原理,其色彩构成示意图如图9.2所示。

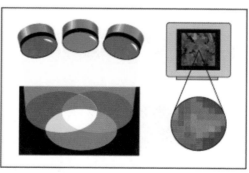

图9.2　RGB色彩模式的色彩构成示意图

减色原色是指一些颜料,当按照不同的组合将这些颜料添加在一起时,可以创建一个色谱,减色原色基于减色法原理。与显示器不同,在打印、印刷、油漆、绘画等靠介质表面的反射被动发光的场合，物体所呈现的颜色是光源中被颜料吸收后所剩余的部分，所以其成色的原理叫作减色法原理。打印机使用减色原色（青色、洋红色、黄色和黑色颜料）并通过减色混合来生成颜色。减色法原理被广泛应用于各种被动发光的场合。在减色法原理中的三原色颜料分别是青（Cyan）、品红（Magenta）和黄（Yellow）。通常所说的 CMYK 色彩模式就是基于这种原理，其色彩构成示意图如图 9.3 所示。

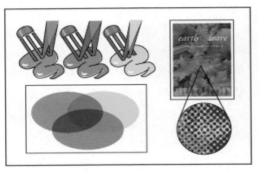

图9.3　CMYK色彩模式的色彩构成示意图

9.1.3 色调、色相、饱和度和对比度 重点

在学习使用 Photoshop 处理图像的过程中，常接触到有关图像的色调、色相（Hue）、饱和度（Saturation）和亮度（Brightness）等基本概念，HSB 颜色模型如图 9.4 所示。下面对它们进行简单介绍。

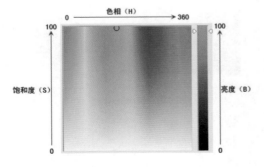

图9.4　HSB颜色模型

1. 色调

色调是指图像原色的明暗程度。调整色调就是指调整其明暗程度。色调的范围为 0~255，共有 256 种色调。图 9.5 所示的灰度模式，就是将黑色到白色之间连续划分成 256 个色调，即由黑到灰，再由灰到白。

灰度渐变图

图9.5　灰度模式

2. 色相

色相，即各类色彩的相貌称谓。色相是一种颜色区别于其他颜色最显著的特性，在 0°~360° 的标准色轮上，按位置度量色相。它用于判断颜色是红、绿或其他的色彩。对色相进行调整是指在多种颜色之间变化。

3. 饱和度

饱和度是指色彩的强度或纯度，也称为彩度或色度。对色彩的饱和度进行调整也就是调整图像的彩度。饱和度表示色相中灰色分量所占的比例，它使用从 0（灰色）至 100% 的百分比来度量，当饱和度降低为 0 时，则会变成一个灰色图像，增加饱和度会增加其彩度。在标准色轮上，饱和度从中心到边缘递增。饱和度受到屏幕亮度和对比度的双重影响，一般亮度好、对比度高的屏幕可以得到很好的色彩饱和度。

4. 对比度

对比度是指不同颜色之间的差异。调整对比度就是调整颜色之间的差异。提高对比度，则两种颜色之间的差异会变得很明显。通常使用从 0（黑色）至 100%（白色）的百分比来度量。例如，提高一幅灰度图像的对比度，将使其黑白分明，达到一定程度时将成为黑、白两色的图像。

9.1.4 色彩模式

在 Photoshop 中色彩模式用于决定显示和打印图像的颜色模型。Photoshop 默认的色彩模式是 RGB 模式，但用于彩色印刷的图像色彩模式却必须使用 CMYK 模式。其他色彩模式还包括"位图""灰度""双色调""索引颜色""Lab颜色"和"多通道"模式。

图像模式之间可以相互转换，但需要注意的是，当从色域空间较大的图像模式转换到色域空间较小的图像模式时，常常会有一些颜色丢失。色彩模式命令集中于"图像"|"模式"子菜单中，下面分别介绍各色彩模式的特点。

1. 位图模式

位图模式的图像也叫作黑白图像或 1 位图像，其位深度为 1，因为它只使用两种颜色值，即黑色和白色，来表现图像的轮廓，黑白之间没有灰度过渡色。使用位图模式的图像仅有两种颜色，因此这类图像占用的内存空间也较少。

2. 灰度模式

灰度模式的图像由 256 种颜色组成，因为每个像素可以用 8 位或 16 位来表示，因此色调表现得比较丰富。

将彩色图像转换为灰度模式时，所有的颜色信息都将被删除。虽然 Photoshop 允许将灰度模式的图像再转换为彩色模式，但是原来已丢失的颜色信息不能再返回。因此，在将彩色图像转换为灰度模式之前，可以利用"存储为"命令保存一个备份图像。

> **提示**
>
> 通道可以把图像从任何一种彩色模式转换为灰度模式，也可以把灰度模式转换为任何一种彩色模式。

3. 双色调模式

双色调模式是在灰度图像上添加一种或几种彩色的油墨，以达到有彩色的效果，但比起

常规的 CMYK 四色印刷，其成本大大降低。

4. RGB模式

RGB 模式是 Photoshop 默认的色彩模式。这种色彩模式由红（R）、绿（G）和蓝（B）3 种颜色的不同颜色值组合而成。

RGB 色彩模式使用 RGB 模型为图像中每一个像素的 RGB 分量分配一个 0~255 范围内的强度值。例如：纯红色 R 值为 255，G 值为 0，B 值为 0；灰色的 R、G、B 三个值相等（除了 0 和 255）；白色的 R、G、B 都为 255；黑色的 R、G、B 都为 0。RGB 图像只使用三种颜色，就可以使它们按照不同的比例混合，在屏幕上重现 16777216 种颜色，因此 RGB 色彩模式下的图像非常鲜艳。

在 RGB 模式下，每种 RGB 成分都可使用从 0（黑色）到 255（白色）的值。例如，亮红色使用 R 值 246、G 值 20 和 B 值 50。当所有三种成分值相等时，产生灰色阴影；当所有成分的值均为 255 时，结果是纯白色；当所有成分的值为 0 时，结果是纯黑色。

> **提示**
>
> 由于 RGB 色彩模式所能够表现的颜色范围非常宽广，因此将此色彩模式的图像转换成为其他包含颜色种类较少的色彩模式时，则有可能丢色或偏色。这也就是为什么 RGB 色彩模式下的图像在转换成为 CMYK 并印刷出来后颜色会变暗发灰的原因。所以，对要印刷的图像，必须依照色谱准确地设置其颜色。

5. 索引模式

索引模式与 RGB 模式和 CMYK 模式的图像不同，索引模式依据一张颜色索引表控制图像中的颜色，在此色彩模式下图像的颜色种类最高为 256，因此图像文件小，只有同条件下 RGB 模式图像的 1/3，从而可以大大减少文件所占的磁盘空间，缩短图像文件在网络上的传输时间，因此被较多地应用于网络中。

但对于大多数图像而言，使用索引色彩模式保存后可以清楚地看到颜色之间过渡的痕迹，因此在索引模式下的图像常有颜色失真的现象。

可以转换为索引模式的图像模式有 RGB 色彩模式、灰度模式和双色调模式。选择索引颜色命令后，将打开图 9.6 所示的"索引颜色"对话框。

图9.6 "索引颜色"对话框

"索引颜色"对话框中各选项的含义说明如下。

- "调板"：在"调板"下拉列表中选择调色板的类型。
- "颜色"：在"颜色"数值框中输入需要的颜色过渡级，最大为256级。
- "强制"：在"强制"下拉列表框中选择颜色表中必须包含的颜色，默认状态选择"黑白"选项，也可以根据需要选择其他选项。
- "透明度"：选择"透明度"复选项转换模式时，将保留图像透明区域，对于半透明的区域以杂色填充。
- "杂边"：在"杂边"下拉列表框中可以选择杂色。
- "仿色"：在"仿色"下拉列表中选择仿色的类型，其中包括"扩散""图案"和"杂色"3种类型，也可以选择"无"，不使用仿色。使用仿色的优点在于，可以使用颜色表内部的颜色模拟不在颜色表中的颜色。
- "数量"：如果选择"扩散"选项，可以在"数量"数值框中设置颜色抖动的强度，数值

越大，抖动的颜色越多，但图像文件所占的内存也越大。

- "保留实际颜色"：勾选"保留实际颜色"复选项，可以防止抖动颜色表中的颜色。

对于任何一个索引模式的图像，执行菜单栏中的"图像"|"模式"|"颜色表"命令，在打开图 9.7 所示的"颜色表"对话框中应用系统自带的颜色排列，或自定义颜色。在"颜色表"下拉列表中包含有"自定""黑体""灰度""色谱""系统（Mac OS）"和"系统（Windows）"6个选项，除"自定"选项外，其他每一个选项都有相应的颜色排列效果。选择"自定"选项，颜色表中显示为当前图像的 256 种颜色。单击一个色块，在弹出的拾色器中选择另一种颜色，以改变此色块的颜色，在图像中此色块所对应的颜色也将被改变。

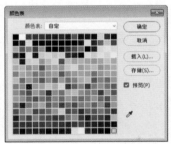

图9.7 "颜色表"对话框

将图像转换为索引模式后，对于被转换前颜色值多于 256 种的图像，会丢失许多颜色信息。虽然还可以从索引模式转换为 RGB、CMYK 的色彩模式，但 Photoshop 无法找回丢失的颜色，所以在转换之前应该备份原始文件。

6. CMYK模式

CMYK 模式是标准的用于工业印刷的色彩

模式，即基于油墨的光吸收 / 反射特性，眼睛看到颜色实际上是物体吸收白光中特定频率的光而反射其余的光的颜色。如果要将 RGB 等其他色彩模式的图像输出并进行彩色印刷，必须要将其模式转换为 CMYK 色彩模式。

CMYK 色彩模式的图像由 4 种颜色组成，青（C）、洋红（M）、黄（Y）和黑（K），每一种颜色对应于一个通道及用来生成 4 色分离的原色。根据这 4 个通道，输出中心制作出青色、洋红色、黄色和黑色 4 张胶版。每种 CMYK 四色油墨可使用从 0 至 100% 的值。为较亮颜色指定的印刷色油墨颜色百分比较低，而为较暗颜色指定的百分比较高。例如，亮红色可能包含 2% 青色、93% 洋红、90% 黄色和 0 黑色。在印刷图像时将每张胶版中的彩色油墨组合起来以产生各种颜色。

7. Lab 色彩模式

Lab 色彩模式是 Photoshop 在不同色彩模式之间转换时使用的内部安全格式。它的色域能包含 RGB 色彩模式和 CMYK 色彩模式的色域。因此，要将 RGB 模式的图像转换成 CMYK 模式的图像时，Photoshop CS5 会先将 RGB 模式转换成 Lab 模式，然后由 Lab 模式转换成 CMYK 模式，只不过这一操作是在内部进行而已。

8. 多通道模式

在多通道模式中，各个通道都合用 256 灰度级存放着图像中颜色元素的信息。该模式多用于特定的打印或输出。当将图像转换为多通道模式时，可以使用下列原则：原始图像中的颜色通道在转换后的图像中变为专色通道；通过将 CMYK 图像转换为多通道模式，可以创建青色、洋红、黄色和黑色专色通道；通过将 RGB 图像转换为多通道模式，可以创建青色、洋红和黄色专色通道；通过从 RGB、CMYK 或 Lab 图像中删除一个通道，可以自动将图像转换为多通道模式；若要输出多通道图像，请以 Photoshop DCS 2.0 格式存储图像；对有特殊打印要求的图像非常有用。例如，如果图像中只使用了一两种或两三种颜色，使用多通道颜色模式可以减少印刷成本。

> **提示**
>
> 索引颜色和 32 位图像无法转换为多通道模式。

9.2 转换颜色模式

针对图像不同的制作目的，时常需要在各种颜色模式之间进行转换，在 Photoshop 中转换颜色模式的操作方法很简单，下面来详细讲解。

9.2.1 转换另一种颜色模式

在打开或制作图像过程中，可以随时将原来的模式转换为另一种模式。当转换为另一种颜色模式时，将永久更改图像中的颜色值。在转换图像之前，最好执行下列操作。

- 建议尽量在原图像模式下编辑制作，没有特别情况不转换模式。
- 如果需要转换为其他模式，在转换前可以提前保存一个副本文件，以便出现错误时丢失原始文件。
- 在进行模式转换前拼合图层。因为当模式更改时，图层的混合模式也会更改。

要进行图像模式的转换，执行菜单栏中的"图像"|"模式"，然后从子菜单中选取所需的模式。不可用于现用图像的模式在菜单中呈灰色。图像在转换为多通道、位图或索引颜色模式时应进行拼合，因为这些模式不支持图层。

9.2.2 将图像转换为位图模式

如果要将一幅彩色的图像转换为位图模式，应该先执行菜单栏中的"图像"|"模式"|"灰度"命令，然后再执行菜单栏中的"图像"|"模式"|"位图"命令；如果该图像已经是灰度，则可以直接执行菜单栏中的"图像"|"模式"|"位图"命令，在打开图 9.8 所示的"位图"对话框中，设置转换模式时的分辨率及转换方式。

图9.8 "位图"对话框

"位图"对话框中各选项的含义说明如下。

- "输入"：在"输入"右侧显示图像原来的分辨率。
- "输出"：在"输出"数值框中可以输入转换后位图模式的图像分辨率，输入的数值大于原数值则可以得到一张较大的图像，反之得到比原图像小的图像。
- "使用"：在"使用"下拉列表框中可以选择转换为位图模式的方式，每一种方式得到的效果各不相同。"50%阈值"选项比较常用，选择此选项后，Photoshop会将具有256级灰度值的图像中高于灰度值128的部分转换为白色，将低于灰度值128的部分转换为黑色，此时得到的位图模式的图像轮廓黑白分明；选择"图案仿色"选项转换时，系统通过叠加的几何图形来表示图像轮廓，使图像具有明显的立体感；选择"扩散仿色"选项转换时，根据图像的色值平均分布图像的黑白色；选择"半调

网屏"选项转换时，将打开"半调网屏"对话框，其中以半色调的网点产生图像的黑白区域；选择"自定图案"选项，并在下面的"自定图案"下拉列表中选择一种图案，以图案的色值来分配图像的黑白区域，并叠加图案的形状。转换为位图模式的图像可以再次转换为灰度，但是图像的轮廓仍然只有黑、白两种色值。原图与5种不同方法转换位图的效果如图9.9所示。

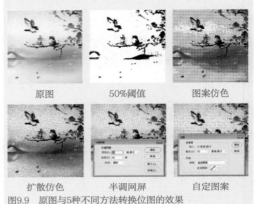

| 原图 | 50%阈值 | 图案仿色 |

扩散仿色　　半调网屏　　自定图案
图9.9 原图与5种不同方法转换位图的效果

提示

将图像转换为位置模式之前，必须先将图像转换为灰度模式。

9.2.3 将图像转换为双色调模式

要得到双色调模式的图像，应该先将其他模式的图像转换为灰度模式，然后执行菜单栏中的"图像"|"模式"|"双色调"命令；如果该图像本身就是灰度模式，则可以直接执行菜单栏中的"图像"|"模式"|"双色调"命令，此时将打开"双色调选项"对话框，如图 9.10 所示。

图9.10 "双色调选项"对话框

"双色调选项"对话框中各选项的含义说明如下。

- "类型"：设置色调的类型。从右侧的下拉列表中，可以选择一种色调的类型，包括"单色调""双色调""三色调"和"四色调"4种类型。选择"单色调"选项，将只有"油墨1"被激活，此选项生成仅有一种颜色的图像；选择"双色调"选项，则激活"油墨1"和"油墨2"两个选项，此时可以同时设置两种图像色彩，生成双色调图像；选择"三色调"选项，激活3个油墨选项，生成具有3种颜色的图像；选择"四色调"选项，激活4个油墨选项，可以生成具有4种颜色的图像。
- "双色调曲线"：单击该区域，将打开"双色调曲线"对话框，可以编辑曲线以设置所定义

的油墨在图像中的分布。
- "选择油墨颜色"：单击该色块，将打开"拾色器（墨水X颜色）"对话框，即拾色器对话框，设置当前油墨的颜色。

彩色图像转换为双色调模式前后效果对比如图9.11所示。

图9.11 双色调模式转换前后效果对比

9.3 直方图和调整面板

"直方图"面板是查看图像色彩的关键，利用该面板可以查看图像的阴影、高光和色彩等信息，在色彩调整中占有相当重要的位置。

9.3.1 关于直方图

直方图用图形表示图像每个亮度级别的像素数量，显示像素在图像中的分布情况。在直方图的左侧部分显示直方图阴影中的细节区域，在中间部分显示中间调区域，在右侧显示较亮的区域或叫高光区域。

直方图可以帮助确定某个图像的色调范围或图像基本色调类型。如果直方图大部分集中在右边，图像就可能太亮，这常称为高色调图像，即日常所说的曝光过度；如果直方图大部分在左边，图像就可能太暗，这常称为低色调图像，即日常所说的曝光不足；平均色调整图像的细节集中在中间是由于填充了太多的中间色调值，因此很可能缺乏鲜明的对比度；色彩平衡的图像在所有区域中都有大量的像素，这常称为正

常色调图像。识别色调范围有助于确定相应的色调校正。不同图像的直方图表现效果如图9.12所示。

正常曝光图像　　　　　　曝光不足

曝光过度

图9.12 不同图像的直方图表现效果

9.3.2 "直方图"面板

直方图描绘了图像中灰度色调的份额，并提供了图像色调范围的直观图。执行菜单栏中的"窗口"|"直方图"命令，打开"直方图"面板，默认情况下，"直方图"面板将以"紧凑视图"形式打开，并且没有控件或统计数据，可以通过"直方图"面板菜单来切换视图，图9.13所示为"扩展视图"的"直方图"面板效果。

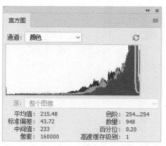

图9.13 "扩展视图"的"直方图"面板

1. 更改直方图面板的视图

要想更改"直方图"面板的视图模式，可以从面板菜单中选择一种视图，共包括3种视图模式，这3种视图模式显示效果如图9.14所示。

- **"紧凑视图"**：显示不带控件或统计数据的直方图，该直方图代表整个图像。
- **"扩展视图"**：可显示带有统计数据的直方图，还可以同时显示用于选择由直方图表示的通道的控件、查看"直方图"面板中的选项、刷新直方图以显示未高速缓存的数据，以及在多图层文档中选择特定图层。
- **"全部通道视图"**：除了"扩展视图"所显示的所有选项外，还显示各个通道的单个直方图。需要注意的是单个直方图不包括 Alpha 通道、专色通道和蒙版。

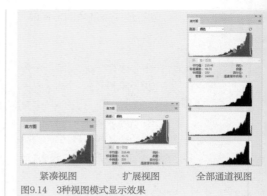

紧凑视图　　　　　扩展视图　　　　　全部通道视图

图9.14 3种视图模式显示效果

2. 查看直方图中的特定通道

如果在面板菜单中选择"扩展视图"或"全部通道视图"模式，则可以从"直方图"面板的"通道"菜单中指定一个通道。当从"扩展视图"或"全部通道视图"切换回"紧凑视图"模式时 Photoshop 会记住通道设置。RGB模式"通道"菜单如图 9.15 所示。

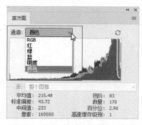

图9.15 RGB模式"通道"菜单

- 选择单个通道可显示通道（包括颜色通道、Alpha 通道和专色通道）的直方图。
- 根据图像的颜色模式，选择R、G、B或C、M、Y、K，也可以选择复合通道如RGB或CMYK，以查看所有通道的复合直方图。
- 如果图像处于RGB模式或CMYK模式，选择"明度"可显示一个直方图，该图表示复合通道的亮度或强度值。
- 如果图像处于 RGB模式或 CMYK 模式，选择"颜色"可显示颜色中单个颜色通道的复合直方图。当第一次选择"扩展视图"或"所有通道视图"时，此选项是 RGB图像和 CMYK 图像的默认视图。
- 在"全部通道"视图中，如果从"通道"菜单中进行选择，则只会影响面板中最上面的直方图。

3. 用原色显示通道直方图

如果想从"直方图"面板中用原色显示通道，可以进行以下任意一种操作。

- 在"全部通道视图"中，从"面板"菜单中选择"用原色显示通道"。
- 在"扩展视图"或"全部通道视图"中，从"通道"菜单中选某个单独的通道，然后从"面板"菜单中选择"用原色显示通道"。如果切换到"紧凑视图"，通道将继续用原色显示。
- 在"扩展视图"或"全部通道视图"中，从"通道"菜单中选择"颜色"可显示颜色中通道的复合直方图。如果切换到"紧凑视图"，复合直方图将继续用原色显示。用原色显示红通道的前后效果对比如图9.16所示。

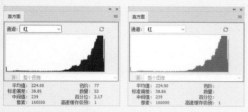

图9.16　用原色显示红通道的前后效果对比

4. 查看直方图统计数据

"直方图"面板显示了图像中与色调范围内所有可能灰度值相关的像素数曲线。水平（X）轴代表 0~255 的灰度值，垂直（Y）轴代表每一色调或颜色的像素数。X 轴下面的渐变条显示了从黑色到白色的实际灰度色阶。每条垂直线的高亮部分代表了 X 轴上每一色调所含像素的数目，线越高，图像中该灰度级别的像素越多。

要想查看直方图的统计数据，需要从"直方图"面板菜单中选择"显示统计数据"命令，在"直方图"面板下方将显示统计数据区域。如果想看数据请执行以下操作之一。

- 将指针放置在直方图中，可以查看特定像素值的信息。在直方图中移动鼠标指针时，指针变成一个十字指针。在直方图上移动十字指针时，直方图色阶、数量、百分位值都会随之改变。
- 在直方图中拖动突出显示该区域，可以查看一定范围内的值的信息。

"直方图"面板统计数据显示信息含义说明如下：

- "平均值"：代表了平均亮度。
- "标准偏差"：代表图像中亮度值的偏差变化范围。
- "中间值"：代表图像中的中间亮度值。
- "像素"：代表整个图像或选区中像素的总数。
- "色阶"：代表直方图中十字指针所在位置的灰度色阶，最暗的色阶（黑色）是0，最亮的色阶（白色）是255。
- "数量"：代表直方图中十字指针所在位置处的像素总数。
- "百分位"：代表十字指针位置在X轴上所占的百分数，从最左侧的0到最右侧的 100%。
- "高速缓存级别"：代表显示当前图像所用的高速缓存值。当高速缓存级别大于 1 时，会快速显示直方图。如果执行菜单栏中的"编辑"|"首选项"|"性能"命令，打开"首选项"|"性能"对话框，在"高速缓存级别"选项中可以设置调整缓存的级别。设置的级别越多则速度越快，选择的调整缓存级别越少则品质越高。

5. 查看分层文档的直方图

直方图不但可以查看单层图像，还可以查看分层图像，并可以查看指定的图层直方图统计数据，具体操作如下。

01 从"直方图"面板菜单中选择"扩展视图"命令。

02 从"源"菜单中指定一个图层或设置。"源"菜单效果如图9.17所示。

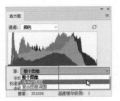

图9.17 "源"菜单

- "**整个图像**"：显示包含所有图层的整个图像的直方图。
- "**选中的图层**"：显示在"图层"面板中选择的图层的直方图。
- "**复合图像调整**"：显示在"图层"面板中选定的调整图层，包括调整图层下面的所有图层的直方图。

9.3.3 预览直方图调整

通过"直方图"面板可以预览任何颜色或色彩校正对直方图所产生的影响。在调整时只需要在使用的对话框中勾选"预览"复选框。比如使用"色阶"命令调整图像时，"直方图"面板的显示效果如图9.18所示。

图9.18 调整时直方图变化效果

9.3.4 "调整"面板

"调整"面板主要用于调整颜色和色调，使用"调整"面板中的命令进行的调整，会创建非破坏性调整图层，这也是使用"调整"面板的优点。

Photoshop 为用户提供了一系列调整预设和调整命令，可用于调整色阶、曲线、曝光度、色相/饱和度、黑白、通道混合器和可选颜色等。单击某个预设按钮即可将其应用到图像中。执行菜单栏中的"窗口"|"调整"命令，即可打开"调整"面板，如图 9.19 所示。

图9.19 "调整"面板

要使用调整命令，方法非常简单，只需要在"调整"面板中，单击某个命令图标，或从面板菜单中选择某个命令即可，例如，选择"亮度/对比度"命令，会弹出"属性"面板。也可以执行菜单栏中的"窗口"|"属性"命令，即可打开"属性"面板，如图 9.20 所示。

图9.20 "属性"面板

- "**剪贴蒙版**" ⊄□：为图层建立剪贴蒙版。单击该按钮，图标将变成⊄□状，此时调整层只对其下方的图层起作用，否则将影响下面所有的图层。
- "**按此按钮可查看上一状态**" ⊙：单击该按钮，可以查看调整设置的上一次显示效果。如果想长时间查看可单击该按钮后按住鼠标不放。
- "**复位到调整默认值**" ↺：单击该按钮，可以将调整参数恢复到初始设置。
- "**切换图层可见性**" ⊙：用来控制当前调整图层的显示与隐藏。
- "**删除此调整图层**" 🗑：单击该按钮，可删除当前调整图层。

要调整图像，首先要对调整图像的各个命令有个详细的了解，本节通过几个重要的实例，讲解图像调整的方法及调整命令的使用技巧。

练习9-1 利用"色调均化"重新分布图像色调 重点

难　度：★	

素材文件：第 9 章 \ 草原 .jpg

案例文件：第 9 章 \ 重新分布图像色调 .jpg

视频文件：第 9 章 \ 练习 9-1 利用"色调均化"重新分布图像色调 .avi

　　"色调均化"命令的作用是重新排列图像中不同颜色像素的亮度值，使它们均匀地将图像亮度值进行平均分布。使用此命令后，图像中像素的亮度值会以直方图形式进行分布，换一种理解的方法就是，在整个灰度范围内均匀分布每个色阶的灰度值，此功能在风景的调色过程中应用相当广泛。

01 执行菜单栏中的"文件"|"打开"命令，打开"草原.jpg"图像，如图9.21所示。

图9.21　打开图像

02 执行菜单栏中的"图像"|"调整"|"色调均化"命令，可以看出在软件自动计算图像亮度并平均分配以后，图像会有明显的变化，图像变得更加均化，最终效果如图9.22所示。

图9.22　最终效果

练习9-2 利用"曲线"深度调整图像明暗度 重点

难　度：★	

素材文件：第 9 章 \ 荷花 .jpg

案例文件：第 9 章 \ 深度调整图像明暗度 .psd

视频文件：第 9 章 \ 练习 9-2 利用"曲线"深度调整图像明暗度 .avi

　　"曲线"命令相比"色阶"命令具有更加强大的调整功能，相比"色阶"命令它可以分得更细化，用它来调整图像不但可以调整图像整体的色调，还可以精确地控制多个色调区域的明暗程度，并且可以选择不同的通道对其进行单独的调整。使用"曲线"命令可以对一些色彩丰富、明暗度较复杂的图像进行精确的调整。

01 执行菜单栏中的"文件"|"打开"命令，打开"荷花.jpg"图像，如图9.23所示。

02 单击"图层"面板底部的"创建新的填充或调整图层"按钮，在弹出的菜单中选择"曲线"命令，如图9.24所示。

图9.23 打开图像

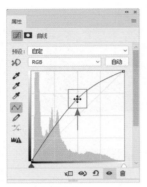

图9.24 调整曲线

03 在"属性"面板中选择"红"通道，然后以同样的方法对其进行调整，如图9.25所示，可以看出图像中的花朵部分明显变得更加鲜艳了。最终效果如图9.26所示。

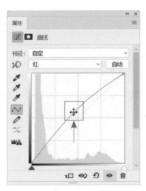

图9.25 调整"红"通道

图9.26 最终效果

练习9-3 利用"匹配颜色"匹配喜欢的场景颜色

难 度：	★ ★
素材文件：第 9 章 \ 原图 .jpg、匹配 .jpg	
案例文件：第 9 章 \ 匹配喜欢的场景颜色 .jpg	
视频文件：第 9 章 \ 练习 9-3 利用"匹配颜色"匹配喜欢的场景颜色 .avi	

　　"匹配颜色"命令可以让多个图像、多个图层，或者多个颜色选区的颜色一致。这在使不同图像外观一致时，以及当一个图像中特殊元素外观必须匹配另一个图像元素时，非常有用。匹配颜色命令也可以通过改变亮度、颜色范围和消除色偏来调整图像中的颜色。该命令仅限在图像模式为 RGB 的情况下使用。

01 执行菜单栏中的"文件"|"打开"命令，打开"原图.jpg"和"匹配.jpg"图像，如图9.27所示。

图9.27 打开图像

02 执行菜单栏中的"图像"|"调整"|"匹配颜色"命令，打开"匹配颜色"对话框，如图9.28所示。

图9.28 匹配设置

03 从"源"下拉菜单中选择"匹配.jpg"图像，然后将"明亮度"改为30，将"颜色强度"改为50，最终效果如图9.29所示。

图9.29 最终效果

利用"照片滤镜"模拟特殊镜头效果

难 度：★
素材文件：第9章\风景.jpg
案例文件：第9章\模拟特殊镜头效果.jpg
视频文件：第9章\练习9-4利用"照片滤镜"模拟特殊镜头效果.avi

"照片滤镜"命令是指在相机镜头前面加一个有色滤镜来调整照片的色彩，它的好处在于通过模拟真实相机镜头滤镜的效果来调整出自己想要的照片色彩风格。

01 执行菜单栏中的"文件"|"打开"命令，打开"风景.jpg"图像，如图9.30所示。

图9.30 打开图像

02 单击"图层"面板底部的"创建新的填充或调整图层"按钮，在弹出的菜单中选择"照片滤镜"命令。

03 在"属性"面板中选择"滤镜"为"加温滤镜85"，并将"浓度"值更改为90%，如图9.31所示。再观察图像就会发现色彩相比原图更加浓郁，图像则表达出给人一种深秋的感觉。

图9.31 加温滤镜

04 在"属性"面板中选择"滤镜"为"冷却滤镜80"，并将"浓度"值更改为80%，如图9.32所示。再观察图像就会发现由于选择了一个色调相对较冷的滤镜效果，照片则是表达出一种初冬的冷色调效果，因此在选择不同滤镜的时候可以发现会有不同的场景氛围。

图9.32 冷却滤镜

05 从这两种滤镜可以看出，照片滤镜可以快速地改变图像的色调，这两种色调的效果对比如图9.33所示。

图9.33 两种色调的效果对比

9.5 知识拓展

本章主要讲解了利用直方图分析图像的方法及调整图层的使用技巧，然后讲解了 Photoshop "图像" | "调整"菜单中常用命令的使用方法，通过大量的实例分析与实践，将图像调整的使用方法一一展示。掌握这些知识，可以令作品颜色更加绚丽多彩。

9.6 拓展训练

本章通过 4 个拓展训练，对色彩调整进行了更加详细的阐述，帮助读者快速了解图像调整的本质，以便在日后的工作中灵活应用。

训练9-1 利用"渐变映射"转换单色艺术图像

◆实例分析

"渐变映射"命令可以应用渐变重新调整图像色彩，在应用原始图像的灰度图像细节的情况下，加入所选渐变的颜色以达到修改图像色彩的目的，再配合修改图层的混合模式来更改图像颜色给人耳目一新的感觉。调色前后效果对比如图 9.34 所示。

图9.34 调色前后效果对比

◆本例知识点

渐变映射

训练9-2 使用"阈值"打造纯黑白艺术照片

◆实例分析

"阈值"命令就是将图像强制性地划分为黑白两色，通过更改图像色阶的数值来得到黑白像素不等的图像效果，在更改阈值色阶值大小的过程中，值越大，图像中就会有越多的像

难　　度: ★ ★
素材文件: 第 9 章 \ 农场 .jpg
案例文件: 第 9 章 \ 转换单色艺术图像 .psd
视频文件: 第 9 章 \ 训练 9-1 利用"渐变映射"转换单色艺术图像 .avi

素点变成黑色；值越小，就会有越多的像素点变为白色。当应用此命令后默认值是 50% 中性灰，亮度小于 50% 的灰的图像会变白，大于 50% 的灰的图像会变黑。调色前后效果对比如图 9.35 所示。

难　　度：★
素材文件：第 9 章 \ 树木 .jpg
案例文件：第 9 章 \ 打造纯黑白艺术照片 .jpg
视频文件：第 9 章 \ 训练 9-2　使用"阈值"打造纯黑白艺术照片 .avi

图9.35　调色前后效果对比

◆本例知识点

阈值

训练9-3 利用"黑白"处理单色图像

◆实例分析

　　"黑白"命令可以称之为一种主要用来处理黑白图像滤镜功能，创建风格各异的黑白图像效果。此滤镜是一个功能非常强大的工具，相对"去色"命令具有更强大的可编辑性，它可以通过简单的色调应用，将彩色图像或灰色图像处理成单色图像，并且可以利用通道颜色对图像中的黑白像素进行调整。调色前后效果对比如图 9.36 所示。

难　　度：★ ★
素材文件：第 9 章 \ 绿草地 .jpg
案例文件：第 9 章 \ 处理单色图像 .jpg
视频文件：第 9 章 \ 训练 9-3 利用"黑白"处理单色图像 .avi

图9.36　调色前后效果对比

◆本例知识点

黑白

训练9-4 利用"色彩平衡"快速修正图像偏色

◆实例分析

　　"色彩平衡"命令的作用就是对图像颜色进行混合，可以根据原始图像的色彩偏向对其进行相对的调整，以达到互补后调出图像需要的颜色的目的，此命令在调色过程中是必不可少的一项，通常可以用它来快速地修正偏色的照片。调色前后效果对比如图 9.37 所示。

难　　度：★ ★
素材文件：第 9 章 \ 花朵 .jpg
案例文件：第 9 章 \ 快速修正图像偏色 .jpg
视频文件：第 9 章 \ 训练 9-4　利用"色彩平衡"快速修正图像偏色 .avi

图9.37　调色前后效果对比

◆本例知识点

色彩平衡

第 10 章

神奇的滤镜特效

滤镜是 Photoshop 中非常强大的工具，它能够
在强化图像效果的同时遮盖图像的缺陷，并对图
像效果进行优化处理，制作出炫丽的艺术作品。
在 Photoshop 软件中根据不同的艺术效果，共
有 100 多种滤镜命令，另外还提供了特殊滤镜
组。本章首先讲解了滤镜的应用技巧及注意事项，
并讲解了滤镜库的使用方法，然后结合不同的滤
镜以案例的形式讲解了该滤镜在实战中的应用技
巧。通过本章的学习，读者应该能够掌握如何使
用滤镜来为图像添加特殊效果，这样才能真正掌
握滤镜的使用，创作出令人称赞的作品。

教学目标

了解滤镜的应用技巧及注意事项
掌握滤镜库的使用
掌握特殊滤镜的使用
掌握常用滤镜命令的使用

扫码观看本章
案例教学视频

10.1 滤镜的整体把握

滤镜是 Photoshop 中非常强大的功能，但在使用上也需要有整体的把握能力，需要注意滤镜的使用规则及注意事项。

10.1.1 滤镜的使用规则 重点

Photoshop 为用户提供了上百种滤镜，都放置在"滤镜"菜单中，而且各有不同的作用。在使用滤镜时，应注意以下几个技巧。

1. 使用滤镜

要使用滤镜，首先在文档窗口中，指定要应用滤镜的文档或图像区域，然后执行"滤镜"菜单中的相关滤镜命令，打开当前滤镜对话框，对该滤镜进行参数调整，然后确认即可应用滤镜。

2. 重复滤镜

当执行完一个滤镜操作后，在"滤镜"菜单的第 1 行将出现刚才使用的滤镜名称，选择该命令，或按 Alt + Ctrl + F 组合键，可以以相同的参数再次应用该滤镜。

3. 复位滤镜

在滤镜对话框中，经过修改后，如果想复位当前滤镜到打开时的设置，可以按住 Alt 键，此时该对话框中的"取消"按钮将变成"复位"按钮，单击该按钮可以将滤镜参数恢复到打开该对话框时的状态。

4. 滤镜效果预览

在所有打开的"滤镜"命令对话框中，都有相同的预览设置。比如，执行菜单栏中的"滤镜"|"风格化"|"扩散"和"滤镜"|"扭曲"|"挤压"命令，分别打开"扩散"和"挤压"对话框，如图 10.1 所示。下面对相同的预览进行详细的讲解。

图10.1 对话框

- **"预览窗口"**：在该窗口中，可以看到图像应用滤镜后的效果，以便及时地调整滤镜参数，达到满意效果。当图像的显示大于预览窗口时，在预览窗口中拖动鼠标指针，可以移动图像的预览位置，以查看不同图像位置的效果。
- **"缩小" ⊟ Q**：单击该按钮，可以缩小预览窗口中的图像显示区域。
- **"放大" ⊞ Q**：单击该按钮，可以放大预览窗口中的图像显示区域。
- **"缩放比例"**：显示当前图像的缩放比例值，有的是可以打开一个菜单，选择缩放比例。当单击"缩小"或"放大"按钮时，该值将随之变化。
- **"预览"**：勾选该复选框，可以在当前图像文档中查看滤镜的应用效果；如果取消勾选该对话框，则只能在对话框中的预览窗口中查看滤镜效果，当前图像文档中没有任何变化。

10.1.2 滤镜应用注意事项

- 如果当前图像中有选区，则滤镜只对选区内的图像起作用；如果没有选区，滤镜将作用在整个图像上。如果想使滤镜与原图像更好地结合，可以将选区设置一定的羽化效果后再应用滤镜效果。
- 如果当前的选择为某一层、某一单一的色彩的通道或Alpha通道，滤镜只对当前的图层或通道起作用。

- 有些滤镜的使用会很占用内存，特别是应用在高分辨率的图像上。这时可以先对单个通道或部分图像使用滤镜，将参数设置记录下来，然后再对图像使用该滤镜，避免重复无用的操作。

- 位图是由像素点构成的，滤镜的处理也是以像素为单位，所以滤镜的应用效果和图像的分辨率有直接的关系，对不同分辨率的图像应用相同的滤镜和参数设置，产生的效果可能会不相同。

- 在位图、索引颜色和16位或32位的色彩模式下，全部或部分滤镜不能使用。另外，不同的颜色模式下也会有不同的滤镜可用，有些模式下的部分滤镜是不能使用的。

- 使用"历史记录"面板配合"历史记录画笔工具"可以对图像的局部应用滤镜效果。

- 在使用相关的滤镜对话框时，如果不想应用该滤镜效果，可以按"Esc"键关闭当前对话框。

- 如果已经应用了滤镜，可以按"Ctrl + Z"组合键撤销当前的滤镜操作。

- 一个图像可以应用多个滤镜，但应用滤镜的顺序不同，产生的效果也会不同。

10.1.3 普通滤镜与智能滤镜

在 Photoshop 中，普通滤镜是通过修改像素来生成效果的，如果保存图像并关闭，就无法将图像恢复为原始状态了，如图 10.2 所示。

图10.2 普通滤镜

智能滤镜是一种非破坏性的滤镜，其滤镜效果应用于智能对象上，不会修改图像的原始数据。单击智能滤镜前面的眼睛图标，可将滤镜效果隐藏，将它删除，图像恢复原始效果，如图 10.3 所示。

图10.3 智能滤镜

10.2 特殊滤镜的使用

Photoshop 的特殊滤镜较以前版本没有太大的改变，包括"滤镜库""自适应广角""Camera Raw 滤镜""镜头校正""液化"和"消失点"，下面来讲解这些特殊滤镜的使用。

10.2.1 使用滤镜库 （重点）

"滤镜库"是一个集中了大部分滤镜效果的集合库，它将滤镜作为一个整体放置在该库中，利用"滤镜库"可以对图像进行滤镜操作。这样很好地避免了多次单击滤镜菜单，选择不同滤镜的繁杂操作。执行菜单栏中的"滤镜"|"滤镜库"命令，即可打开图 10.4 所示的"滤镜库"对话框。

图10.4 "滤镜库"对话框

1. 预览区

在"滤镜库"对话框的左侧，是图像的预览区，如图10.5所示。通过该区域可以完成图像的预览效果。

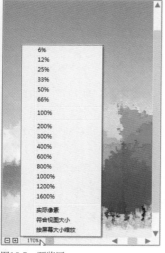

图10.5 预览区

- "图像预览"：显示当前图像的效果。
- "放大" ⊞：单击该按钮，可以放大图像预览效果。
- "缩小" ⊟：单击该按钮，可以缩小图像预览效果。
- "缩放比例"：单击该区域，可以打开缩放菜单，选择预设的缩放比例。如果选择"实际像素"，则显示图像的实际大小；选择"符合视图大小"，则会根据当前对话框的大小缩放图像；选择"按屏幕大小缩放"则会满屏幕显示对话框，并缩放图像到合适的尺寸。

2. 滤镜和参数区

在"滤镜库"的中间显示了6个滤镜组，如图10.6所示。单击滤镜组名称，可以展开或折叠当前的滤镜组。展开滤镜组后，单击某个滤镜命令，即可将该命令应用到当前的图像中，并且在对话框的右侧显示当前选择滤镜的参数选项。还可以从右侧的下拉列表框中，选择各种滤镜命令。

在"滤镜库"右下角显示了当前应用在图像上的所有滤镜列表。单击"新建效果图层"按钮 🖫，可以创建一个新的滤镜效果，以便增加更多的滤镜。如果不创建新的滤镜效果，每次单击滤镜命令，会将刚才的滤镜替换掉，而不会增加新的滤镜命令。选择一个滤镜，然后单击"删除效果图层"按钮 🗑，可以将选择的滤镜删除掉。

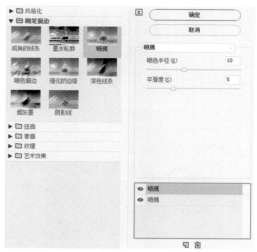

图10.6 滤镜和参数区

10.2.2 自适应广角 重点

"自适应广角"可轻松拉直全景图像或使用鱼眼、广角镜头拍摄的照片中的弯曲对象。运用个别镜头的物理特性自动校正弯曲。"自适应广角"也是 Photoshop CS6 加入的新功能。

执行菜单栏中的"滤镜"|"自适应广角"命令，

打开"自适应广角"对话框。在预览操作图中绘制出一条操作线，通过白点可进行广角调整。

原图与使用"自适应广角"命令的对比效果如图10.7所示。

图10.7　原图与使用效果对比

- "校正"：在下拉菜单中选择要校正的投影模型，包括"鱼眼""透视""自动"和"完整球面"。
- "缩放"：缩放指定图像的比例。
- "焦距"：指定焦距。
- "裁剪因子"：指定裁剪因子。
- "细节"：鼠标指针放置在预览操作区时，按照指针的移动在细节显示区可查看图像操作细节。

10.2.3　镜头校正　重点

该滤镜主要用来修复常见的镜头瑕疵，如桶形或枕形失真、晕影和色差等拍摄出现的问题。执行菜单栏中的"滤镜"|"镜头校正"命令，打开"镜头校正"对话框。

原图与使用"镜头校正"命令后的对比效果如图10.8所示。

图10.8　原图与使用"镜头校正"命令后的对比效果

- "设置"：从右侧的下拉菜单中，可以选取一个预设的设置选项。选择"镜头默认值"选项，可以以默认的相机、镜头、焦距和光圈组合进行设置。选择"上一校正"选项，可以使用上一次镜头校正时使用的相关设置。
- "移去扭曲"：用来校正镜头枕形和桶形失真效果。向左拖动滑块，可以校正枕形失真；向右拖动滑块，可以校正桶形失真。另外，通过"边缘"选项，可以处理因失真生成的空白图像边缘。
- "色差"：校正因失真产生的色边。"修复红/青边"选项，可以调整红色或青色的边缘，利用补色原理修复红边或青边效果。同样"修复蓝/黄边"选项，可以调整蓝色或红色边缘。
- "晕影"：用来校正由于镜头缺陷或镜头遮光产生的较亮或较暗的边缘效果。"数量"选项用来调整图像边缘变亮或变暗的程度；"中点"选项用来设置"数量"滑块受影响的区域范围，值越小，受到的影响就越大。
- "垂直透视"：用来校正相机由于向上或由下倾斜而导致的图像透视变形效果，可以使图像中的垂直线平行。

"水平透视"：用来校正相机由于向左或向右倾斜而导致的图像透视变形效果，可以使图像中的水平线平行。

"角度"：通过拖动转盘或输入数值以校倾斜的图像效果，也可以使用"拉直工具"进行校正。

"比例"：向前或向后调整图像的比例，主要移去由于枕形失真、透视或旋转图像而产生的图像空白区域，不过图像的原始尺寸不会发生改变。放大比例将导致多余的图像被裁剪掉，并使差值增大到原始像素尺寸。

10.2.4 液化滤镜 难点

使用"液化"滤镜的相关工具在图像上进行拖动或单击，可以扭曲图像进行变形处理。可以将图像看作一个液态的对象，可以对其进行推拉、旋转、收缩和膨胀等变形操作。执行菜单栏中的"滤镜"|"液化"命令，即可打开如图10.9所示的"液化"对话框。在对话框的左侧是滤镜的工具栏，显示"液化"滤镜的工具；中间位置为图像预览操作区，在此对图像进行液化操作并显示最终效果；右侧为相关的属性设置区。

图10.9 "液化"对话框

技巧

将鼠标指针移至预览区域中，按住空格键，可以使用抓手工具移动视图。

1. 液化工具的使用

在"液化"对话框的左侧，系统为用户提供了12个工具，如图10.10所示。各个工具有

不同的变形效果，利用这些工具可以制作出神奇有趣的变形特效。下面来讲解这些工具的使用方法及技巧。

图10.10 工具栏

- **"向前变形工具"** 🖐：使用该工具在图像中拖动，可以将图像向前或向后进行推拉变形。图10.11所示为变形后的图像效果，在猫咪左耳朵上向内拖动鼠标指针，将耳朵变短；在猫咪右耳朵上向外拖动鼠标指针，将耳朵变长。

图10.11 变形后的图像效果

技巧

使用"向前变形工具"拖动变形时，如果一次拖动不能达到满意的效果，可以多次进行单击或拖动来修改，以达到目的。

- **"重建工具"** 🖌：使用该工具在变形图像上拖动，可以将鼠标指针经过处的图像恢复为使用变形工具变形前的状态。
- **"平滑工具"** 🖌：该工具与"重建工具"相似，只是在使用时更加平缓、平滑。
- **"顺时针旋转扭曲工具"** 🌀：使用该工具将指针放在图像上，按住鼠标不动或拖动鼠标，可以将图像进行顺时针变形；如果在按住鼠标不动或拖动鼠标变形的同时，按住Alt键，则可以将图像进行逆时针变形。使用"顺时针旋转扭曲工具"变形效果如图10.12所示。

图10.12 "顺时针旋转扭曲工具变形"效果

- **"褶皱工具"** 🏵：使用该工具，将指针放在图像上，按住鼠标不动或拖动鼠标，可以使图像产生收缩效果。它与"膨胀工具"变形效果正好相反。
- **"膨胀工具"** ✛：使用该工具，将指针放在图像上，按住鼠标不动或拖动鼠标，可以使图像产生膨胀效果。它与"褶皱工具"变形效果正好相反。

分别使用"褶皱工具"和"膨胀工具"对猫咪眼睛按住鼠标不动进行收缩和膨胀的效果，如图 10.13 所示。

图10.13 收缩和膨胀的效果

- **"左推工具"** 🕱：主要用来移动图像像素的位置。使用该工具在图像上向上拖动，可以将图像向左推动变形；如果向下拖动，则可以将图像向右推动变形。如果按住Alt键推动，将发生相反的效果。原图与向左推动图像效果如图10.14所示。

图10.14 原图与向左推动图像效果

- **"冻结蒙版工具"** 🖊：使用该工具在图像上进行单击或拖动，将出现红色的冻结选区，该选区将被冻结，冻结的部分将不再受编辑的影响。
- **"解冻蒙版工具"** 🖊：该工具用来将冻结的区域擦除，以解除图像区域的冻结。冻结与解冻效果如图10.15所示。

图10.15 冻结与解冻效果

- **"脸部工具"** 👤：选择该工具后，将指针放置在脸部，注意这里说的脸部并不单单指人脸，放在不同的位置，如眼睛、鼻子、嘴巴、面部等，将产生不同的调整框，通过这些调整框可以使面部变形，功能非常强大，对于爱美的人士来说是绝对的利器，图10.16所示为脸部工具的修改效果。

图10.16 脸部工具的修改效果

- **"抓手工具"** ✋：当放大到一定程度后，预览操作区中将不能完全显示图像时，利用该工具可以移动图像的预览位置。
- **"缩放工具"** 🔍：在图像中进行单击或拖动，可以放大预览操作区中的图像。如果按住Alt键单击，可以缩小预览操作区中的图像。

2. 图像预览操作区

图像预览操作区除了具有预览功能，还是进行图像液化的主要操作区，使用"液化"工具栏中的工具在操作区中的图像上进行编辑，即可对图像进行变形操作。

3. 属性设置区

在"液化"对话框的右侧是属性设置区，主要用来设置液化的参数，并分为 6 个小参数区："画笔工具选项""人脸识别液化""载入网格选项""蒙版选项""视图选项"和"画笔重建选项"。下面来分别讲解这 6 个小参数区中的选项应用。

画笔工具选项区如图 10.17 所示，选项参数说明如下。

图10.17　画笔工具选项

- **"大小"**：设置变形工具的笔触大小。可以直接在列表框中输入数值，也可以在打开的滑杆中拖动滑块来修改。
- **"浓度"**：设置变形工具笔触的作用范围，有些类似于"画笔工具"选项中的硬度。值越大，作用的范围就越大。
- **"压力"**：设置变形工具对图像变形的程度。画笔的压力值越大，图像的变形越明显。
- **"速率"**：设置变形工具对图像变形的速度。值越大，图像变形就越快。
- **"光笔压力"**：如果安装了数字绘图板，勾选该复选框，可以启动光笔压力效果。
- **"固定边缘"**：选择该复选框，可以将图像边缘锁定。

人脸识别液化选项是 Photoshop 为时下流行的人脸美化专门设计的，功能非常的强大，但使用方法又非常的傻瓜化，可以说只要能看懂中文，基本就可以掌握，如图 10.18 所示，选项参数说明如下。

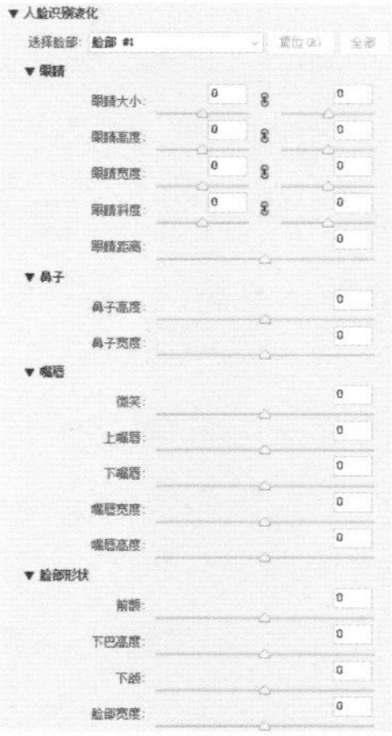

图10.18　人脸识别液化选项

- **"眼睛"**：该选项组中的选项主要用来针对眼睛进行处理，包括"眼睛大小""眼睛高度""眼睛宽度""眼睛斜度"和"眼睛距离"，所谓的大眼睛、单凤眼等，都可以轻松地处理。需要注意的是，眼睛调整默认是左、右眼分别调整的，为了避免出现左、右眼不同，可以单击"约束"按钮 ⑧，以同时调整左、右眼。
- **"鼻子"**：该选项组主要针对鼻子进行处理，包括"鼻子高度"和"鼻子宽度"两个选项，分别调整高鼻梁和大小鼻子。
- **"嘴唇"**：该选项组主要针对嘴唇进行处理，包括"微笑""上嘴唇""下嘴唇""嘴唇宽度"和"嘴唇高度"。
- **"脸部形状"**：该选项组主要对脸部进行处理，包括"前额""下巴高度""下颌"和"脸部宽度"。

载入网格选项可以保存和载入以前的修改模板，如图 10.19 所示，选项参数说明如下。

图10.19　载入网格选项

- **"载入网格"**：单击该按钮，将打开"打开"对话框，可以打开曾经保存过的网格，或其他格式为".msh"的网格，直接应用在图像上。
- **"载入上次网格"**：单击该按钮，可以载入上次所使用的网格。
- **"存储网格"**：单击该按钮，将打开"另存为"对话框，可以将当前图像的液化修改保存起来，以供日后通过"载入网格"来编辑修改。

蒙版选项主要对选区和蒙版进行操作，如图 10.20 所示，选项参数说明如下。

图10.20　蒙版选项

- **选区和蒙版操作**：该区域可以对图像预存的 Alpha 通道和图像选区还有透明度进行运算，以制作冻结区域。用法与选区的操作相似。
- **"无"**：单击该按钮，可以将蒙版去除，解冻所有冻结区域。
- **"全部蒙住"**：单击该按钮，可以将图像所有区域创建蒙版冻结。
- **"全部反相"**：单击该按钮，可以将当前的冻结区变成未冻结区，而原来的未冻结区变成冻结区，以反转当前图像中的冻结区与未冻结区。

视图选项区主要对视图进行设置，如图 10.21 所示，选项参数说明如下。

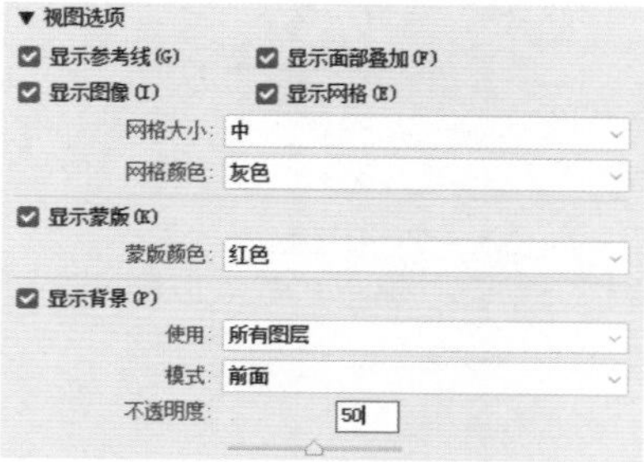

图10.21　视图选项

- **"显示参考线"**：勾选该复选框，在预览操作区中显示参考线。
- **"显示图像"**：勾选该复选框，在预览操作区中显示图像。
- **"显示面部叠加"**：勾选该复选框，在预览操作区中显示面部特征叠加效果。
- **"显示网格"**：勾选该复选框，将在预览操作区中显示辅助网格。可以在"网格大小"右侧的下拉列表中选择网格的大小；在"网格颜色"右侧的下拉列表中，选择网格的颜色。
- **"显示蒙版"**：勾选该复选框，在预览操作区中将显示蒙版区域，并可以在"蒙版颜色"右侧的下拉列表中，指定蒙版的显示颜色。
- **"显示背景"**：默认情况下，不管图像有多少层，"液化"滤镜只对当前层起作用。如果想变形其他层，可以在"使用"右侧的下拉列表中，指定分层图像的其他图层。并可以为该图层通过"模式"下拉列表来指定图层的模式。还可以通过"不透明度"来指定图像的不透明程度。

画笔重建选项主要对液化的图像进行重建处理，如变形的强度、恢复全部等，如图 10.22 所示，选项参数说明如下。

图10.22　画笔重建选项

- **"重建"**：单击该按钮，将打开"恢复重建"对话框，如图10.23所示，通过调整百分比可以对液化的图像恢复重建。

图10.23　"恢复重建"对话框

- **"恢复全部"**：单击该按钮，可以将整个图像不管是否冻结都将恢复到变形前的效果。

技巧

要想将图像的变形效果全部还原，直接单击"恢复全部"按钮，图像立刻恢复到原来的状态。

10.2.5　消失点滤镜

"消失点"滤镜对带有规律性透视效果的图像，可以极大地加速和方便克隆复制操作。它还填补了修复工具不能修改透视图像的空白，可以轻松将透视图像修复。如建筑的加高、广场地砖的修复等。

选择要应用消失点的图像，执行菜单栏中的"滤镜"|"消失点"命令，打开图 10.24 所示的"消失点"对话框。在对话框的左侧是消失点工具栏，显示了消失点操作的相关工具；对话框的顶部为工具参数栏，显示了当前工具的相关参数；工具参数栏的下方是工具提示栏，显示当前工具的相关使用提示；在工具提示下方显示的是预览操作区，在此可以使用相关的工具对图像进行消失点的操作，并可以预览到操作的效果。

图10.24 "消失点"对话框

练习10-1 利用"消失点"处理透视图像 难点

难 度: ★ ★ ★
素材文件: 第10章 \ 茶杯.jpg
案例文件: 第10章 \ 处理透视图像.jpg
视频文件: 第10章 \ 练习10-1 利用"消失点"处理透视图像.avi

下面以一个案例来讲解"消失点"滤镜的使用方法和技巧。

01 执行菜单栏中的"文件"|"打开"命令,打开"茶杯.jpg"文件,如图10.25所示。从图中可以看到,在图片中有两只茶杯,而地板从纹理来看带有一定的透视性,如果使用修复或修补工具,是不能修复带有透视性的图像的,这里使用"消失点"滤镜来完成。

图10.25 打开的图像

02 执行菜单栏中的"滤镜"|"消失点"命令,打开"消失点"对话框,在工具栏中确认选择"创建平面工具" ,在合适的位置,单击鼠标确定平面的第1个点,然后沿地板纹理的走向单击确定平面的第2个点,如图10.26所示。

图10.26 绘制第1点和第2点

03 使用"创建平面工具"继续创建其他两个点,注意创建点时的透视平面,创建第3点和第4点后,完成平面的创建,效果如图10.27所示。

图10.27 创建平面完成效果

04 创建平面网格后,可以使用工具栏中的"编辑平面工具" ,对平面网格进行修改,可以拖动平面网格的4个角点来修改网格的透视效果,也可以拖动中间的4个控制点来缩放平面网格的大小。通过工具参数栏中的"网格大小"选项,可以修改网格的格子的大小,值越大,格子也越大;通过"角度"选项,可以修改网格的角度。图10.28所示为修改后的网格大小。

图10.28　修改后的网格大小

05 首先来看一下使用"选框工具"[ ]修改图像的方法。在"消失点"对话框的工具栏中，选择"选框工具"[ ]，将指针放在图像的合适位置，按住鼠标拖动绘制一个选区，可以看到绘制出的选区会根据当前平面产生透视效果。在工具参数栏中，设置"羽化"的值为3，"不透明度"的值为100，"修复"设置为"开"，"移动模式"设置为目标，如图10.29所示。

图10.29　绘制矩形选区并设置参数

提示

在工具参数栏中，显示了该工具的相关参数，"羽化"选项可以设置图像边缘的柔和效果；"不透明度"选项可以设置图像的不透明程度，值越大越不透明；"修复"选项可以设置图像修复效果，选择"关"选项将不使用任何效果，选择"明亮度"选项将为图像增加亮度，选择"开"选项将使用修复效果；"移动模式"选项设置拖动选区时的修复模式，选择"目标"选项将使用选区中的图像复制到新位置，不过在使用时要借助于Alt键，选择"源"选项将使用源图像填充选区。

06 这里要将选区中的图像覆盖茶碗，所以在按住Alt键的同时，拖动选区到茶碗位置，注意地板纹理的对齐，达到满意的效果后，释放鼠标即可，修复效果如图10.30所示。

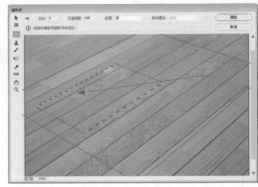

图10.30　修复效果

07 下面来讲解使用"图章工具"[ ]修复图像的方法。连续按Ctrl + Z组合键，恢复刚才的选区修改前的效果，直到选区消失。效果如图10.31所示。

技巧

在"消失点"对话框中，按 Ctrl + Z 组合键，可以撤销当前的操作；按 Ctrl + Shift + Z 组合键，可以还原当前撤销的操作。

图10.31　撤销后的效果

08 在工具栏中选择"图章工具"[ ]，然后按住Alt键，在图像的合适位置进行单击，以提取取样图像，如图10.32所示。

图10.32 单击鼠标进行取样

09 取样后释放辅助键并移动鼠标，可以看到根据直径大小显示的取样图像，并且在移动指针时，可以看到图像根据当前平面的透视产生不同的变形效果。这里注意地板纹理的对齐，然后按住鼠标拖动，即可将图像修复，修复完成后，单击"确定"按钮，即可完成对图像的修改。修复过程的效果如图10.33所示。

图10.33 修复过程效果

10.3 重点滤镜案例制作

下面通过案例，讲解常用及重点滤镜的实战应用技巧。

练习10-2 使用"液化"命令制作围巾宣传海报 重点

难　　度：	★★★

素材文件：第10章\哈密瓜.psd、围巾.jpg

案例文件：第10章\围巾宣传海报.psd

视频文件：第10章\练习10-2 使用"液化"命令制作围巾宣传海报.avi

本例主要讲解利用"液化"命令将水果变形，然后添加围巾，制作出围巾宣传海报效果，具体的操作步骤如下。

01 执行菜单栏中的"文件"|"新建"命令，设置"宽度"为400像素，"高度"为400像素，分辨率为150像素/英寸的画布，然后将其填充浅蓝色（C：30，M：0，Y：10，K：0）到蓝绿色（C：70，M：10，Y：40，K：0）的径向渐变，如图10.34所示。

02 执行菜单栏中的"文件"|"打开"命令，打开"哈密瓜.psd"和"围巾.jpg"文件，选择"哈密瓜"画布，将其拖动到新建的画布中，然后稍加调整，效果如图10.35所示。

图10.34 填充渐变

图10.35 调整效果

03 确认选择"哈密瓜"图层，执行菜单栏中的"滤镜"|"液化"命令，打开"液化"对话框，

设置"画笔大小"为100，"画笔密度"为50，"画笔压力"为100，然后对哈密瓜进行调整，液化效果如图10.36所示。

04 选择"围巾"画布。选择"魔棒工具" 在白色部分进行单击，将白色区域选中，按Shift + Ctrl + I组合键将选区进行反向选择，将"围巾"拖动到新建的画布中稍加调整，如图10.37所示。

图10.36 液化效果　　　图10.37 拖动并调整

05 选择"橡皮擦工具" ，在选项栏中设置其"大小"为35像素，"硬度"为50%，如图10.38所示。

06 对围巾的上方部分进行擦除，擦除效果如图10.39所示。

图10.38 画笔设置　　　图10.39 擦除效果

07 使用"横排文字工具" 在画布中输入相应的文字，放置到合适的位置。这样就完成了整个围巾宣传海报的制作，如图10.40所示。

图10.40 完成效果

难　度：	★ ★
素材文件：第 10 章 \ 风景 .jpg	
案例文件：第 10 章 \ 朦胧中的美 .psd	
视频文件：第 10 章 \ 练习 10-3　利用"高斯模糊"打造朦胧中的美	

本例首先利用"色相 / 饱和度"命令对图片调色，然后利用"高斯模糊"滤镜将图片模糊，然后通过"滤色"图层模式打造出朦胧中的美。

01 执行菜单栏中的"文件"|"打开"命令，打开"风景.jpg"文件，如图10.41所示。

02 在"图层"面板中将"背景"图层复制一份得到"背景 拷贝"图层，如图10.42所示。

图10.41 打开的风景图　　　图10.42 复制图层

03 执行菜单栏中的"图像"|"调整"|"色相/饱和度"命令，打开"色相/饱和度"对话框，设置"饱和度"为48，其他参数为默认，如图10.43所示，单击"确定"按钮，效果如图10.44所示。

图10.43 参数设置

图10.44 调整饱和度效果

04 执行菜单栏中的"滤镜"|"模糊"|"高斯模糊"命令，打开"高斯模糊"对话框，设置"半径"为8像素，如图10.45所示，单击"确定"按钮，效果如图10.46所示。

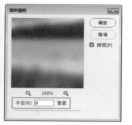
图10.45 参数设置

图10.46 高斯模糊效果

05 在"图层"面板中，设置"背景 拷贝"图层的混合模式为"滤色"，如图10.47所示。这样就完成了整个朦胧中的美的处理，最终效果如下图所示。

图10.47 应用滤色模式

练习10-4 利用"特殊模糊"制作粉笔画 重点

难　　度：★★
素材文件：第 10 章 \ 熊猫 .jpg、砖墙 .jpg
案例文件：第 10 章 \ 粉笔画 .psd
视频文件：第 10 章 \ 练习 10-4 利用"特殊模糊"制作粉笔画 .avi

本例首先利用"特殊模糊"滤镜将图片处理出白色描边效果，然后利用"魔棒工具" 将描边抠出，最后利用"溶解"图层模式制作出粉笔画效果。

01 执行菜单栏中的"文件"|"打开"命令，打开"熊猫.jpg"和"砖墙.jpg"文件，如图10.48所示。

图10.48 打开素材

02 选择"熊猫"画布。执行菜单栏中的"滤镜"|"模糊"|"特殊模糊"命令，打开"特殊模糊"对话框，设置"半径"的值为3，"阈值"的值为30，"品质"为中，"模式"为仅限边缘，如图10.49所示，单击"确定"按钮，效果如图10.50所示。

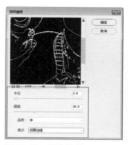
图10.49 参数设置

图10.50 特殊模糊效果

03 选择工具箱中的"魔棒工具" ，在选项栏中设置"容差"为32，并取消"连续"复选框，在画布中黑色区域单击将黑色背景全部选中，然后按Shift + Ctrl + I组合键将选区反选，选中白色部分图像，如图10.51所示。

04 利用"移动工具" 将选区中的图像拖动到"砖墙"画布中，然后再调整其大小和位置，效果如图10.52所示。

图10.51 选区反选效果

图10.52 拖动并调整

05 在"图层"面板中，修改该图层的混合模式为"溶解"，如图10.53所示。这样就完成了整个粉笔画的制作，最终效果如图10.54所示。

图10.53 修改混合模式　　图10.54 最终效果

练习10-5 利用"喷色描边"制作艺术边框效果 重点

难　　度：★ ★ ★
素材文件：第 10 章 \ 小鸟 .jpg
案例文件：第 10 章 \ 艺术边框 .psd
视频文件：第 10 章 \ 练习 10-5 利用"喷色描边"制作艺术边框效果 .avi

本例主要讲解利用"喷色描边"滤镜制作喷色艺术边框效果。

01 执行菜单栏中的"文件"|"打开"命令，打开"小鸟.jpg"文件，如图10.55所示。

02 选择工具箱中的"矩形选框工具"，在画布中绘制出一个比图像稍小的矩形选区，如图10.56所示。

图10.55 打开素材　　图10.56 绘制选区

03 单击工具箱底部的"以快速蒙版模式编辑"按钮，进入快速蒙版模式，效果如图10.57所示。

04 执行菜单栏中的"滤镜"|"滤镜库"|"画笔描边"|"喷色描边"命令，打开"喷色描边"对话框，设置"描边长度"的值为3，"喷色半径"的值为5，单击"确定"按钮，效果如图10.58所示。

图10.57 进入快速蒙版模式　　图10.58 喷色描边效果

05 单击工具箱中的"以标准模式编辑"按钮，退出快速蒙版，按Shift + Ctrl + I组合键将选区反选，如图10.59所示。

06 新建图层——图层1，将前景色设置为白色并填充选区，按Ctrl + D组合键取消选区，这样就完成了整个喷色边框的制作，如图10.60所示。

图10.59 反向选区　　图10.60 填充选区

10.4 知识拓展

本章主要对 Photoshop 的滤镜进行了详细的讲解，特别是滤镜的整体把握，包括滤镜的使用规则、注意事项、普通滤镜与智能滤镜的区别等，还将特殊滤镜的使用加以阐述，重点掌握滤镜在案例中的应用技巧。

本章通过 3 个拓展训练，帮助读者对 Photoshop 的内置滤镜知识进行巩固，掌握滤镜的应用技巧。

训练10-1 利用"马赛克"打造个性方块效果

◆实例分析

本例主要讲解利用"马赛克"滤镜打造个性方块效果。最终效果如图 10.61 所示。

难 度：★★
素材文件：第 10 章 \ 打造个性方块效果 .jpg
案例文件：第 10 章 \ 打造个性方块效果 .psd
视频文件：第 10 章 \ 训练 10-1 利用"马赛克"打造个性方块效果 .avi

图10.61 最终效果

◆本例知识点

1."马赛克"和"点状化"滤镜
2．快速蒙版

训练10-2 利用"径向模糊"制作烟状纹理

◆实例分析

本例主要讲解利用"径向模糊""旋转扭曲"和"镜头光晕"滤镜制作烟状纹理效果。最终效果如图 10.62 所示。

难 度：★★★
素材文件：无
案例文件：第 10 章 \ 游戏光线背景 .psd
视频文件：第10 章\训练10-2 利用"径向模糊"制作烟状纹理 .avi

图10.62 完成效果

◆本例知识点

1."镜头光晕"滤镜
2."径向模糊"滤镜
3."旋转扭曲"滤镜

训练10-3 利用"晶格化"制作熔岩插画艺术特效

◆实例分析

本例主要讲解利用"晶格化"滤镜打造熔岩插画艺术特效。首先利用"云彩"滤镜制作出云彩背景，然后利用"晶格化"滤镜制作出纹理，并通过"调色刀"滤镜将纹理细化，最后利用 USM 锐化将背景清晰化，完成个性插画背景效果制作。最终效果如图 10.63 所示。

难 度：★★
素材文件：无
案例文件：第 10 章 \ 熔岩插画艺术特效 .psd
视频文件：第 10 章 \ 训练 10-3 利用"晶格化"制作熔岩插画艺术特效 .avi

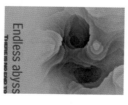

图10.63 最终效果

◆本例知识点

1."云彩"滤镜
2."晶格化"滤镜
3."调色刀"滤镜

第**4**篇

实战篇

第**11**章

UI图标及界面设计

本章主要详解 UI 图标及界面设计，图标是具有明确指代含义的计算机图形，在 UI 界面中主要指软件标识，是 UI 界面应用图形化的重要组成部分；界面就是设计师赋予物体的新面孔，用户和系统进行双向信息交互的支持软件、硬件及方法的集合。界面应用是综合性的，它可以看成是由很多界面元素组成的，在设计上要符合用户心理行为，在追求华丽的同时，也应当遵循符合大众审美。

教学目标

了解图标及界面的含义
掌握图标的设计方法
掌握界面的设计技巧

扫码观看本章
案例教学视频

◆**实例分析**

本例讲解制作安全防护图标，本例中图标以雨伞作为主体图像，将安全的特征表现得十分形象；本例主体色为中性蓝，以浅红色作为辅助色，整体色调表现出很强的安全特征及科技感。最终效果如图 11.1 所示。

难　　度：★★★
素材文件：无
案例文件：第 11 章 \ 安全防护图标 .psd
视频文件：第 11 章 \11.1 安全防护图标 .avi

图11.1　最终效果

◆**本例知识点**

1. "椭圆工具" ◯
2. "钢笔工具" ◢
3. "创建剪贴蒙版" 命令

◆**操作步骤**

11.1.1　绘制主视觉图像

01 执行菜单栏中的"文件"|"新建"命令，在弹出的对话框中设置"宽度"为400像素，"高度"为350像素，"分辨率"为72像素/英寸，新建一个空白画布。

02 选择工具箱中的"椭圆工具" ◯，在选项栏中将"填充"更改为蓝色（R：184，G：212，B：231），"描边"为无，按住Shift键绘制一个圆形，

此时将生成一个"椭圆1"图层，如图11.2所示。

03 选择工具箱中的"钢笔工具" ◢，在选项栏中选择"形状"，将"填充"更改为红色（R：233，G：90，B：73），"描边"更改为无，在圆形的左上角绘制一个四分之一圆，如图11.3所示。

图11.2　绘制圆形

图11.3　绘制图形

04 选择工具箱中的"椭圆工具" ◯，在选项栏中将"填充"更改为红色（R：225，G：30，B：47），"描边"为无，按住Shift键绘制一个圆形，此时将生成一个"椭圆2"图层，如图11.4所示。

05 执行菜单栏中的"图层"|"创建剪贴蒙版"命令，为当前图层创建剪贴蒙版将部分图形隐藏，如图11.5所示。

图11.4　绘制圆形

图11.5　创建剪贴蒙版

06 在"图层"面板中，选中"椭圆2"图层，将其拖至面板底部的"创建新图层"按钮 上，复制1个"椭圆2拷贝"图层。

07 将"椭圆2拷贝"图层中图形"填充"更改为灰色（R：235，G：228，B：229），按Ctrl+T组合键对其执行"自由变换"命令，将图像宽度等比缩小，完成之后按Enter键确认，如图11.6所示。

08 同时选中"形状 1""椭圆 2"及"椭圆 2 拷贝"图层，按Ctrl+G组合键将其编组，将生成1个"组 1"图层组，按Ctrl+E组合键将其合并，将生成1个"组 1"图层。

09 选择工具箱中的"钢笔工具" ✍，在图形底部绘制一个不规则封闭路径，如图11.7所示。

图11.6　缩小图形

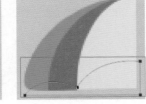
图11.7　绘制路径

10 按Ctrl+Enter组合键将路径转换为选区，如图11.8所示。

11 选中"组 1"图层，将图像删除，完成之后按Ctrl+D组合键将选区取消，如图11.9所示。

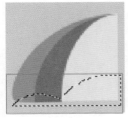
图11.8　转换选区

图11.9　删除图像

12 在"图层"面板中，选中"组 1"图层，将其拖至面板底部的"创建新图层"按钮 🔲 上，复制1个"组 1 拷贝"图层。

13 按Ctrl+T组合键对其执行"自由变换"命令，单击鼠标右键，从弹出的快捷菜单中选择"水平翻转"命令，完成之后按Enter键确认，将图像向右侧平移，如图11.10所示。

14 选择工具箱中的"直线工具" ✐，在选项栏中将"填充"更改为深蓝色（R：62，G：70，B：83），"描边"为无，"粗细"更改为3像素，按住Shift键绘制一条线段，将生成一个"形状1"图层，如图11.11所示。

图11.10　复制图像

图11.11　绘制线段

15 选择工具箱中的"圆角矩形工具" ▢，在选项栏中将"填充"更改为无，"描边"为深蓝色（R：62，G：70，B：83），"宽度"为6点，"半径"为50像素。

16 在线段底部位置绘制一个圆角矩形，此时将生成一个"圆角矩形 1"图层，单击"设置形状描边类型"按钮，在弹出的面板中单击"端点"下方按钮，在弹出的选项中选择第2种圆形类型，如图11.12所示。

17 选择工具箱中的"直接选择工具" ▸，选中圆角矩形顶部锚点将其删除，如图11.13所示。

图11.12　绘制圆角矩形

图11.13　删除锚点

18 选择工具箱中的"直接选择工具" ▸，选中左侧锚点向下拖动缩短左侧高度，如图11.14所示。

图11.14　变换图形

11.1.2 制作装饰效果

01 选择工具箱中的"钢笔工具" ✐，在选项栏中选择"形状"，将"填充"更改为蓝色（R：146，G：175，B：194），"描边"更改为无，在雨伞图像位置绘制1个不规则图形，将生成的"形状 2"图层移至"椭圆 1"图层上方，如图11.15所示。

02 选中"形状 2"图层，执行菜单栏中的"图层"|"创建剪贴蒙版"命令，为当前图层创建剪贴蒙版将部分图像隐藏，如图11.16所示。

图11.15　绘制图形　　　　图11.16　创建剪贴蒙版

03 选择工具箱中的"渐变工具" ▉，编辑黑色到白色的渐变，单击选项栏中的"线性渐变"按钮 ▉，在图形上进行拖动，将部分图形隐藏，制作阴影效果，这样就完成了效果的制作，最终效果如图11.17所示。

图11.17　最终效果

11.2 超质感麦克风图标

◆实例分析

　　本例讲解制作超质感麦克风图标，此款麦克风图标具有超强的质感、很好的可识别性与极佳的拟物化形象，使这款图标的最终效果相当出色，最终效果如图 11.18 所示。

难　度：★★
素材文件：第 11 章\超质感麦克风图标
案例文件：第 11 章\超质感麦克风图标 .psd
视频文件：第 11 章\11.2 超质感麦克风图标 .avi

图11.18　最终效果

◆本例知识点

1．"圆角矩形工具" ▢
2．"渐变叠加"和"内阴影"图层样式
3．"高斯模糊"和"动感模糊"滤镜

◆操作步骤

11.2.1 制作图标轮廓

01 执行菜单栏中的"文件"|"新建"命令，在弹出的对话框中设置"宽度"为500像素，"高度"为400像素，"分辨率"为72像素/英寸，新建一个空白画布，将画布填充为蓝色（R：37，G：70，B：90）到深蓝色（R：12，G：26，B：38）的径向渐变。

02 选择工具箱中的"圆角矩形工具" ▢，在选项栏中将"填充"更改为白色，"描边"为无，"半径"为20像素，按住Shift键绘制一个圆角矩形，

此时将生成一个"圆角矩形 1"图层，如图11.19
所示。

图11.19　绘制圆角矩形

03 在"图层"面板中，选中"圆角矩形 1"图层，单击面板底部的"添加图层样式"按钮**fx**，在菜单中选择"渐变叠加"命令。

04 在弹出的对话框中将"渐变"更改为灰色系渐变，如图11.20所示。

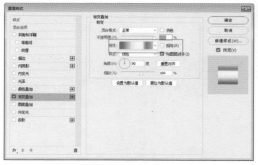

图11.20　设置渐变叠加

提示

此处的渐变颜色可参照下图中进行设置，只需要达到金属过渡质感效果即可。

05 勾选"内阴影"复选框，将"混合模式"更改为正常，"颜色"为白色，"不透明度"更改为100％，"距离"更改为2像素，"大小"更改为2像素，然后单击"确定"按钮，如图11.21所示。

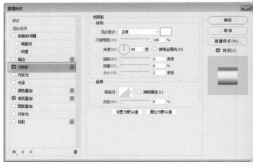

图11.21　设置内阴影

06 执行菜单栏中的"文件"|"打开"命令，打开"话筒.psd"和"网状背景.psd"文件，将打开的素材拖入画布中并适当缩小，如图11.22所示。

图11.22　添加素材

07 在"图层"面板中，选中"话筒"图层，单击面板底部的"添加图层样式"按钮**fx**，在菜单中选择"投影"命令。

08 在弹出的对话框中将"混合模式"更改为正常，"颜色"更改为黑色，"不透明度"更改为80％，"距离"更改为2像素，"大小"更改为6像素，然后单击"确定"按钮，如图11.23所示。

图11.23　设置投影

11.2.2 处理真实阴影

01 选择工具箱中的"椭圆工具"⬭，在选项栏中将"填充"更改为黑色，"描边"为无，在图标底部绘制1个椭圆图形，此时将生成一个"椭圆 1"图层，如图11.24所示。

图11.24 绘制椭圆

02 将"椭圆 1"图层栅格化，执行菜单栏中的"滤镜"|"模糊"|"高斯模糊"命令，在弹出的对话框中将"半径"更改为4像素，完成之后单击"确定"按钮，如图11.25所示。

03 执行菜单栏中的"滤镜"|"模糊"|"动感模糊"命令，在弹出的对话框中将"角度"更改为0度，"距离"更改为100像素，设置完成之后单击"确定"按钮，这样就完成了效果的制作，最终效果如图11.26所示。

图11.25 添加高斯模糊　　图11.26 最终效果

11.3 音乐播放界面设计

◆实例分析

　　本例讲解制作音乐播放界面，本例中界面以出色的视觉设计为视觉焦点，将图像与交互式按钮相结合，整体表现出很强的设计感，最终效果如图 11.27 所示。

难　　度：★★★★★
素材文件：第 11 章 \ 音乐播放界面设计
案例文件：第 11 章 \ 音乐播放界面设计 .psd
视频文件：第 11 章 \11.3 音乐播放界面设计 .avi

图11.27 最终效果

◆本例知识点

1．"圆角矩形工具"▢
2．"渐变叠加"和"内阴影"图层样式
3．"高斯模糊"和"动感模糊"滤镜

11.3.1 绘制界面框架

01 执行菜单栏中的"文件"|"新建"命令，在弹出的对话框中设置"宽度"为1080像素，"高度"为1920像素，"分辨率"为72像素/英寸，新建一个空白画布，将画布填充为深紫色（R: 50，G: 50，B: 76）。

02 选择工具箱中的"椭圆工具" ⬭，在选项栏中将"填充"更改为白色，"描边"为无，按住Shift键绘制一个圆形，此时将生成一个"椭圆 1"图层，如图11.28所示。

03 执行菜单栏中的"文件"|"打开"命令，打开"DJ图像.jpg"文件，将打开的素材拖入画布中并适当缩小，其图层名称将更改为"图层 1"，如图11.29所示。

图11.28 绘制圆形　　　图11.29 添加素材

04 选中"图层1"图层，执行菜单栏中的"图层"|"创建剪贴蒙版"命令，为当前图层创建剪贴蒙版将部分图像隐藏，如图11.30所示。

图11.30 创建剪贴蒙版

创建剪贴蒙版后可适当将图像缩小。

05 选中"椭圆 1"图层，单击面板底部的"添加图层样式"按钮*fx*，在菜单中选择"投影"命令。

06 在弹出的对话框中将"混合模式"更改为正常，"颜色"更改为黑色，"不透明度"更改为40%，"距离"更改为20像素，"大小"更改为30像素，完成之后单击"确定"按钮，如图11.31所示。

图11.31 设置投影

07 选择工具箱中的"矩形工具" ▭，在选项栏中将"填充"更改为深蓝色（R: 43，G: 43，B: 67），"描边"为无，在界面顶部绘制一个与其相同宽度的矩形，此时将生成一个"矩形 1"图层，如图11.32所示。

图11.32 绘制图形

08 选择工具箱中的"圆角矩形工具" ▢，在选项栏中将"填充"更改为白色，"描边"为无，"半径"为20像素，在界面左上角绘制一个圆角矩形，此时将生成一个"圆角矩形 1"图层，如图11.33所示。

09 选中"圆角矩形 1"图层，将其向下移动复制两份，如图11.34所示。

图11.33 绘制圆角矩形　　　图11.34 复制图形

10 选择工具箱中的"横排文字工具" **T**，添加文字（Humanst521 BT Ro），如图11.35所示。

图11.35　添加文字

11 选择工具箱中的"椭圆工具" ，在选项栏中将"填充"更改为红色（R：255，G：41，B：82），"描边"为无，在界面底部位置按住Shift键绘制一个圆形，此时将生成一个"椭圆 2"图层，如图11.36所示。

12 在"图层"面板中，选中"椭圆 2"图层，将其拖至面板底部的"创建新图层"按钮 上，复制得到1个"椭圆 2 拷贝"图层，分别将图层名称更改为"进度条"和"控制面板"，如图11.37所示。

图11.36 绘制圆形　　　　　图11.37 复制图层

13 选中"进度条"图层，在选项栏中将"填充"更改为无，"描边"为浅紫色（R：255，G：149，B：207），"宽度"为15点。

14 单击"设置形状描边类型"按钮，在弹出的面板中单击"端点"下方按钮，在弹出的选项中选择第2种圆形端点类型，如图11.38所示。

15 选择工具箱中的"添加锚点工具" ，分别在圆形左右两侧添加锚点，如图11.39所示。

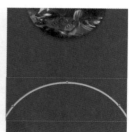

图11.38 更改描边　　　　　图11.39 添加锚点

16 选择工具箱中的"直接选择工具" ，选中"进度条"图层中线段左、右侧锚点并将其删除，如图11.40所示。

17 在"图层"面板中，选中"进度条"图层，将其拖至面板底部的"创建新图层"按钮 上，复制得到1个"进度条 拷贝"图层，如图11.41所示。

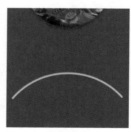

图11.40 删除锚点　　　　　图11.41 复制图层

18 选中"进度条 拷贝"图层，将"描边"更改为白色，如图11.42所示。

19 选择工具箱中的"直接选择工具" ，选中"进度条 拷贝"图层中描边右侧锚点并将其删除，如图11.43所示。

图11.42 更改颜色

图11.43 删除锚点

20 选择工具箱中的"椭圆工具" ⬭ ，在选项栏中将"填充"更改为白色，"描边"为无，在两个描边交叉位置按住Shift键绘制一个圆形，将生成一个"椭圆 2"图层，如图11.44所示。

21 在"图层"面板中，选中"椭圆 2"图层，单击面板底部的"添加图层样式"按钮 *fx*，在菜单中选择"外发光"命令。

22 在弹出的对话框中将"混合模式"更改为正常，"不透明度"为100%，"颜色"更改为浅紫色（R：255，G：149，B：207），"大小"更改为18像素，完成之后单击"确定"按钮，如图11.45所示。

图11.44 绘制圆形

图11.45 添加外发光

23 选中"控制面板"图层，按Ctrl+T组合键对其执行"自由变换"命令，将图形等比缩小，完成之后按Enter键确认，如图11.46所示。

图11.46 缩小图形

24 选择工具箱中的"椭圆工具" ⬭ ，在选项栏中将"填充"更改为红色（R：255，G：41，B：82），"描边"为无，在界面底部位置按住Shift键绘制一个圆形，将生成一个"椭圆 3"图层，如图11.47所示。

25 在"图层"面板中，选中"椭圆 3"图层，单击面板底部的"添加图层样式"按钮 *fx*，在菜单中选择"投影"命令。

26 在弹出的对话框中将"混合模式"更改为正常，"颜色"更改为紫色（R：84，G：19，B：47），"不透明度"更改为30%，"距离"更改为20像素，"大小"更改为30像素，完成之后单击"确定"按钮，如图11.48所示。

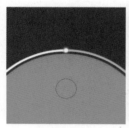

图11.47 绘制圆形

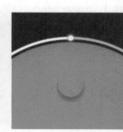

图11.48 添加投影

11.3.2 绘制界面细节

01 选择工具箱中的"圆角矩形工具" ⬭ ，在选项栏中将"填充"更改为白色，"描边"为无，"半径"为20像素，绘制一个圆角矩形，此时将生成一个"圆角矩形 2"图层，如图11.49所示。

02 将圆角矩形复制1份并向右侧平移，如图11.50所示。

图11.49 绘制圆角矩形

图11.50 复制图形

03 选择工具箱中的"矩形工具" ▭ ，在选项栏中将"填充"更改为无，"描边"为白色，"宽度"

为8点，绘制一个矩形，此时将生成一个"矩形2"图层，如图11.51所示。

04 按Ctrl+T组合键对其执行"自由变换"命令，当出现框以后在选项栏中"旋转"后方文本框中输入45，然后按Enter键确认，如图11.52所示。

图11.51　绘制矩形　　　　图11.52　旋转图形

05 选择工具箱中的"删除锚点工具" ，单击矩形右侧锚点并将其删除，再适当增加三角形宽度，如图11.53所示。

06 选择工具箱中的"直线工具" ，在选项栏中将"填充"更改为白色，"描边"为无，"粗细"为8像素，在三角形左侧按住Shift键绘制一条线段，将生成一个"形状1"图层，如图11.54所示。

图11.53　删除锚点　　　　图11.54　绘制线段

07 同时选中"形状 1"及"矩形 2"图层，按住Alt+Shift组合键向右侧平移复制。

08 同时选中生成的"形状 1 拷贝"及"矩形 2 拷贝"图层，按Ctrl+T组合键对其执行"自由变换"命令，单击鼠标右键，从弹出的快捷菜单中选择"水平翻转"命令，完成之后按Enter键确认，如图11.55所示。

图11.55　复制图形

09 选择工具箱中的"直线工具" ，在选项栏中将"填充"更改为白色，"描边"为无，"粗细"为8像素，按住Shift键绘制一条水平线段，将生成一个"形状 2"图层，如图11.56所示。

10 在"图层"面板中，选中"形状 2"图层，将其拖至面板底部的"创建新图层"按钮 上，复制得到1个"形状 2 拷贝"图层，如图11.57所示。

图11.56　绘制线段　　　　图11.57　复制图层

11 选中"形状 2"图层，将其图层混合模式设置为"柔光"，如图11.58所示。

12 选中"形状 2 拷贝"图层，按Ctrl+T组合键对其执行"自由变换"命令，将线段长度缩小，完成之后按Enter键确认，如图11.59所示。

图11.58　复制图层　　　　图11.59　缩小长度

13 选择工具箱中的"椭圆工具" ，在选项栏中将"填充"更改为白色，"描边"为无，在部分位置按住Shift键绘制一个圆形，如图11.60所示。

14 执行菜单栏中的"文件"|"打开"命令，打开"图标.psd"文件，将打开的素材拖入画布中界面底部适当位置并缩小，如图11.61所示。

图11.60 绘制圆形

图11.61 添加素材

15 选择工具箱中的"横排文字工具" **T**，在适当位置添加文字（Humanst521 BT Ro、Helvetica Neue 45 L），这样就完成了效果制作，最终效果如图11.62所示。

图11.62 最终效果

11.4 知识拓展

本章主要讲解了 UI 图标及界面的设计方法，通过几个具体的案例，详细地讲解了如何利用 Photoshop 进行图标及界面的制作，在设计时要结合当前时代背景及流行趋势，这是 UI 设计的关键所在。

11.5 拓展训练

本章通过 3 个拓展训练，包括一个两个图标案例和一个界面案例，帮助读者了解图标和界面的设计技巧，巩固加深 UI 设计技能。

训练11-1 简约可爱大眼图标

◆ **实例分析**

本例讲解制作可爱大眼图标，本例中图标以经典的大眼可爱形象为主视觉，以略微夸张的手法完美地表现出图标的主题，最终效果如图 11.63 所示。

难　度：★★★
素材文件：无
案例文件：第 11 章 \ 简约可爱大眼图标 .psd
视频文件：第 11 章 \ 训练 11-1 简约可爱大眼图标 .avi

图11.63　最终效果

◆本例知识点

1．渐变叠加
2．"钢笔工具" ✐
3．"圆角矩形工具" ▢
4．"椭圆工具" ◯

训练11-2 电量管理图标

◆实例分析

　　本例讲解制作电量管理图标，本例中图标在制作过程中模拟出插头效果，以舒适的扁平化形式直观展示，整个图标效果十分自然，具有很高的实用性，最终效果如图11.64所示。

难　　度：★★
素材文件：无
案例文件：第11章\电量管理图标.psd
视频文件：第11章\训练11-2 电量管理图标.avi

图11.64　最终效果

◆本例知识点

1．"创建剪贴蒙版"命令
2．"钢笔工具" ✐
3．"圆角矩形工具" ▢
4．"椭圆工具" ◯

训练11-3 闯关大冒险界面设计

◆实例分析

　　本例讲解制作闯关大冒险界面，本例以漂亮的冰天雪地为基础场景，将游戏元素与之相结合，整体表现出很强的冒险风格，最终效果如图11.65所示。

难　　度：★★★★★
素材文件：无
案例文件：第11章\闯关大冒险界面设计.psd
视频文件：第11章\训练11-3 闯关大冒险界面设计.avi

图11.65　最终效果

◆本例知识点

1．"渐变工具" ▰
2．"钢笔工具" ✐
3．"添加图层蒙版" ◼
4．"外发光"命令

淘宝店铺装修设计

本章以淘宝店铺装修的需求为切入点，用几个具体的实例来全方位解读淘宝装修。实例以店铺装修所需要的基础元素为开端，逐步深入，帮助读者快速掌握淘宝店铺的装修技巧。

教学目标

学习波点背景的制作
学习标牌标签的制作
掌握优惠券的制作方法
掌握 banner 的设计技巧

扫码观看本章
案例教学视频

◆实例分析

本例讲解波点背景制作，波点背景最大的特点是具有出色的圆点视觉效果，它的适用性很强，可以很好地表现出商品特点，最终效果如图 12.1 所示。

难　　度：★ ★
素材文件：无
案例文件：第 12 章 \ 波点背景制作 .psd
视频文件：第 12 章 \12.1 波点背景制作 .avi

图12.1　最终效果

◆本例知识点

1．通道的应用
2．"渐变工具" （以下部分重叠）
3．"彩色半调"滤镜

◆操作步骤

01 执行菜单栏中的"文件"|"新建"命令，在弹出的对话框中设置"宽度"为700像素，"高度"为500像素，"分辨率"为72像素/英寸，新建一个空白画布，将画布填充为橙色（R：226，G：85，B：0）。

02 在"通道"面板中，单击面板底部的"创建新通道"按钮，新建一个"Alpha 1"通道。

03 选择工具箱中的"渐变工具" ，编辑黑色到灰色（R：224，B：224，B：224）的渐变，单

击选项栏中的"线性渐变"按钮，在画布中从下向上拖动填充渐变，如图12.2所示。

图12.2　填充渐变

04 执行菜单栏中的"滤镜"|"像素化"|"彩色半调"命令，在弹出的对话框中将"最大半径"更改为8像素，完成之后单击"确定"按钮，如图12.3所示。

图12.3　添加彩色半调

05 在"通道"面板中，按住Ctrl键单击"Alpha 1"图层缩览图，将其载入选区。

06 在"图层"面板中，单击面板底部的"创建新图层"按钮，新建一个"图层1"图层，将选区填充为白色，完成之后单击"确定"按钮，如图12.4所示。

图12.4 填充颜色

07 将"图层1"混合模式设置为"叠加",这样就完成了效果的制作,最终效果如图12.5所示。

图12.5 最终效果

12.2 挂牌标签制作

◆ **实例分析**

　　本例讲解挂牌标签制作,挂牌标签是以圆形为基础,再绘制线段将其悬挂即可,整体效果十分直观,最终效果如图12.6所示。

难　　度:★★
素材文件:第12章\挂牌标签制作
案例文件:第12章\挂牌标签制作.psd
视频文件:第12章\12.2 挂牌标签制作.avi

图12.6 最终效果

◆ **本例知识点**

1.　"椭圆工具" ○
2.　"直线工具" ╱
3.　"渐变叠加"图层样式

◆ **操作步骤**

01 执行菜单栏中的"文件"|"打开"命令,打开"自行车广告.jpg"文件。选择工具箱中的"椭圆工具" ○ ,在选项栏中将"填充"更改为红色(R:250,G:70,B:65),"描边"为无,按住Shift键绘制一个圆形,如图12.7所示。

02 在正圆顶部位置按住Alt键的同时绘制1个圆形路径,将部分图形减去,如图12.8所示。

图12.7 绘制圆形

图12.8 减去图形

03 选择工具箱中的"直线工具" ╱ ,在选项栏中将"填充"更改为红色(R:250,G:70,B:65),"描边"为无,"粗细"更改为2像素,按住Shift键绘制一条线段,如图12.9所示。

04 在"图层"面板中,单击面板底部的"添加图层样式"按钮 *fx* ,在菜单中选择"渐变叠加"命令。

05 在弹出的对话框中将"渐变"更改为红色（R：250，G：70，B：65）到红色（R：160，G：20，B：16），完成之后单击"确定"按钮，如图12.10所示。

图12.9　绘制线段　　　图12.10　添加渐变叠加

06 选择工具箱中的"横排文字工具" **T**，添加文字（微软雅黑 Regular），这样就完成了效果制作，最终效果如图12.11所示。

图12.11　最终效果

12.3 锯齿优惠券制作

◆**实例分析**

　　本例讲解制作锯齿优惠券，本例中优惠券以经典的矩形为主图形，为其制作锯齿效果并添加文字信息即可，最终效果如图 12.12 所示。

难　　度：★★★
素材文件：无
案例文件：第 12 章 \ 锯齿优惠券制作 .psd
视频文件：第 12 章 \12.3 锯齿优惠券制作 .avi

图12.12　最终效果

◆**本例知识点**

1. "矩形工具" ☐
2. "椭圆工具" ◯
3. "图案叠加"图层样式

◆**操作步骤**

01 执行菜单栏中的"文件"|"新建"命令，在弹出的对话框中设置"宽度"为400像素，"高度"为250像素，"分辨率"为72像素/英寸，将画布填充为浅红色（R：240，G：200，B：217）。

02 选择工具箱中的"矩形工具" ☐，在选项栏中将"填充"更改为红色（R：220，G：28，B：59），"描边"为无，绘制一个矩形，将生成一个"矩形 1"图层，如图12.13所示。

图12.13　绘制图形

03 选择工具箱中的"椭圆工具" ◯，在矩形左上角位置按住Alt键同时，绘制1个圆形路径，将部分矩形减去，如图12.14所示。

04 选择工具箱中的"路径选择工具" ▶，选中路径，按Ctrl+Alt+T组合键对路径执行变换复制命令，将路径向下移动，如图12.15所示。

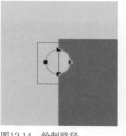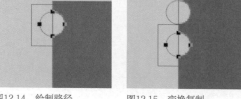

图12.14 绘制路径　　　　图12.15 变换复制

05 在按住Ctrl+Alt+Shift组合键的同时按T键多次，执行多重复制命令，将路径复制多份。

06 选择工具箱中的"路径选择工具" ，同时选中所有圆形路径，向右侧平移复制制作锯齿效果，如图12.16所示。

图12.16 制作锯齿效果

07 在"图层"面板中，单击面板底部的"添加图层样式"按钮 fx，在菜单中选择"图案叠加"命令。

08 在弹出的对话框中选择"图案"为"右对角线1"图案，将"混合模式"更改为正片叠底，"不透明度"为20%，完成之后单击"确定"按钮，如图12.17所示。

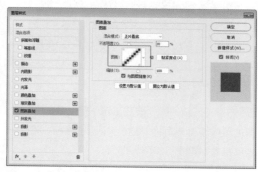

图12.17 设置图案叠加

09 选择工具箱中的"横排文字工具" T，添加文字（微软雅黑 Regular），如图12.18所示。

图12.18 添加文字

10 选择工具箱中的"圆角矩形工具" ，在选项栏中将"填充"更改为黄色（R：255，G：216，B：0），"描边"为无，"半径"为50像素，绘制一个圆角矩形，如图12.19所示。

图12.19 绘制图形

11 选择工具箱中的"横排文字工具" T，添加文字（微软雅黑 Regular），这样就完成了效果制作，最终效果如图12.20所示。

图12.20 最终效果

◆ 实例分析

本例讲解金秋钜惠促销 banner 设计，此次 banner 以出色的放射特效图形与不规则图形组合而成，整体表现出很强的视觉感受，以此种风格视觉为主线，完美地表现出 banner 所要表现的主题，最终效果如图 12.21 所示。

难　度：★ ★ ★ ★
素材文件：第 12 章 \ 金秋钜惠促销 banner 设计
案例文件：第 12 章 \ 金秋钜惠促销 banner 设计 .psd
视频文件：第 12 章 \12.4 金秋钜惠促销 banner 设计 .avi

图12.21　最终效果

◆ 本例知识点

. "矩形工具" □
. "极坐标"滤镜
. 图层样式
. "钢笔工具" ◢

◆ 操作步骤

12.4.1 处理炫酷背景

01 执行菜单栏中的"文件"|"新建"命令，在弹出的对话框中设置"宽度"为750像素，"高度"为350像素，"分辨率"为72像素/英寸，新建一个空白画布，将画布填充为紫色（R: 208，G: 34，B: 87）。

02 选择工具箱中的"矩形工具" □，在选项栏中将"填充"更改为白色，"描边"为无，在画布靠左侧绘制一个矩形，此时将生成一个"矩形 1"图层，如图12.22所示。

03 选择工具箱中的"路径选择工具" ▶，选中矩形，再按Ctrl+Alt+T组合键对矩形执行变换复制命令，当出现变形框以后，将图形向右侧平移，完成之后单击确定按钮，如图12.23所示。

图12.22　绘制矩形　　　　图12.23　变换复制

04 在按住Ctrl+Alt+Shift组合键的同时按T键多次，执行多重复制命令，将矩形复制多份，如图12.24所示。

图12.24　多重复制

05 将"矩形1"栅格化，执行菜单栏中的"滤镜"|"扭曲"|"极坐标"命令，勾选"平面坐标到极坐标"复选框，完成之后单击"确定"按钮，再将图像向下移动，如图12.25所示。

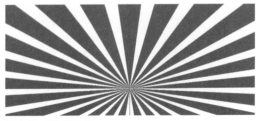

图12.25　添加极坐标

06 在"图层"面板中,选中"矩形 1"图层,将其图层混合模式更改为叠加,"不透明度"为30%,再单击面板底部的"添加图层蒙版"按钮 ◻,为其添加图层蒙版,如图12.26所示。

图12.26 添加图层蒙版

07 选择工具箱中的"渐变工具" ◻,编辑白色到黑色的渐变,单击选项栏中的"径向渐变" ◻ 按钮,在图像上拖动将部分图像隐藏,如图12.27所示。

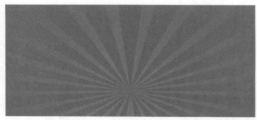

图12.27 隐藏图像

08 选择工具箱中的"钢笔工具" ⬗,在选项栏中选择"形状",将"填充"更改为橙色(R:237,G:149,B:51),"描边"更改为无,绘制1个多边形,将生成1个"形状 1"图层,如图12.28所示。

09 在"图层"面板中,选中"形状 1"图层,将其拖至面板底部的"创建新图层"按钮 ◻ 上,复制得到1个"形状 1 拷贝"图层,如图12.29所示。

图12.28 绘制图形

图12.29 复制图层

10 将"形状 1 拷贝"图层中图形"填充"更改为深紫色(R:90,G:23,B:49),"描边"更改为红色(R:179,G:33,B:53),"宽度"为5点,再将图形适当旋转,如图12.30所示。

图12.30 变换图形

11 选择工具箱中的"钢笔工具" ⬗,在选项栏中选择"形状",将"填充"更改为深红色(R:172,G:23,B:43),"描边"更改为无,在画布左上角绘制1个多边形,将生成1个"形状 2"图层。

12 在深红色图形右侧位置,再次绘制1个橙色(R:231,G:81,B:30)图形,将生成1个"形状 3"图层,如图12.31所示。

图12.31 绘制图形

13 以同样方法再次绘制数个相似图形组合成立体图形,如图12.32所示。

图12.32 绘制图形

14 同时选中所有和顶部图形相关的图层，按Ctrl+G组合键将其编组，将生成的组名称更改为"顶部图形"。

15 在"图层"面板中，单击面板底部的"添加图层样式"按钮 *fx*，在菜单中选择"投影"命令。

16 在弹出的对话框中将"混合模式"更改为正常，"颜色"更改为深红色（R：39，G：2，B：10），"不透明度"更改为30%，"距离"更改为3像素，"大小"更改为10像素，完成之后单击"确定"按钮，如图12.33所示。

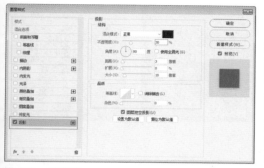

图12.33　设置投影

17 选择工具箱中的"钢笔工具" *∅*，在选项栏中选择"形状"，将"填充"更改为棕色（R：193，G：53，B：4），"描边"更改为无，在画布底部绘制1个多边形，将生成1个"形状 10"图层，如图12.34所示。

图12.34　绘制图形

18 选中"形状 10"图层，在画布中按住Alt+Shift组合键向下方拖动将图形复制，将生成1个"形状 10 拷贝"图层。

19 将"形状 10 拷贝"图层中图形"填充"更改为橙色（R：231，G：81，B：30），再选择工具箱中的"直接选择工具" *▷*，拖动图形锚点将其变形，如图12.35所示。

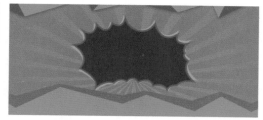

图12.35　将图形变形

20 将鼠标指针放在"顶部图形"组名称上，单击鼠标右键，从弹出的快捷菜单中选择"拷贝图层样式"命令；将鼠标指针放在"形状 10"图层名称上，单击鼠标右键，从弹出的快捷菜单中选择"粘贴图层样式"命令。

21 双击"形状 10"图层样式名称，在弹出的对话框中将"角度"更改为-90度，完成之后单击"确定"按钮。

12.4.2　制作特效文字

01 选择工具箱中的"横排文字工具" **T**，添加文字（MStiffHei PRC Ultra...），如图12.36所示。

02 按Ctrl+T组合键对其执行"自由变换"命令，单击鼠标右键，从弹出的快捷菜单中选择"变形"命令，拖动变形框控制点将图形变形，完成之后按Enter键确认，如图12.37所示。

图12.36　添加文字　　　　图12.37　将文字变形

03 在"图层"面板中，单击底部的"添加图层样式"按钮 *fx*，在菜单中选择"斜面和浮雕"命令。

04 在弹出的对话框中将"大小"更改为3像素，"高光模式"中的"不透明度"更改为50%，"阴影模式"中的"不透明度"更改为50%，如图12.38所示。

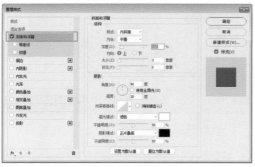

图12.38　设置斜面和浮雕

05 勾选"投影"复选框，将"混合模式"更改为正常，"颜色"更改为深红色（R：39，G：2，B：10），"不透明度"更改为50%，取消"使用全局光"复选框，将"角度"更改为-90度，"距离"更改为3像素，"大小"更改为4像素，完成之后单击"确定"按钮，如图12.39所示。

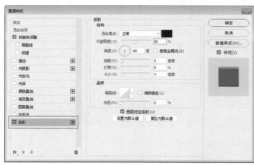

图12.39　设置投影

06 选择工具箱中的"钢笔工具" ，在选项栏中选择"形状"，将"填充"更改为黄色（R：255，G：189，B：31），"描边"更改为无，在文字下半部分位置绘制1个不规则图形，如图12.40所示。

07 执行菜单栏中的"图层"|"创建剪贴蒙版"命令，为当前图层创建剪贴蒙版将部分图形隐藏，如图12.41所示。

图12.40　绘制图形

图12.41　创建剪贴蒙版

08 选择工具箱中的"横排文字工具" **T**，在适当的位置添加文字（方正兰亭中粗黑），如图12.42所示。

09 在"图层"面板中，选中"家电旗舰店"图层，单击面板底部的"添加图层样式"按钮 **fx**，在菜单中选择"渐变叠加"命令。

10 在弹出的对话框中将"渐变"更改为紫色（R：129，G：73，B：149）到紫色（R：236，G：197，B：255），完成之后单击"确定"按钮，如图12.43所示。

图12.42　添加文字　　　　　图12.43　添加渐变

11 选择工具箱中的"矩形工具" ，在选项栏中将"填充"更改为紫色（R：150，G：84，B：182），"描边"为无，在文字下方绘制一个矩形，此时将生成一个"矩形 2"图层，如图12.44所示。

12 选择工具箱中的"横排文字工具" **T**，在矩形位置添加文字（方正兰亭中粗黑），如图12.45所示。

图12.44　绘制矩形　　　　　图12.45　添加文字

13 同时选中"爆款抢先购"及"矩形 2"图层，在画布中按住Alt+Shift组合键向右侧拖动，将图文复制，如图12.46所示。

14 更改生成的复制图层中文字信息，如图12.47所示。

图12.46　复制图文　　　　　　图12.47　更改文字信息

15 同时选中"爆款抢先购"及"矩形 2"图层，按Ctrl+E组合键将其合并，此时将生成一个"爆款抢先购"图层。

16 按Ctrl+T组合键对其执行"自由变换"命令，单击鼠标右键，从弹出的快捷菜单中选择"斜切"命令，拖动变形框控制点将图像斜切变形。

17 再次单击鼠标右键，从弹出的快捷菜单中选择"扭曲"命令，拖动变形框控制点将图像变形，完成之后按Enter键确认，如图12.48所示。

图12.48　左侧变形

18 以同样方法同时选中"提前大放价"及"矩形2 拷贝"图层，将其合并，再将其变形，如图12.49所示。

图12.49　右侧变形

19 在"图层"面板中，选中"提前大放价"图层，单击面板底部的"添加图层样式"按钮*fx*，在菜单中选择"颜色叠加"命令。

20 在弹出的对话框中将"混合模式"更改为柔光，"颜色"为黑色，"不透明度"更改为60%，完成之后单击"确定"按钮，如图12.50所示。

图12.50　添加颜色叠加

21 选择工具箱中的"钢笔工具"，在选项栏中选择"形状"，将"填充"更改为黄色（R：252，G：233，B：132），"描边"更改为无，绘制1个细长图形，如图12.51所示。

22 在画布中按住Alt+Shift组合键向右侧拖动，将图形复制。

23 单击鼠标右键，从弹出的快捷菜单中选择"水平翻转"命令，完成之后按Enter键确认，如图12.52所示。

图12.51　绘制图形　　　　　　图12.52　复制变换图形

12.4.3　添加装饰元素

01 执行菜单栏中的"文件"|"打开"命令，打开"电器.psd"文件，将打开的素材拖入画布中并适当缩小，如图12.53所示。

图12.53 添加素材

02 选择工具箱中的"钢笔工具" ，在选项栏中选择"形状"，将"填充"更改为深黄色（R：83，G：29，B：7），"描边"更改为无，在空气净化器底部绘制1个不规则图形，如图12.54所示。

03 将其栅格化，执行菜单栏中的"滤镜"|"模糊"|"高斯模糊"命令，在弹出的对话框中将"半径"更改为3像素，完成之后单击"确定"按钮，如图12.55所示。

图12.54 绘制图形　　　　图12.55 添加高斯模糊

04 以同样方法在"电饭煲"图层中图像底部绘制1个不规则图形，并为图形添加高斯模糊制作阴影，如图12.56所示。

图12.56 制作阴影

05 选择工具箱中的"钢笔工具" ，在选项栏中选择"形状"，将"填充"更改为黄色（R：252，G：233，B：132），"描边"更改为无，在文字左上角绘制1个三角形，如图12.57所示。

06 在"图层"面板中，选中三角形所在图层，将其拖至面板底部的"创建新图层"按钮 上，复制1个"拷贝"图层。

07 选中三角形图层，将其栅格化，执行菜单栏中的"滤镜"|"模糊"|"动感模糊"命令，在弹出的对话框中将"角度"更改为-18度，"距离"更改为40像素，设置完成之后单击"确定"按钮，如图12.58所示。

图12.57 绘制图形　　　　图12.58 添加动感模糊

08 以同样方法绘制数个相似三角形图形，并为其添加动感模糊效果，如图12.59所示。

图12.59 绘制图形

09 选择工具箱中的"椭圆工具" ，在选项栏中将"填充"更改为黄色（R：252，G：233，B：132），"描边"为无，按住Shift键绘制一个圆形，如图12.60所示。

10 在画布中按住Alt+Shift组合键向右侧拖动，将图形复制4份，如图12.61所示。

图12.60 绘制圆形　　　　图12.61 复制图形

11 选择工具箱中的"横排文字工具"**T**，添加文字（方正兰亭中粗黑），这样就完成了效果制作，最终效果如图12.62所示。

图12.62 最终效果

12.5 知识拓展

随着电子商务的发展，网店的应用以几何的形式快速扩张，从计算机到移动设备，已经进入越来越多人的生活，网店也越来越多地成为大家购买的首选，店铺装修应运而生。本章挑选了几个具有代表的实例，进行详细地讲解，帮助读者快速掌握店铺的装修技巧。

12.6 拓展训练

本章通过 3 个拓展训练，帮助读者在熟练软件操作的基础之上完全掌握淘宝店铺装修技巧，汲取精华知识，从而成为软件应用达人、店铺设计高手。

训练12-1 圆形镂空标签制作

◆ **实例分析**

本例讲解圆形镂空标签制作，圆角镂空标签最大特点是具有镂空视觉效果，为圆形制作出镂空效果，令整个标签的信息更加易懂易读，最终效果如图 12.63 所示。

难 度：★★
素材文件：第 12 章 \ 圆形镂空标签制作
案例文件：第 12 章 \ 圆形镂空标签制作 .psd
视频文件：第 12 章 \ 训练 12-1 圆形镂空标签制作 avi

图12.63 最终效果

◆ **本例知识点**

1. "矩形选框工具" ⌗
2. "横排文字工具" T
3. "椭圆工具" ○

训练12-2 音乐主题T恤促销设计

◆实例分析

　　本例讲解音乐主题 T 恤促销设计，本例的制作重点在于突出音乐文化及音乐主题，整体表现出一种强烈的时尚感，最终效果如图 12.64 所示。

难　　度：★ ★ ★ ★
素材文件：第 12 章 \ 音乐主题 T 恤促销设计
案例文件：第 12 章 \ 音乐主题 T 恤促销设计 .psd
视频文件：第 12 章 \ 训练 12-2 音乐主题 T 恤促销设计 .avi

图12.64　最终效果

◆本例知识点

1．"直线工具" ／
2．"创建剪贴蒙版"命令
3．"投影" "渐变叠加"图层样式

训练12-3 水果类店铺装修设计

◆实例分析

　　本例讲解水果类店铺装修设计，本例在设计过程中以绿色作为主体色调，与水果图像相结合，整个界面给人一种十分直观的视觉效果，最终效果如图 12.65 所示。

难　　度：★ ★ ★ ★
素材文件：第 12 章 \ 水果类店铺装修设计
案例文件：第 12 章 \ 水果类店铺欢迎界面装修设计 .psd、水果类店铺内页图像 .psd
视频文件：第 12 章 \ 训练 12-3 水果类店铺装修设计 .avi

图12.65　最终效果

◆本例知识点

1．"矩形工具" □
2．"多边形工具" ⬡
3．图层样式

第 **13** 章

商业平面广告设计

商业广告设计是对图像、文字、色彩、版面、图形等表达广告的元素，结合广告媒体的使用特征，在计算机上通过相关设计软件为实现表达广告目的和意图，进行平面艺术创意的一种设计活动或过程。广告设计是由广告的主题、创意、语言文字、形象、衬托五个要素构成的组合安排。广告设计的最终目的就是吸引眼球。本章主要讲解了商业广告设计的设计技巧和基本知识。

教学目标

了解商业广告设计的含义

学习变形字艺术处理

掌握主题插画的设计技巧

掌握海报的设计技巧

掌握包装设计的应用技巧

扫码观看本章
案例教学视频

◆ **实例分析**

本例讲解大促变形字设计，本例中字体在设计过程中，以形象的圆弧底座作为主体衬托，将变形后的文字与之相结合，采用红色、黄色、绿色和深黄色等多种颜色作为整个变形字及其装饰的色调，整体十分时尚，整个字体具有出色的视觉冲击力，最终效果如图 13.1 所示。

难　度：★ ★ ★
素材文件：第 13 章 \ 大促变形字设计
案例文件：第 13 章 \ 大促变形字设计 .psd
视频文件：第 13 章 \13.1 大促变形字设计 .avi

图13.1　最终效果

◆ **本例知识点**

1．"钢笔工具" ✐
2．"横排文字工具" **T**
3．"渐变叠加" 样式

◆ **操作步骤**

13.1.1　处理变形文字

01 执行菜单栏中的"文件"|"打开"命令，打开"背景.jpg"文件。选择工具箱中的"钢笔工具" ✐，在选项栏中选择"形状"，将"填充"更改为黄色（R：225，G：177，B：93），"描边"更改为无，在背景中绘制1个不规则图形，将生成一个"形状 1"图层，如图13.2所示。

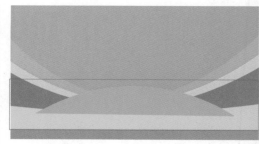

图13.2　绘制图形

02 以同样的方法分别绘制两个图形，使3个图形组合成1个立体底座效果，如图13.3所示。

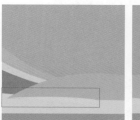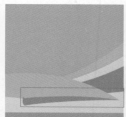

图13.3　绘制图形

提示

在绘制底座图形时，注意颜色深浅对比。

03 选择工具箱中的"钢笔工具" ✐，在选项栏中选择"形状"，将"填充"更改为深红色（R：49，G：14，B：9），"描边"更改为无，在底座底部位置绘制1个不规则图形，将生成一个"形状 4"图层，将其移至"背景"图层上方，如图13.4所示。

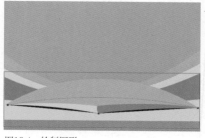

图13.4　绘制图形

04 选择"形状4"将其栅格化执行菜单栏中的"滤镜"|"模糊"|"高斯模糊"命令，在弹出的对话框中将"半径"更改为5像素，完成之后单击"确定"按钮，再将其图层"不透明度"更改为60%，如图13.5所示。

图13.5 添加高斯模糊

05 选择工具箱中的"横排文字工具" **T**，添加文字（MStiffHei PRC），如图13.6所示。

图13.6 添加文字

06 将指针放在文字图层名称上，单击鼠标右键，从弹出的快捷菜单中选择"转换为形状"命令，如图13.7所示。

07 选中"超级大促"图层，按Ctrl+T组合键对其执行"自由变换"命令，单击鼠标右键，从弹出的快捷菜单中选择"扭曲"命令，拖动变形框控制点将文字变形，完成之后按Enter键确认，以同样的方法将另外1个文字图层中文字变形，如图13.8所示。

图13.7 转换为形状　　　图13.8 将文字变形

13.1.2 添加文字装饰

01 选择工具箱中的"钢笔工具" **⬦**，在选项栏中选择"形状"，将"填充"更改为深黄色（R：77，G：47，B：43），"描边"更改为无。

02 沿文字边缘绘制1个不规则图形，将生成一个"形状 5"图层，将其移至"超级大促"图层下方，以同样的方法在另外1个文字底部位置绘制1个相似图形，并移至文字图层下方，如图13.9所示。

图13.9 绘制图形

03 在"图层"面板中，选中"形状 5"图层，将其拖至面板底部的"创建新图层"按钮 **⬚** 上，复制1个"形状 5 拷贝"图层。

04 选中"形状 5"图层，将其图层"填充"更改为深黄色（R：27，G：13，B：11），选择工具箱中的"直接选择工具" **⬈**，拖动图形锚点，将其变形，如图13.10所示。

05 以同样的方法将"形状 6"图层复制1份，并更改原图层中图形颜色后将其变形，如图13.11所示。

图13.10 将图形变形　　　图13.11 复制图形

06 在"图层"面板中，选中"省心省钱"图层，单击面板底部的"添加图层样式"按钮 **fx**，在菜单中选择"渐变叠加"命令，在弹出的对话框中将"渐变"更改为浅黄色（R：255，G：250，B：203）到黄色（R：255，G：237，B：83），"角度"更改为0度，完成之后单击"确定"按钮，如图13.12所示。

图13.12　设置渐变叠加

07 选择工具箱中的"钢笔工具" ，在选项栏中选择"形状"，将"填充"更改为黄色（R：255，G：237，B：83），"描边"更改为无，在文字前方位置绘制1个三角形箭头，将图形再复制1份适当缩小及旋转，如图13.13所示。

图13.13　绘制及复制图形

08 以同样的方法分别在文字周围绘制相似三角形箭头，如图13.14所示。

图13.14　绘制图形

09 执行菜单栏中的"文件"|"打开"命令，打开"礼物.psd"文件，将打开的素材拖入画布中文字左侧位置并适当缩小，如图13.15所示。

10 选择工具箱中的"钢笔工具" ，在选项栏中选择"形状"，将"填充"更改为深黄色（R：27，G：13，B：11），"描边"更改为无，在礼物图像底部沿边缘位置绘制1个不规则图形，如图13.16所示。

图13.15　添加素材　　　　　图13.16　绘制图形

11 将形状栅格化执行菜单栏中的"滤镜"|"模糊"|"高斯模糊"命令，在弹出的对话框中将"半径"更改为3像素，完成之后单击"确定"按钮，这样就完成了效果制作，最终效果如图13.17所示。

图13.17　最终效果

13.2 女性主题艺术插画设计

◆实例分析

　　本例讲解女性主题艺术插画设计，本例视觉效果相当出色，以女性剪影图像作为主视觉，同时以心形装饰元素作为点缀，插画的整体感很强，最终效果如图13.18所示。

| 难　度：★★★ |
| 素材文件：第 13 章 \ 女性主题艺术插画设计 |
| 案例文件：第 13 章 \ 女性主题艺术插画设计 .psd |
| 视频文件：第 13 章 \13.2 女性主题艺术插画设计 .avi |

图13.18　最终效果

◆ **本例知识点**

1．"渐变工具"
2．"创建剪贴蒙版"命令
3．图层蒙版

◆ **操作步骤**

13.2.1　处理主视觉图像

01 执行菜单栏中的"文件"|"新建"命令，在弹出的对话框中设置"宽度"为300毫米，"高度"为380毫米，"分辨率"为72像素/英寸，新建一个空白画布。

02 选择工具箱中的"渐变工具"，编辑浅红色（R：255，G：230，B：227）到白色的渐变，单击选项栏中的"线性渐变"按钮，在画布中拖动填充渐变，如图13.19所示。

03 选择工具箱中的"画笔工具"，单击鼠标右键，在弹出的面板中选择1种圆角笔触，将"大小"更改为1000像素，"硬度"更改为0，如图13.20所示。

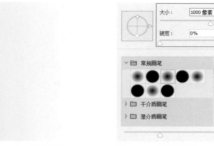

图13.19　填充渐变　　　　　图13.20　设置笔触

04 单击面板底部的"创建新图层"按钮，新建一个"图层1"图层，将前景色更改为浅红色（R：255，G：211，B：207），在画布中间靠左侧位置单击添加颜色。

> **提示**
>
> 使用画笔单击添加颜色的目的是增强左侧边缘颜色对比，还可以利用绘制椭圆并添加高斯模糊的方法制作。

05 执行菜单栏中的"文件"|"打开"命令，打开"剪影.psd"和"图案.jpg"文件，将打开的素材拖入画布中并适当缩放，并将"图案"所在图层名称将更改为"图层2"，如图13.21所示。

06 选中"图层2"，执行菜单栏中的"图层"|"创建剪贴蒙版"命令，为当前图层创建剪贴蒙版将部分图像隐藏，如图13.22所示。

图13.21　添加素材　　　　　图13.22　创建剪贴蒙版

07 选中"图层2"图层，将其拖至面板底部的"创建新图层"按钮上，复制得到1个"图层2拷贝"图层，将其向上移动并适当缩小，如图13.23所示。

图13.23 复制图层

08 选中"图层 2 拷贝"图层，单击面板底部的"添加图层蒙版"按钮 ◻，为其添加图层蒙版。

09 选择工具箱中的"画笔工具" ✐，在画布中单击鼠标右键，在弹出的面板中选择1种圆角笔触，将"大小"更改为50像素，"硬度"更改为0，如图13.24所示。

10 将前景色更改为黑色，在图像上两个图像连接处涂抹将其隐藏，如图13.25所示。

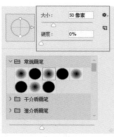

图13.24 设置笔触　　图13.25 隐藏图像

13.2.2 添加装饰图像

01 选择工具箱中的"钢笔工具" ✐，在选项栏中选择"形状"，将"填充"更改为黑色，"描边"更改为无，在适当位置绘制1个不规则图形，将生成一个"形状 1"图层，如图13.26所示。

图13.26 绘制图形

提示

在隐藏图像时，注意两幅图像的重叠关系，尽量保证过渡得自然，可以适当移动"图层 2 拷贝"图层中图像。

02 选中"形状 1"图层，将其图层"填充"更改为0%。单击面板底部的"添加图层样式"按钮 fx，在菜单中选择"渐变叠加"命令，在弹出的对话框中，将"渐变"更改为黄色（R：253，G：178，B：140）到紫色（R：255，G：73，B：136），将黄色色标"不透明度"更改为50%，"角度"更改为0度，完成之后单击"确定"按钮，如图13.27所示。

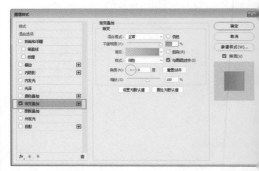

图13.27 设置渐变叠加

03 在画布中按住Alt键拖动，将心形复制数份，并调整部分图形的大小及图层不透明度，如图13.28所示。

图13.28 复制图形

04 选择工具箱中的"画笔工具" ✐，在"画笔"面板中，选择1个圆角笔触，将"大小"更改为

20像素，"硬度"更改为100%，"间距"更改为260%，如图13.29所示。

05 勾选"形状动态"复选框，将"大小抖动"更改为100%，如图13.30所示。

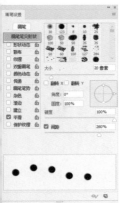

图13.29 笔尖形状

图13.30 形状动态

06 勾选"散布"复选框，将"散布"更改为1000%，如图13.31所示。

07 勾选"颜色动态"复选框，选择"应用每笔尖"复选框，将"前景/背景抖动"更改为100%，如图13.32所示。

图13.31 散布

图13.32 颜色动态

08 勾选"传递"复选框，将"不透明度抖动"更改为50%，如图13.33所示。

09 单击面板底部的"创建新图层"按钮◪，新建一个"图层3"图层。

10 将前景色更改为黄色（R：253，G：178，

B：140），背景色更改为紫色（R：255，G：73，B：136），在画布中进行单击或者涂抹添加圆点图像，如图13.34所示。

图13.33 传递

图13.34 添加图像

11 选择工具箱中的"钢笔工具"◪，在选项栏中选择"形状"，将"填充"更改为紫色（R：235，G：103，B：200），"描边"更改为无，在人物剪影下半部分位置绘制1个不规则图形，将生成一个"形状2"图层，如图13.35所示。

12 选中"形状2"图层，将其图层混合模式设置为"正片叠底"，"不透明度"更改为50%，图像如图13.36所示。

图13.35 绘制图形

图13.36 图像效果

13 选中"形状2"图层，单击面板底部的"添加图层蒙版"按钮◪，为其添加图层蒙版，如图13.37所示。

14 按住Ctrl键单击"剪影"图层缩略图，将其载入选区，执行菜单栏中的"选择"|"反向"命令，将选区反向，将选区填充为黑色将部分图形隐藏，完成之后按Ctrl+D组合键将选区取消，如图13.38所示。

图13.37　添加图层蒙版

图13.38　隐藏图形

15 选中“形状 2”图层，将其拖至面板底部的“创建新图层”按钮上，复制得到1个“形状 2 拷贝”图层，单击其图层蒙版缩览图，将其填充为白色。

16 选中“形状 2 拷贝”图层，按Ctrl+T组合键对其执行“自由变换”命令，单击鼠标右键，从弹出的快捷菜单中选择“水平翻转”命令，完成之后按Enter键确认，将图形向左移动并适当放大，如图13.39所示。

17 以刚才同样方法将部分图形隐藏，这样就完成了最终效果的制作，如图13.40所示。

图13.39　变换图形

图13.40　最终效果

13.3 节日购物海报设计

◆实例分析

本例讲解节日购物海报设计，本例中海报在设计过程中，以流行的红紫色作为主题背景，将旋转放射图像与之相结合，整体背景表现出强烈的流行时尚气息，最终效果如图13.41所示。

难　　度：★★★★
素材文件：第 13 章 \ 节日购物海报设计
案例文件：第 13 章 \ 节日购物海报设计 .psd
视频文件：第 13 章 \13.3 节日购物海报设计 .avi

图13.41　最终效果

◆本例知识点

1. “极坐标”滤镜
2. “钢笔工具”
3. “多边形工具”
4. “渐变工具”

◆操作步骤

13.3.1 制作放射背景

01 执行菜单栏中的“文件”|“新建”命令，在弹出的对话框中设置“宽度”为70毫米，“高度”为100毫米，“分辨率”为300像素/英寸。

02 选择工具箱中的“渐变工具”，编辑紫色（R：118，G：0，B：74）到蓝色（R：81，G：37，B：122）的渐变，单击选项栏中的“线性渐变”按钮，在画布中从上至下拖动填充渐变，如图13.42所示。

03 选择工具箱中的“矩形工具”，在选项栏中将“填充”更改为白色，“描边”为无，在画布中间位置绘制一个细长矩形，将生成一个“矩形 1”图层，如图13.43所示。

图13.42　填充渐变　　　　图13.43　绘制矩形

04 选择工具箱中的"路径选择工具" ▶，选中矩形，在画布中按Ctrl+Alt+T组合键执行复制变换命令，当出现变形框以后，将矩形向右侧平移，按Enter键确认，如图13.44所示。

05 在按住Ctrl+Alt+Shift组合键的同时按T键多次，执行多重复制命令，将图形复制多份，如图13.45所示。

图13.44　变换复制　　　　图13.45　多重复制

06 将"矩形1"栅格化，执行菜单栏中的"滤镜"|"扭曲"|"极坐标"命令，在弹出的对话框中勾选"平面坐标到极坐标"单选按钮，完成之后单击"确定"按钮，如图13.46所示。

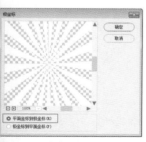

图13.46　添加极坐标效果

提示

添加极坐标命令之后，所产生的效果依据矩形的数量及大小不同而不同，在添加命令之前应当尽量增加适当的矩形数量及高度。

07 执行菜单栏中的"滤镜"|"扭曲"|"旋转扭曲"命令，在弹出的对话框中将"角度"更改为50度，完成之后单击"确定"按钮，如图13.47所示。

图13.47　设置旋转扭曲

08 选中"矩形 1"图层，将其图层混合模式设置为"柔光"，"不透明度"更改为30%，如图13.48所示。

图13.48　设置图层混合模式

09 在"图层"面板中，选中"矩形 1"图层，单击面板底部的"添加图层蒙版"按钮 ■，为其添加图层蒙版，如图13.49所示。

10 选择工具箱中的"渐变工具" ■，编辑黑色到白色的渐变，单击选项栏中的"线性渐变"按钮 ■，在图像上拖动，将部分图像隐藏，如图13.50所示。

图13.49　添加图层蒙版　　　　图13.50　隐藏图像

13.3.2 制作主题文字

01 选择工具箱中的"矩形工具"▢，在选项栏中将"填充"更改为蓝色（R：182，G：203，B：254），"描边"为无，绘制一个矩形，将生成一个"矩形 2"图层，如图13.51所示。

02 选择工具箱中的"直接选择工具"▷，拖动矩形锚点将其变形，如图13.52所示。

图13.51　绘制矩形　　　　　　图13.52　将图形变形

03 选择工具箱中的"钢笔工具"⌀，在选项栏中选择"形状"，将"填充"更改为蓝色（R：139，G：167，B：237），"描边"更改为无，在刚才经过变形的矩形底部，绘制1个不规则图形，将生成一个"形状 1"图层。以同样的方法再次绘制数个相似图形，如图13.53所示。

图13.53　绘制图形

04 选择工具箱中的"横排文字工具"**T**，添加文字（汉真广标 regular），如图13.54所示。

05 选中"元旦"图层，按Ctrl+T组合键对其执行"自由变换"命令，单击鼠标右键，从弹出的快捷菜单中选择"扭曲"命令，拖动变形框控制点将文字变形，完成之后按Enter键确认，以同样的方法分别选中其他几个文字所在图层，将其变形，如图13.55所示。

图13.54　添加文字　　　　　　图13.55　将文字变形

06 同时选中3个文字图层，按Ctrl+E组合键将图层合并，并将生成的图层名称更改为"主视觉文字"。

07 在"图层"面板中，选中"主视觉文字"图层，单击面板底部的"添加图层样式"按钮**fx**，在菜单中选择"渐变叠加"命令，在弹出的对话框中将"渐变"更改为蓝色（R：86，G：33，B：135）到紫色（R：219，G：0，B：152），"角度"为0度，完成之后单击"确定"按钮，如图13.56所示。

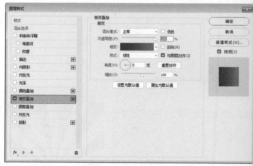

图13.56　设置渐变叠加

08 勾选"描边"复选框，将"大小"更改为3像素，"颜色"为白色，如图13.57所示。

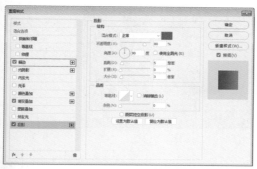

图13.57 设置描边

09 勾选"投影"复选框,将"混合模式"更改为正常,"颜色"更改为蓝色(R:38,G:78,B:179),"不透明度"更改为80%,取消"使用全局光"复选框,"角度"为90度,"距离"更改为5像素,"大小"为3像素,完成之后单击"确定"按钮,如图13.58所示。

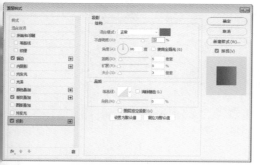

图13.58 设置投影

13.3.3 添加装饰元素

01 选择工具箱中的"多边形工具" ⬡,在选项栏中单击图标 ⚙,在弹出的面板中勾选"星形"复选框,将"缩进边依据"更改为50%,将"填充"更改为无,"描边"为蓝色(R:47,G:23,B:96),"宽度"为1点,在文字右上角区域绘制1个星形,将生成1个"多边形 1"图层,如图13.59所示。

02 选中"多边形 1"图层,在画布中按住Alt键向左下角拖动将图形复制,并将生成的图形"描边"更改为紫色(R:219,G:0,B:152),如图13.60所示。

图13.59 绘制星形

图13.60 复制图形

03 以同样的方法将星形复制多份,并修改不同的描边宽度,如图13.61所示。

04 执行菜单栏中的"文件"|"打开"命令,打开"装饰元素.psd"文件,将打开的素材拖入画布中并适当缩小,并将部分元素图像复制数份,如图13.62所示。

图13.61 复制图形

图13.62 添加素材

05 选择工具箱中的"椭圆工具" ⬭,在选项栏中将"填充"更改为无,"描边"为蓝色(R:49,G:118,B:188),"宽度"为1点,在画布文字左下角位置按住Shift键绘制一个圆形,将生成一个"椭圆 1"图层,如图13.63所示。

06 以同样方法绘制或者复制两份相似的装饰图形,如图13.64所示。

图13.63 绘制椭圆

图13.64 绘制图形

提示

在绘制或者复制图形时，可以选择不同的工具进行绘制，从而生成不同的元素，使整个装饰效果更加生动。

07 选择工具箱中的"圆角矩形工具" ⬭，在选项栏中将"填充"更改为白色，"描边"为无，"半径"为20像素，绘制一个圆角矩形，将生成一个"圆角矩形1"图层，如图13.65所示。

08 选择工具箱中的"横排文字工具" T，添加文字（MStiffHei PRC、汉真广标），如图13.66所示。

图13.65　绘制图形　　　　　图13.66　添加文字

09 执行菜单栏中的"文件"|"打开"命令，打开"二维码.jpg"文件，将打开的素材拖入画布中并适当缩小，如图13.67所示。

10 选择工具箱中的"横排文字工具" T，添加文字（微软雅黑），如图13.68所示。

图13.67　添加素材　　　　　图13.68　添加文字

11 执行菜单栏中的"文件"|"打开"命令，打开"礼盒.psd"文件，将打开的素材拖入画布中靠底部位置并适当缩小，如图13.69所示。

图13.69　添加素材

12 在"图层"面板中，选中"礼盒"组，将其拖至面板底部的"创建新图层"按钮 🖿 上，复制得到1个"礼盒 拷贝"组，选中"礼盒"组，按Ctrl+E组合键将其合并，将生成1个"礼盒"图层。

13 选中"礼盒"图层，按Ctrl+T组合键对其执行"自由变换"命令，单击鼠标右键，从弹出的快捷菜单中选择"垂直翻转"命令，完成之后按Enter键确认，将图像与原图像对齐，如图13.70所示。

图13.70　翻转图像

14 在"图层"面板中，选中"礼盒"图层，单击面板底部的"添加图层蒙版"按钮 ◉，为其添加图层蒙版，如图13.71所示。

15 选择工具箱中的"渐变工具" ▭，编辑黑色到白色的渐变，单击选项栏中的"线性渐变"按钮 ▭，在图像上拖动将部分图像隐藏，制作倒影效果，这样就完成了效果制作，最终效果如图13.72所示。

图13.71　添加图层蒙版　　　　图13.72　最终效果

◆**实例分析**

本例讲解蓝莓果酱包装设计，本例中包装具有十分出色的设计感，整体的图案简洁舒适，给人一种十分专业的视觉感受，最终效果如图13.73所示。

难　　度：★★★★	
素材文件：第13章\蓝莓果酱包装设计	
案例文件：第13章\蓝莓果酱包装平面效果.psd、蓝莓果酱包装立体效果.psd	
视频文件：第13章\13.4 蓝莓果酱包装设计.avi	

图13.73　最终效果

◆**本例知识点**

1. 图层蒙版
2. "矩形工具" ▭
3. "高斯模糊"
4. "钢笔工具" ✒

◆**操作步骤**

13.4.1 制作包装平面

01 执行菜单栏中的"文件"|"新建"命令，在弹出的对话框中设置"宽度"为200毫米，"高度"为100毫米，"分辨率"为300像素/英寸，将画布填充为青色（R：33，G：190，B：230）。

02 执行菜单栏中的"文件"|"打开"命令，打开"蓝莓.psd"文件，将打开的素材拖入画布中靠右侧位置并适当缩小，如图13.74所示。

图13.74　添加素材

03 选择工具箱中的"矩形工具" ▭，在选项栏中将"填充"更改为蓝色（R：6，G：75，B：107），"描边"为无，在蓝莓图像位置绘制一个矩形，将生成一个"矩形 1"图层，将其移至"背景"图层上方，如图13.75所示。

04 以同样的方法在图像位置再次绘制1个白色矩形，如图13.76所示。

图13.75　绘制蓝矩形　　　图13.76　绘制白矩形

05 选中"矩形 2"图层，将其图层"不透明度"更改为80%，如图13.77所示。

06 选择工具箱中的"横排文字工具" **T**，添加文字（汉真广标），将文字顺时针旋转90°，如图13.78所示。

图13.77 图层不透明度

图13.78 添加文字

07 在"图层"面板中，选中"矩形 2"图层，单击面板底部的"添加图层蒙版"按钮 ◻，为其添加图层蒙版，如图13.79所示。

08 按住Ctrl键单击文字图层缩览图，将其载入选区，将选区填充为黑色将部分图形隐藏，完成之后按Ctrl+D组合键将选区取消，再将文字删除，如图13.80所示。

图13.79 添加图层蒙版

图13.80 隐藏图形

09 选择工具箱中的"横排文字工具" T，添加文字（方正正粗黑简体、方正兰亭黑、方正兰亭细黑、方正兰亭超细黑），如图13.81所示。

图13.81 添加文字

13.4.2 制作包装立体轮廓

01 执行菜单栏中的"文件"|"新建"命令，在弹出的对话框中设置"宽度"为80毫米，"高度"为50毫米，"分辨率"为300像素/英寸，将画布填充为灰色（R：219，G：219，B：219）。

02 选择工具箱中的"矩形工具" ▭，在选项栏中将"填充"更改为绿色（R：150，G：190，B：3），"描边"为无，绘制一个矩形并适当旋转，如图13.82所示。

图13.82 绘制矩形

03 将矩形向右上角复制1份，并将"填充"更改为青色（R：33，G：190，B：230），如图13.83所示。

图13.83 复制图形

04 在刚才制作蓝莓果酱包装平面效果文档中，按Ctrl+Alt+Shift+E组合键执行盖印图层命令，将生成的图层拖入当前画布中，如图13.84所示。

图13.84 添加图像

05 选择工具箱中的"钢笔工具" ✐，在包装图像顶部绘制1个不规则路径，如图13.85所示。

图13.85　绘制路径

06 按Ctrl+Enter组合键将路径转换为选区，按Delete键将选区中图像删除，完成之后按Ctrl+D组合键将选区取消，如图13.86所示。

图13.86　删除图像

07 以同样的方法将包装底部部分图像删除，如图13.87所示。

图13.87　删除图像

08 选择工具箱中的"矩形工具" □，在选项栏中将"填充"更改为黑色，"描边"为无，在包装左上角按住Shift键绘制一个矩形，将生成一个"矩形 2"图层，如图13.88所示。

09 按Ctrl+T组合键对矩形执行"自由变换"命令，当出现框以后在选项栏中"旋转"后方的文本框中输入45，完成之后按Enter键确认，如图13.89所示。

图13.88　绘制矩形　　　　图13.89　旋转图形

10 将指针放在"矩形 2"图层名称上，单击鼠标右键，在弹出的菜单中选择"栅格化图层"命令，按住Ctrl键单击其图层缩览图，将其载入选区。

11 按Ctrl+Alt+T组合键对矩形执行变换复制命令，将矩形向下方移动复制1份，如图13.90所示。

12 在按住Ctrl+Alt+Shift组合键的同时按T键多次，执行多重复制命令，将图像复制多份，如图13.91所示。

图13.90　变换复制　　　　图13.91　多重复制

13 选中"矩形 2"图层，在画布中将图像向右侧平移复制1份，如图13.92所示。

图13.92 复制图像

14 按住Ctrl键单击"矩形 2"图层缩览图，再按住Shift键单击"矩形 2 拷贝"图层缩览图，将其加选至选区，如图13.93所示。

图13.93 载入选区

15 选中"图层 1"图层，将图像删除，完成之后按Ctrl+D组合键将选区取消，再将两个锯齿图像所在图层删除，如图13.94所示。

图13.94 删除图像

13.4.3 处理包装立体质感

01 选择工具箱中的"椭圆工具"○，在选项栏中将"填充"更改为白色，"描边"为无，在包装顶部绘制1个椭圆图形，将生成一个"椭圆 1"图层，如图13.95所示。

02 将"椭圆1"栅格化，执行菜单栏中的"滤镜"|"模糊"|"高斯模糊"命令，在弹出的对话框中将"半径"更改为8像素，完成之后单击"确定"按钮，如图13.96所示。

图13.95 绘制椭圆　　　　　图13.96 添加高斯模糊

03 按住Ctrl键单击"图层 1"图层缩览图，将其载入选区，如图13.97所示。

04 执行菜单栏中的"选择"|"反向"命令将选区反向，将"椭圆 1"图层中选区图像删除，完成之后按Ctrl+D组合键将选区取消，如图13.98所示。

图13.97 载入选区　　　　　图13.98 删除图像

05 以同样的方法在图像底部位置绘制椭圆并添加高斯模糊效果后制作高光效果，如图13.99所示。

图13.99 添加高光

06 选择工具箱中的"钢笔工具"，在选项栏中选择"形状"，将"填充"更改为白色，"描边"更改为无，在包装顶部位置绘制1个不规则图形，将生成一个"形状 1"图层，如图13.100所示。

07 将"形状1"栅格化，执行菜单栏中的"滤镜"|"模糊"|"高斯模糊"命令，在弹出的对话框中将"半径"更改为3像素，完成之后单击"确定"按钮，如图13.101所示。

图13.100　绘制图形　　　　图13.101　添加高斯模糊

08 选中"形状 1"图层，将其图层混合模式设置为"叠加"，如图13.102所示。

图13.102　设置图层混合模式

09 在"图层"面板中，选中"形状 1"图层，将其拖至面板底部的"创建新图层"按钮上，复制1个"形状 1 拷贝"图层。

10 按Ctrl+T组合键对图像执行"自由变换"命令，单击鼠标右键，从弹出的快捷菜单中选择"垂直翻转"命令，完成之后按Enter键确认，将图像向下移动至包装底部位置，如图13.103所示。

图13.103　变换图像

11 选择工具箱中的"钢笔工具"，在选项栏中选择"形状"，将"填充"更改为蓝色（R：28，G：105，B：125），"描边"更改为无。

12 在包装靠左侧位置绘制1个不规则图形，将生成一个"形状 2"图层，如图13.104所示。

13 将"形状 2"图层栅格化，执行菜单栏中的"滤镜"|"模糊"|"高斯模糊"命令，在弹出的对话框中将"半径"更改为8像素，完成之后单击"确定"按钮，如图13.105所示。修改"形状2"图层的混合模式为正片叠底。

图13.104　绘制图形　　　　图13.105　添加高斯模糊

14 选择工具箱中的"直线工具"，在选项栏中将"填充"更改为蓝色（R：28，G：105，B：125），"描边"为无，在包装左侧按住Shift键绘制一条垂直线段，将生成一个"形状 3"图层，如图13.106所示。

15 将"形状 3"栅格化，执行菜单栏中的"滤镜"|"模糊"|"高斯模糊"命令，在弹出的对话框中将"半径"更改为2像素，完成之后单击"确定"按钮，如图13.107所示。

图13.106　绘制直线　　　　图13.107　添加高斯模糊

16 选中"形状 3"图层，单击面板底部的"添加图层蒙版"按钮，为其添加图层蒙版，如图13.108所示。

17 选择工具箱中的"渐变工具"，编辑黑色到白色再到黑色的渐变，单击选项栏中的"线性渐变"按钮，在图像上拖动将部分图像隐藏，如图13.109所示。

图13.108 添加图层蒙版

图13.109 隐藏图像

18 将图像向左侧平移复制数份，同时选中所有和线段相关图层，按Ctrl+G组合键将其编组，将生成组的名称更改为"左侧压痕"，将压痕图像向右侧平移复制1份，如图13.110所示。

图13.110 复制图像并编组

19 选择工具箱中的"钢笔工具" ✐，在选项栏中选择"形状"，将"填充"更改为深蓝色（R：6，G：44，B：53），"描边"更改为无，在包装左侧顶端位置绘制1个不规则图形，将生成一个"形状4"图层，如图13.111所示。

20 将"形状4"栅格化，执行菜单栏中的"滤镜"|"模糊"|"高斯模糊"命令，在弹出的对话框中将"半径"更改为10像素，完成之后单击"确定"按钮，如图13.112所示。

图13.111 绘制图形

图13.112 添加高斯模糊

21 选中"形状4"图层，将其图层混合模式设置为"正片叠底"，"不透明度"更改为30%，如图13.113所示。

图13.113 设置图层混合模式

22 按住Ctrl键单击"图层1"图层缩览图，将其载入选区，如图13.114所示。

23 执行菜单栏中的"选择"|"反向"命令将选区反向，将选区中图像删除，完成之后按Ctrl+D组合键将选区取消，如图13.115所示。

图13.114 载入选区

图13.115 删除图像

24 以同样的方法在包装右侧位置绘制相似图形，并为其添加高斯模糊后，制作相同的阴影质感效果，如图13.116所示。

图13.116 制作质感

25 选择工具箱中的"钢笔工具" ，在选项栏中选择"形状"，将"填充"更改为黑色，"描边"更改为无。在包装位置绘制1个不规则图形，将生成一个"形状 6"图层，将其移至"矩形1"图层上方，如图13.117所示。

图13.118 添加高斯模糊

图13.117 绘制图形

26 将"形状6"栅格化，执行菜单栏中的"滤镜"|"模糊"|"高斯模糊"命令，在弹出的对话框中将"半径"更改为5像素，完成之后单击"确定"按钮，如图13.118所示。

27 选中"形状 6"图层，将其图层"不透明度"更改为40%，这样就完成了效果制作，最终效果如图13.119所示。

图13.119 最终效果

13.5 知识拓展

在当今这个信息相当重要的时代，商业广告设计是企业宣传的重要手段。本章精选几个商业案例，真实再现设计过程。希望读者能够充分掌握本章内容，为以后的商业广告设计打下基础。

13.6 拓展训练

本章通过 3 个拓展训练，商业广告设计内容进行更加完整的补充，让读者快速掌握商业广告设计的精髓。

训练13-1 瓷器宣传海报设计

◆ 实例分析

本例主要讲解瓷器宣传海报设计的方法。本例主要以黄色为主色调，利用画笔工具制作出简单纹理，利用蒙版制作瓷器的倒影效果，配合梅花和大红瓷器，映射出高雅、喜庆的氛围，完成的最终效果如图13.120所示。

难　　度：★★★
素材文件：第13章\瓷器宣传海报设计
案例文件：第13章\瓷器宣传海报设计 .psd
视频文件：第13章\训练13-1 瓷器宣传海报设计 .avi

图13.120　最终效果

◆ 本例知识点

1．"钢笔工具" ✐
2．"画笔工具" ✒
3．"横排文字工具"和"直排文字工具" ⅼT
4．"矩形选框工具" ⸬

训练13-2 PIZZA广告设计

◆ 实例分析

本例主要讲解的是 PIZZA 广告制作，广告的整体十分简约，仅通过添加简单醒目的文字信息及实拍图像来体现广告的特点。这也是餐饮促销广告的常用制作手法，通过添加顾客最关心的，简洁而醒目的图文信息来达到完美的广告效应。完成的最终效果如图 13.121 所示。

难　　度：★★
素材文件：第13章\PIZZA 广告设计
案例文件：第13章\PIZZA 广告设计 .psd
视频文件：第13章\训练13-2 PIZZA 广告设计 .avi

图13.121　最终效果

◆ 本例知识点

1．"渐变工具" ▮
2．"高斯模糊" 滤镜
3．图层蒙版

训练13-3 蔬菜汁包装设计

◆ 实例分析

本例主要讲解的是蔬菜汁包装效果，此款瓶身的设计具有小而精的特点，在有限的瓶上添加题目标志及文字等信息，再通过添加手绘效果的素材图像与瓶身形状形成相互呼应效果，完成的最终效果如图 13.122 所示。

难 度: ★ ★ ★ ★ ★
素材文件: 第 13 章 \ 蔬菜汁包装设计
案例文件: 第 13 章 \ 蔬菜汁包装设计 .psd
视频文件: 第 13 章 \ 训练 13-3 蔬菜汁包装设计 .avi

◆本例知识点

1. "模糊工具"
2. "矩形选框工具"
3. "钢笔工具"
4. "添加杂色" 滤镜

图13.122 最终效果

用于工具的快捷键

结果	Windows	Mac OS
使用同一快捷键循环切换工具	按住Shift键并按快捷键（如果选中"使用Shift键切换工具"首选项）	按住Shift键并按快捷键（如果选中"使用Shift键切换工具"首选项）
循环切换隐藏的工具	按住Alt键并单击工具（添加锚点、删除锚点和转换点工具除外）	按住Option键并单击工具（添加锚点、删除锚点和转换点工具除外）
移动工具 画板工具	V	V
矩形选框工具 椭圆选框工具	M	M
套索工具 多边形套索工具 磁性套索工具	L	L
快速选择工具 魔棒工具	W	W
裁剪工具 透视裁剪工具 切片工具 切片选择工具	C	C
吸管工具 3D材质吸管工具 颜色取样器工具 标尺工具 注释工具 计数工具	I	I
污点修复画笔工具 修复画笔工具 修补工具 内容感知移动工具 红眼工具	J	J

结果	Windows	Mac OS
画笔工具 铅笔工具 颜色替换工具 混合器画笔工具	B	B
仿制图章工具 图案图章工具	S	S
历史记录画笔工具 历史记录艺术画笔工具	Y	Y
橡皮擦工具 背景橡皮擦工具 魔术橡皮擦工具	E	E
渐变工具 油漆桶工具 3D材质拖放工具	G	G
减淡工具 加深工具 海绵工具	O	O
钢笔工具 自由钢笔工具 弯度钢笔工具	P	P
横排文字工具 直排文字工具 横排文字蒙版工具 直排文字蒙版工具	T	T
路径选择工具 直接选择工具	A	A
矩形工具 圆角矩形工具 椭圆工具 多边形工具 直线工具 自定形状工具	U	U
抓手工具	H	H
旋转视图工具	R	R
缩放工具	Z	Z

用于查看图像的快捷键

此部分列表提供不显示在菜单命令或工具提示中的快捷键。

结果	Windows	Mac OS
循环切换打开的文档	Ctrl + Tab	Ctrl + Tab
切换到上一文档	Shift + Ctrl + Tab	Shift + Command + `
在Photoshop中关闭文件并转到 Bridge	Shift + Ctrl + W	Shift + Command + W
在"标准"模式和"快速蒙版"模式之间切换	Q	Q
在标准屏幕模式、带有菜单栏的全屏模式和全屏模式之间切换（前进）	F	F
在标准屏幕模式、带有菜单栏的全屏模式和全屏模式之间切换（后退）	Shift + F	Shift + F
切换（前进）画布颜色	空格键 + F （或右键单击画布背景并选择颜色）	空格键 + F（或按住 Ctrl键单击画布背景并选择颜色）
切换（后退）画布颜色	空格键 + Shift + F	空格键 + Shift + F
将图像限制在窗口中	双击抓手工具	双击抓手工具
放大 100%	双击缩放工具或Ctrl + 1	双击缩放工具或Command + 1
切换到"抓手工具"（当不处于文本编辑模式时）	空格键	空格键
使用抓手工具同时平移多个文档	按住Shift键拖移	按住 Shift 键拖移
切换到放大工具	Ctrl + 空格键	Command + 空格键
切换到缩小工具	Alt + 空格键	Option + 空格键
放大图像中的指定区域	按住Ctrl键并在"导航器"面板的预览中拖移	按住Command键并在"导航器"面板的预览中拖移
使用抓手工具滚动图像	按住空格键拖移，或拖移"导航器"面板中的视图区域框	按住空格键拖移，或拖移"导航器"面板中的视图区域框
向上或向下滚动一屏	Page Up 或 Page Down	Page Up 或 Page Down
向上或向下滚动10个单位	Shift + Page Up或Page Down	Shift + Page Up或Page Down
将视图移动到左上角或右下角	Home 或 End	Home 或 End
打开/ 关闭图层蒙版的宝石红显示（必须选定图层蒙版）	\（ 反斜杠）	\（ 反斜杠）

用于选择并遮住的快捷键

结果	Windows	Mac OS
启用"选择并遮住"功能	Ctrl + Alt + R	Command + Option + R
在视图模式之间循环切换（前进）	F	F
在视图模式之间循环切换（后退）	Shift + F	Shift + F
在原始图像和选区预览之间切换	X	X
在原始选区和调整的版本之间切换	P	P
在打开和关闭半径预览之间切换	J	J
在加选与减选之间切换	E	E

用于滤镜库的快捷键

结果	Windows	Mac OS
在所选对象的顶部应用新滤镜	按住Alt键并单击滤镜	按住 Option 键并单击滤镜
打开/ 关闭所有展开三角形	按住Alt键并单击展开三角形	按住 Option 键并单击展开三角形
将"取消"按钮更改为"默认值"	Ctrl	Command
将"取消"按钮更改为"复位"	Alt	Option
还原/ 重做	Ctrl + Z	Command + Z
向前一步	Ctrl + Shift + Z	Command + Shift + Z
向后一步	Ctrl + Alt + Z	Command + Option + Z

用于液化的快捷键

结果	Windows	Mac OS
向前变形工具	W	W
重建工具	R	R
平滑工具	E	E
顺时针旋转扭曲工具	C	C
褶皱工具	S	S
膨胀工具	B	B
左推工具	O	O

结果	Windows	Mac OS
镜像工具	M	M
冻结蒙版工具	F	F
解冻蒙版工具	D	D
脸部工具	A	A
抓手工具	H	H
缩放工具	Z	Z
反转"膨胀工具""褶皱工具"和"左推工具"的方向	按住 Alt 键并单击工具按住	Option 键并单击工具
将画笔大小、浓度、压力、速率减小/ 增大 1	在文本框中按向下箭头/ 向上箭头	在文本框中按向下箭头/ 向上箭头
从上到下在右侧循环切换控件	Tab	Tab
从下到上在右侧循环切换控件	Shift + Tab	Shift + Tab
将"取消"更改为"复位"	Alt	Option

用于消失点的快捷键

结果	Windows	Mac OS
缩放两倍（临时）	X	X
放大	Ctrl + + （加号）	Command + + （加号）
缩小	Ctrl + - （连字符）	Command + - （连字符）
符合视图大小	Ctrl + 0 （零）、双击抓手工	Command + 0 （零）、双击抓手工具
按 100% 放大率缩放到中心	双击缩放工具	双击缩放工具
增加画笔大小（画笔工具、图章工具）	]	]
减小画笔大小（画笔工具、图章工具）	[	[
增加画笔硬度（画笔工具、图章工具）	Shift +]	Shift +]
减小画笔硬度（画笔工具、图章工具）	Shift + [	Shift + [
还原上一动作	Ctrl + Z	Command + Z
重做上一动作	Ctrl + Shift + Z	Command + Shift + Z
全部取消选择	Ctrl + D	Command + D
隐藏选区和平面	Ctrl + H	Command + H
将选区移动1个像素	箭头键	箭头键
将选区移动10个像素	Shift + 箭头键	Shift + 箭头键
复制	Ctrl + C	Command + C

结果	Windows	Mac OS
粘贴	Ctrl + V	Command + V
使用指针下的图像填充选区按住	按住Ctrl 键拖移	按住Command 键拖移
将选区副本作为浮动选区	按住Ctrl + Alt 组合键拖移	按住Command + Option 组合键拖移
限制选区为 15° 旋转	按住 Alt+Shift 组合键进行旋转	按住 Option+Shift 组合键进行旋转
在另一个选定平面下选择平面	按住 Ctrl 键并单击平面	按住 Command 键并单击平面
在创建平面的同时删除上一个节点	Backspace	Delete
建立一个完整的画布平面（与相机一致）	双击创建平面工具	双击创建平面工具
显示/ 隐藏测量	Ctrl + Shift + H	Command + Shift + H
导出到 DFX 文件	Ctrl + E	Command + E
导出到 3DS 文件	Ctrl + Shift + E	Command + Shift + E

用于【黑白】对话框的快捷键

结果	Windows	Mac OS
打开"黑白"对话框	Shift + Ctrl + Alt + B	Shift + Command + Option+ B
选定值增大/ 减少 1%	向上箭头键 / 向下箭头键	向上箭头键 / 向下箭头键
将选定值增大 / 减少 10%	Shift + 向上箭头键 / 向下箭头键	Shift + 向上箭头键 / 向下箭头键
更改最接近的颜色滑块的值	单击并在图像上拖移	单击并在图像上拖移

用于【曲线】命令的快捷键

结果	Windows	Mac OS
打开"曲线"对话框	Ctrl + M	Command +M
选择曲线上的下一个点	+ （加）	+ （加）
选择曲线上的上一个点	− （减）	− （减）
选择曲线上的多个点	按住 Shift 键并单击这些点	按住 Shift 键并单击这些点
取消选择某个点	Ctrl + D	Command + D
删除曲线上的某个点	选择某个点并按 Delete 键	选择某个点并按 Delete 键
将选定的点移动 1 个单位	箭头键	箭头键
将选定的点移动 10 个单位	Shift + 箭头键	Shift + 箭头键
显示将修剪的高光和阴影	按住 Alt 键并拖移黑场 / 白场滑块	按住 Option 键并拖移黑场 / 白场滑块
在复合曲线上设置一个点	按住 Ctrl 键并单击图像	按住 Command 键并单击图像

结果	Windows	Mac OS
在通道曲线上设置一个点	按住 Shift + Ctrl 组合键并单击图像	按住 Shift + Command 组合键并单击图像
切换网格大小	按住 Alt 键并单击调整区域	按住 Option 键并单击调整区域

用于选择和移动对象的快捷键

此部分列表提供不显示在菜单命令或工具提示中的快捷键。

结果	Windows	Mac OS
选择时重新定位选框	任何选框工具（单列和单行除外）+ 空格键并拖移	任何选框工具（单列和单行除外）+ 空格键并拖移
添加到选区	任何选择工具 + Shift 键并拖移	任何选择工具 + Shift 键并拖移
从选区中减去	任何选择工具 + Alt 键并拖移	任何选择工具 + Option 键并拖移
与选区交叉	任何选择工具（快速选择工具除外）+Shift + Alt 并拖移	任何选择工具（快速选择工具除外）+Shift + Option 并拖移
将选框限制为方形或圆形（如果没有任何其他选区处于现用状态）	按住 Shift 键拖移	按住 Shift 键拖移
从中心绘制选框（如果没有任何其他选区处于现用状态）	按住 Alt 键拖移	按住 Option 键拖移
限制形状并从中心绘制选框	按住 Shift + Alt 组合键拖移	按住 Shift + Option 组合键拖移
切换到移动工具	Ctrl （选定抓手、切片、路径、形状或任何钢笔工具时除外）	Command （选定抓手、切片、路径、形状或任何钢笔工具时除外）
从磁性套索工具切换到套索工具	按住 Alt 键拖移	按住 Option 键拖移
应用 / 取消磁性套索工具的操作	Enter/Esc 或 Ctrl + . （句点）	Return/Esc 或 Command + . （句点）
移动选区的复制	移动工具 + Alt 键并拖移选区	移动工具 + Option 键并拖移选区
将选区移动 1 个像素	任何选区工具 + 向右箭头键、向左箭头键、向上箭头键或向下箭头键	任何选区工具 + 向右箭头键、向左箭头键、向上箭头键或向下箭头键

结果	Windows	Mac OS
将所选区域移动 1 个像素	移动工具 + 向右箭头键、向左箭头键、向上箭头键或向下箭头键	移动工具 + 向右箭头键、向左箭头键、向上箭头键或向下箭头键
当未选择图层上的任何内容时，将图层移动 1 个像素	Ctrl + 向右箭头键、向左箭头键、向上箭头键或向下箭头键	Command + 向右箭头键、向左箭头键、向上箭头键或向下箭头键
增大 / 减小检测宽度	磁性套索工具 + [或]	磁性套索工具 + [或]
接受裁剪或退出裁剪	裁剪工具 + Enter 或 Esc	裁剪工具 + Return 或 Esc
切换裁剪屏蔽开 / 关	/ （正斜杠）	/ （正斜杠）
创建量角器	标尺工具 +Alt 并拖移终点	标尺工具 +Option 并拖移终点
将参考线与标尺刻度对齐（未选中"视图"|"对齐"时除外）	按住 Shift 键拖移参考线	按住 Shift 键拖移参考线
在水平参考线和垂直参考线之间转换	按住 Alt 键拖移参考线	按住 Option 键拖移参考线

用于变换图像、选区和路径的快捷键

此部分列表提供不显示在菜单命令或工具提示中的快捷键。

结果	Windows	Mac OS
从中心变换或对称	Alt	Option
限制	Shift	Shift
扭曲	Ctrl	Command
取消	Ctrl + . （句点）或 Esc	Command + . （句点）或 Esc
使用重复数据自由变换	Ctrl + Alt + T	Command + Option + T
再次使用重复数据进行变换	Ctrl + Shift + Alt + T	Command + Shift + Option + T
应用	Enter	Return

用于编辑路径的快捷键

此部分列表提供不显示在菜单命令或工具提示中的快捷键。

结果	Windows	Mac OS
选择多个锚点	直接选择工具 + Shift 键并单击	直接选择工具 + Shift 键并单击
选择整个路径	直接选择工具 + Alt 键并单击	直接选择工具 + Option 键并单击

结果	Windows	Mac OS
复制路径	钢笔（任何钢笔工具）、路径选择工具或直接选择工具 + Ctrl + Alt 并拖移	钢笔（任何钢笔工具）、路径选择工具或直接选择工具 + Command + Option 并拖移
从路径选择工具、钢笔工具、添加锚点工具、删除锚点工具或转换点工具切换到直接选择工具	Ctrl	Command
当指针位于锚点或方向点上时从钢笔工具或自由钢笔工具切换到转换点工具	Alt	Option
关闭路径	磁性钢笔工具 + 双击	磁性钢笔工具 + 双击
关闭含有直线段的路径	磁性钢笔工具 + Alt 键并双击	磁性钢笔工具 + Option 键并双击

用于绘画的快捷键

此部分列表提供不显示在菜单命令或工具提示中的快捷键。

结果	Windows	Mac OS
使用吸管工具从图像中选择前景颜色	任何绘画工具 + Alt 或任何形状工具 + Alt（选中"路径"选项时除外）	任何绘画工具 + Option 或任何形状工具 +Option（选中"路径"选项时除外）
选择背景色	吸管工具 + Alt 键并单击	吸管工具 + Option 键并单击
颜色取样器工具	吸管工具 + Shift 键	吸管工具 + Shift 键
删除颜色取样器	颜色取样器工具 + Alt + Shift 键并单击	颜色取样器工具 + Option + Shift 键并单击
设置绘画模式的不透明度、容差、强度或曝光量	任何绘画或编辑工具 + 数字键（例如 0 =100%、1 = 10%、按完 4 后紧接着按 5 =45%）（在启用"喷枪"选项时，使用 Shift + 数字键）	任何绘画或编辑工具 + 数字键（例如 0 =100%、1 = 10%、按完 4 后紧接着按 5 =45%）（在启用"喷枪"选项时，使用 Shift + 数字键）
设置绘画模式的流量	任何绘画或编辑工具 + Shift + 数字键（例如 0= 100%、1 = 10%、按完 4 后紧接着按 5 =45%）（在启用"喷枪"选项时，省略 Shift 键）	任何绘画或编辑工具 + Shift + 数字键（例如 0= 100%、1 = 10%、按完 4 后紧接着按 5 =45%）（在启用"喷枪"选项时，省略 Shift 键）
混合器画笔更改"混合"设置	Alt + Shift + 数字	Option + Shift + 数字

结果	Windows	Mac OS
混合器画笔更改"潮湿"设置	数字键	数字键
混合器画笔将"潮湿"和"混合"更改为零	00	00
循环切换绘画模式	Shift + +（加号）或 -（减号）	Shift + +（加号）或 -（减号）
使用前景色或背景色填充选区 / 图层	Alt + Backspace 或 Ctrl + Backspace	Option + Delete 或 Command + Delete
从历史记录填充	Ctrl + Alt + Backspace	Command + Option + Delete
显示"填充"对话框	Shift + Backspace	Shift + Delete
锁定透明像素的开 / 关	/（正斜杠）	/（正斜杠）
连接点与直线	任何绘画工具 + Shift 并单击	任何绘画工具 + Shift 并单击

用于混合模式的快捷键

结果	Windows	Mac OS
循环切换混合模式	Shift + +（加号）或 -（减号）	Shift + +（加号）或 -（减号）
正常	Shift + Alt + N	Shift + Option + N
溶解	Shift + Alt + I	Shift + Option + I
背后（仅限画笔工具）	Shift + Alt + Q	Shift + Option + Q
清除（仅限画笔工具）	Shift + Alt + R	Shift + Option + R
变暗	Shift + Alt + K	Shift + Option + K
正片叠底	Shift + Alt + M	Shift + Option + M
颜色加深	Shift + Alt + B	Shift + Option + B
线性加深	Shift + Alt + A	Shift + Option + A
变亮	Shift + Alt + G	Shift + Option + G
滤色	Shift + Alt + S	Shift + Option + S
颜色减淡	Shift + Alt + D	Shift + Option + D
线性减淡（添加）	Shift + Alt + W	Shift + Option + W
叠加	Shift + Alt + O	Shift + Option + O
柔光	Shift + Alt + F	Shift + Option + F
强光	Shift + Alt + H	Shift + Option + H
亮光	Shift + Alt + V	Shift + Option + V
线性光	Shift + Alt + J	Shift + Option + J
点光	Shift + Alt + Z	Shift + Option + Z
实色混合	Shift + Alt + L	Shift + Option + L

结果	Windows	Mac OS
差值	Shift + Alt + E	Shift + Option + E
排除	Shift + Alt + X	Shift + Option + X
色相	Shift + Alt + U	Shift + Option + U
饱和度	Shift + Alt + T	Shift + Option + T
颜色	Shift + Alt + C	Shift + Option + C
明度	Shift + Alt + Y	Shift + Option + Y

用于选择和编辑文本的快捷键

此部分列表提供不显示在菜单命令或工具提示中的快捷键。

结果	Windows	Mac OS
移动图像中的文字	选中"文字"图层时按住 Ctrl 键拖移文字	选中"文字"图层时按住 Command 键拖移文字
向左 / 向右选择 1 个字符或向上 / 向下选择 1 行，或向左 / 向右选择 1 个字	Shift + 向左箭头键 / 向右箭头键或向下箭头键 / 向上箭头键，或 Ctrl + Shift + 向左箭头键 / 向右箭头键	Shift + 向左箭头键 / 向右箭头键或向下箭头键 / 向上箭头键，或 Command + Shift + 向左箭头键 / 向右箭头键
选择插入点与鼠标单击点之间的字符	按住 Shift 键并单击	按住 Shift 键并单击
左移 / 右移 1 个字符，下移 / 上移 1 行或左移 / 右移 1 个字	向左箭头键 / 向右箭头键、向下箭头键 / 向上箭头键，或 Ctrl + 向左箭头键 / 向右箭头键	向左箭头键 / 向右箭头键、向下箭头键 / 向上箭头键，或 Command + 向左箭头键 / 向右箭头键
当文本图层在"图层"面板中处于选定状态时，创建一个新的文本图层	按住 Shift 键并单击	按住 Shift 键并单击
选择字、行、段落或文章	双击、单击三次、单击四次或单击五次	双击、单击三次、单击四次或单击五次
显示 / 隐藏所选文字上的选区	Ctrl + H	Command + H
在编辑文本时显示用于转换文本的定界框，或者在光标位于定界框内时激活移动工具	Ctrl	Command
在调整定界框大小时缩放定界框内的文本	按住 Ctrl 键拖移定界框手柄	按住 Command 键拖移定界框手柄
在创建文本框时移动文本框	按住空格键拖移	按住空格键拖移

用于设置文字格式的快捷键

此部分列表提供不显示在菜单命令或工具提示中的快捷键。

结果	Windows	Mac OS
左对齐、居中对齐或右对齐	横排文字工具 + Ctrl + Shift + L、C 或 R	横排文字工具 + Command + Shift + L、C 或 R
顶对齐、居中对齐或底对齐	直排文字工具 + Ctrl + Shift + L、C 或 R	直排文字工具 + Command + Shift + L、C 或 R
选择 100% 水平缩放	Ctrl + Shift + X	Command + Shift + X
选择 100% 垂直缩放	Ctrl + Shift + Alt + X	Command + Shift + Option + X
选择自动行距	Ctrl + Shift + Alt + A	Command + Shift + Option + A
选择 0 字距调整	Ctrl + Shift + Q	Command + Ctrl + Shift + Q
对齐段落（最后一行左对齐）	Ctrl + Shift + J	Command + Shift + J
调整段落（全部调整）	Ctrl + Shift + F	Command + Shift + F

用于切片和优化的快捷键

结果	Windows	Mac OS
在切片工具和切片选区工具之间切换	Ctrl	Command
绘制方形切片	按住 Shift 键拖移	按住 Shift 键拖移
从中心向外绘制	按住 Alt 键拖移	按住 Option 键拖移
从中心向外绘制方形切片	按住 Shift + Alt 组合键拖移	按住 Shift + Option 组合键拖移
创建切片时重新定位切片	按住空格键拖移	按住空格键拖移
打开上下文相关菜单	右键单击切片	按住 Ctrl 键并单击切片

用于画笔面板的快捷键

结果	Windows	Mac OS
重命名画笔	双击画笔	双击画笔
更改画笔大小	按住 Alt 键右键单击并拖移（向左或向右）	按住 Ctrl 和 Option 键并拖移（向左或向右）
减小 / 增大画笔软度 / 硬度	按住 Alt 键右键单击并向上或向下拖动	按住 Ctrl 和 Option 键并向上或向下拖动
选择上一 / 下一画笔	,（逗号）或 .（句点）	,（逗号）或 .（句点）
选择第一个 / 最后一个画笔	Shift + ,（逗号)或 .（句点）	Shift + ,（逗号)或 .（句点）
显示画笔的精确十字线	Caps Lock 或 Shift + Caps	Lock Caps Lock
切换喷枪选项	Shift + Alt + P	Shift + Option + P

用于通道面板的快捷键

如果您希望将以 Ctrl/Command + 1 开头的通道快捷键用于红色，请选择"编辑" > "键盘快捷键"，然后选择"使用旧版通道快捷键"。

结果	Windows	Mac OS
选择各个通道	Ctrl + 3（红）、4（绿）、5（蓝）	Command + 3（红）、4（绿）、5（蓝）
选择复合通道	Ctrl + 2	Command + 2
将通道作为选区载入	按住 Ctrl 键并单击通道缩览图，或按住 Alt + Ctrl + 3 键（红色）、Alt + Ctrl + 4 键（绿色）、Alt + Ctrl + 5 键（蓝色）	按住 Command 键并单击通道缩览图，或按住 Option + Command + 3 键（红色）、Option + Command + 4 键（绿色）、Option + Command + 5 键（蓝色）
添加到当前选区	按住 Ctrl + Shift 键并单击通道缩览图。	按住 Command + Shift 键并单击通道缩览图
从当前选区中减去	按住 Ctrl + Alt 键并单击通道缩览图	按住 Command + Option 键并单击通道缩览图
与当前选区交叉	按住 Ctrl + Shift + Alt 键并单击通道缩览图	按住 Command + Shift + Option 键并单击通道缩览图
为"将选区存储为通道"按钮设置选项	按住 Alt 键单击"将选区存储为通道"按钮	按住 Option 键单击"将选区存储为通道"按钮
创建新的专色通道	按住 Ctrl 键并单击"创建新通道"按钮	按住 Command 键并单击"创建新通道"按钮
选择 / 取消选择多个颜色通道选区	按住 Shift 键并单击颜色通道	按住 Shift 键并单击颜色通道
选择 / 取消选择 Alpha 通道并显示 / 隐藏以红宝石色进行的叠加	按住 Shift 键并单击 Alpha 通道	按住 Shift 键并单击 Alpha 通道
显示通道选项	双击 Alpha 通道或专色通道缩览图	双击 Alpha 通道或专色通道缩览图
在"快速蒙版模式"中切换复合蒙版和灰度蒙版	~ 键	~ 键

用于颜色面板的快捷键

结果	Windows	Mac OS
选择背景色	按住 Alt 键并单击颜色条中的颜色	按住 Option 键并单击颜色条中的颜色
显示"颜色条"菜单	右键单击颜色条	按住 Ctrl 键并单击颜色条
循环切换可供选择的颜色	按住 Shift 键并单击颜色条	按住 Shift 键并单击颜色条

用于历史记录面板的快捷键

结果	Windows	Mac OS
打开"新建快照"对话框	Alt + 新建快照	Option + 新建快照
重命名快照	双击快照名称	双击快照名称
在图像状态中向前循环	Ctrl + Shift + Z	Command + Shift + Z
在图像状态中后退一步	Ctrl + Alt + Z	Command + Option + Z
复制任何图像状态（当前状态除外）	按住 Alt 键点并按图像状态	按住 Option 键并单击图像状态
永久清除历史记录（无法还原）	Alt +"清除历史记录"（在"历史记录"面板弹出式菜单中）	Option +"清除历史记录"（在"历史记录"面板弹出式菜单中）

用于信息面板的快捷键

结果	Windows	Mac OS
更改颜色读数模式	单击吸管图标	单击吸管图标
更改测量单位	单击十字线图标	单击十字线图标

用于图层面板的快捷键

结果	Windows	Mac OS
将图层透明度作为选区载入	按住 Ctrl 键并单击图层缩览图	按住 Command 键并单击图层缩览图
添加到当前选区	按住 Ctrl + Shift 组合键并单击图层缩览图	按住 Command + Shift 组合键并单击图层缩览图
从当前选区中减去	按住 Ctrl + Alt 组合键并单击图层缩览图	按住 Command + Option 组合键并单击图层缩览图
与当前选区交叉按住按住	Ctrl + Shift + Alt 组合键并单击图层缩览图	Command + Shift + Option 组合键并单击图层缩览图

结果	Windows	Mac OS
将滤镜蒙版作为选区载入	按住 Ctrl 键并单击滤镜蒙版缩览图	按住 Command 键并单击滤镜蒙版缩览图
图层编组	Ctrl + G	Command + G
取消图层编组	Ctrl + Shift + G	Command + Shift + G
创建 / 释放剪贴蒙版	Ctrl + Alt + G	Command + Option + G
选择所有图层	Ctrl + Alt + A	Command + Option + A
合并可视图层	Ctrl + Shift + E	Command + Shift + E
使用对话框创建新的空图层	按住 Alt 键并单击"新建图层"按钮	按住 Option 键并单击"新建图层"按钮
在目标图层下面创建新图层	按住 Ctrl 键并单击"新建图层"按钮	按住 Command 键并单击"新建图层"按钮
选择顶部图层	Alt + . （句点）	Option + . （句点）
选择底部图层	Alt + , （逗号）	Option + , （逗号）
添加到"图层"面板中的图层选择	Shift + Alt + [或]	Shift + Option + [或]
向下 / 向上选择下一个图层	Alt + [或]	Option + [或]
下移 / 上移目标图层	Ctrl + [或]	Command + [或]
将所有可视图层的复制合并到目标图层	Ctrl + Shift + Alt + E	Command + Shift + Option + E
向下合并图层	按 Ctrl + E 组合键	按 Command +E 组合键
将图层移动到底部或顶部	Ctrl + Shift + [或]	Command + Shift + [或]
将当前图层复制到下面的图层	Alt + 面板弹出式菜单中的"向下合并"命令	Option + 面板弹出式菜单中的"向下合并"命令
将所有可见图层合并为当前选定图层上面的新图层	Alt + 面板弹出式菜单中的"合并可见图层"命令	Option + 面板弹出式菜单中的"合并可见图层"命令
仅显示 / 隐藏此图层 / 图层组或显示 / 隐藏所有图层 / 图层组	右键单击眼睛图标	按住 Ctrl 键并单击眼睛图标
显示 / 隐藏其他所有的当前可视图层	按住 Alt 键并单击眼睛图标	按住 Option 键并单击眼睛图标
切换目标图层的锁定透明度或最后应用的锁定	/ （正斜杠）	/ （正斜杠）
编辑图层效果 / 样式选项	双击图层效果 / 样式	双击图层效果 / 样式
停用 / 启用矢量蒙版	按住 Shift 键并单击矢量蒙版缩览图	按住 Shift 键并单击矢量蒙版缩览图
打开图层蒙版设置属性	双击图层蒙版缩览图	双击图层蒙版缩览图

结果	Windows	Mac OS
切换图层蒙版的开／关	按住 Shift 键并单击图层蒙版缩览图	按住 Shift 键并单击图层蒙版缩览图
切换滤镜蒙版的开／关	按住 Shift 键并单击滤镜蒙版缩览图	按住 Shift 键并单击滤镜蒙版缩览图
在图层蒙版和复合图像之间切换	按住 Alt 键并单击图层蒙版缩览图	按住 Option 键并单击图层蒙版缩览图
在滤镜蒙版和复合图像之间切换	按住 Alt 键并单击滤镜蒙版缩览图	按住 Option 键并单击滤镜蒙版缩览图
切换图层蒙版的宝石红显示模式开／关	\（反斜杠）或 Shift + Alt 组合键并单击	\（反斜杠）或 Shift + Option 组合键并单击
选择所有文字	双击文字图层缩览图	双击文字图层缩览图
创建剪贴蒙版	按住 Alt 键并单击两个图层的分界线	按住 Option 键并单击两个图层的分界线
重命名图层	双击图层名称	双击图层名称
编辑滤镜设置	双击滤镜效果	双击滤镜效果
在当前图层／图层组下创建新图层组	按住 Ctrl 键并单击"创建新组"按钮	按住 Command 键并单击"创建新组"按钮
使用对话框创建新图层组	按住 Alt 键并单击"创建新组"按钮	按住 Option 键并单击"创建新组"按钮
创建隐藏全部内容／选区的图层蒙版	按住 Alt 键并单击"添加图层蒙版"按钮	按住 Option 键并单击"添加图层蒙版"按钮
创建显示全部／路径区域的矢量蒙版	按住 Ctrl 键并单击"添加图层蒙版"按钮	按住 Command 键并单击"添加图层蒙版"按钮
选择／取消选择多个连续图层	按住 Shift 键并单击	按住 Shift 键并单击
选择／取消选择多个不连续的图层	按住 Ctrl 键并单击	按住 Command 键并单击

用于路径面板的快捷键

结果	Windows	Mac OS
将路径作为选区载入	按住 Ctrl 键并单击路径缩览图	按住 Command 键并单击路径缩览图
向选区中添加路径	按住 Ctrl + Shift 组合键并单击路径缩览图	按住 Command + Shift 组合键并单击路径缩览图
从选区中减去路径	按住 Ctrl + Alt 组合键并单击路径缩览图	按住 Command + Option 组合键并单击路径缩览图

结果	Windows	Mac OS
将路径的交叉区域作为选区保留	按住 Ctrl + Shift + Alt 组合键并单击路径缩览图	按住 Command + Shift + Option 组合键并单击路径缩览图
隐藏路径	Ctrl + Shift + H	Command + Shift + H
为"用前景色填充路径""用画笔描边路径""将路径作为选区载入""从选区生成工作路径"和"创建新路径"按钮设置选项	按住 Alt 键并单击该按钮	按住 Option 键并单击该按钮

功能键

结果	Windows	Mac OS
启动帮助	F1	帮助键
还原 / 重做		F1
剪切	F2	F2
复制	F3	F3
粘贴	F4	F4
显示 / 隐藏"画笔设置"面板	F5	F5
显示 / 隐藏"颜色"面板	F6	F6
显示 / 隐藏"图层"面板	F7	F7
显示 / 隐藏"信息"面板	F8	F8
显示 / 隐藏"动作"面板	Alt+F9	Option + F9
恢复	F12	F12
填充	Shift + F5	Shift + F5
羽化选区	Shift + F6	Shift + F6
反转选区	Shift + F7	Shift + F7